D-1929

DORNIER DO X

Zusammengestellt und bearbeitet
von Peter Pletschacher
auf der Grundlage authentischen
Bild- und Textmaterials
aus dem Archiv der Firma Dornier

GROSSFLUGSCHIFF DORNIER

DO X

**Bilddokumentation
des ersten Großraumflugzeuges der Welt
(1929)**

GROSSFLUGSCHIFF DORNIER

DO X

Eine Bilddokumentation über das erste
Großraumflugzeug der Welt, 1929

Motorbuch Verlag Stuttgart

Einband und Schutzumschlag: Siegfried Horn.

Die Abbildungen auf dem Schutzumschlag zeigen vorne die Dornier Do X beim Start, hinten auf dem Wasser rollend.

Der vordere Vorsatz stellt eine perspektivische Zeichnung der Do X dar, der hintere Vorsatz einen Querschnitt durch die drei Decks des Flugschiffes.

ISBN 3-87943-659-2

1. Auflage 1979.

Eine Abteilung des Buch- und Verlagshauses Paul Pietsch GmbH & Co. KG.

Satz und Druck: Rung-Druck, 7320 Göppingen.
Bindung: Großbuchbinderei Ernst Riethmüller, 7000 Stuttgart.
Printed in Germany.

Inhalt

Seite

Claude Dornier
* 14. Mai 1884
in Kempten (Allgäu)
† 5. Dezember 1969
in Zug (Schweiz)

Flugschiff Dornier Do X
Erstflug: 12. Juli 1929

Zu diesem Buch

Zu den eindrucksvollsten Flugzeugen der Luftfahrtgeschichte gehört zweifellos das zwölfmotorige Flugschiff Dornier Do X, das am 12. Juli 1929 auf dem Bodensee zum Erstflug startete. Wie groß der Sprung nach vorne war, den die Do X in der Luftfahrt der damaligen Pionierjahre darstellte, zeigt sich schon allein in der Verdreifachung der Zuladung gegenüber zeitgenössischen Land- oder Wasserflugzeugen, und die Abmessungen dieses Flugschiffs erreichten mit 48 m Spannweite, 40 m Länge und 10 m Höhe bereits die Werte heutiger großer Strahlverkehrsflugzeuge.
Schon die Konstruktion, der Bau und die erfolgreiche Erprobung der Do X wurden damals als technische Meisterleistung bewundert – wenn auch begleitet von der Skepsis vieler Fachleute. Eine Sensation wurde dann vor allem die vielbeachtete Demonstrationsreise durch Europa, über den Südatlantik nach Südamerika, von Rio de Janeiro bis New York und zurück über den Nordatlantik. Die Do X bewies dabei, fern vom heimatlichen Herstellerwerk, eine erstaunliche Betriebssicherheit und Leistungsfähigkeit. Auf der anschließenden Tournee durch viele deutsche Städte wurde die Do X von Hunderttausenden begeistert gefeiert.

Mit diesem Buch wird aus Anlaß der 50jährigen Wiederkehr des Erstfluges der Do X eine umfassende Darstellung über Entstehungsgeschichte, Bau und Erprobung sowie die spektakulären Flüge dieses Flugschiffes vorgelegt. Leitgedanke war es dabei, möglichst nur Originaldokumente aus dem Dornier-Archiv heranzuziehen – soweit es die Qualität erlaubte in Faksimile-Abdruck –, daneben aber ergänzend auch zeitgenössische Publikationen.
Großer Wert wurde darauf gelegt, möglichst viele, zum Teil erstmals veröffentlichte Illustrationen zu zeigen. Der Firma Dornier sei an dieser Stelle dafür gedankt, daß sie in großzügiger Weise Bild- und Textmaterial aus ihrem reichhaltigen Archiv zur Verfügung gestellt hat.

Bei der Gliederung wurde zwar weitgehend der zeitliche Ablauf zugrunde gelegt, aber bei der im Vordergrund stehenden Verwendung von Originaldokumenten waren gewisse zeitliche und thematische Überschneidungen nicht zu vermeiden. Der Leser wird dafür Verständnis haben, denn nur so war es möglich, erstmals eine authentische Dokumentation über das Flugschiff Dornier Do X vorzulegen, den Vorläufer heutiger Großraum-Verkehrsflugzeuge.

Der Weg zur Do X

Seit Beginn seiner Tätigkeit als Flugzeugkonstrukteur bei Graf Zeppelin im Jahr 1914 zeigte Claude Dornier großes Interesse für Flugboote und ganz besonders für größere Einheiten. Schon die ersten Flugboote RS I bis RS IV aus den Jahren 1914–1918 waren in ihren Abmessungen dem damaligen Stand dei Flugzeugentwicklung weit voraus.
Nach dem Ende des 1. Weltkriegs war die Weiterentwicklung des erfolgreich begonnenen Baus von Großflugbooten nach den Bestimmungen des Versailler Vertrages nicht mehr möglich. Im Stillen hatte sich Claude Dornier aber schon 1919 wieder mit dem Entwurf von neuen, mehrmotorigen Großflugboot-Projekten befaßt.
Noch vor Kriegsende war jedoch ein kleineres, zweimotoriges Flugboot, die Gs I in Erprobung gegangen. Dornier entwickelte dieses Konzept weiter und wich mit dem Bau des neuen Typs in das italienische Zweigwerk in Marina di Pisa aus. Dieses als »Dornier Wal« bekanntgewordene Flugboot wurde bald zu einem großen Erfolg und begründete den weltweiten Ruf Dorniers als Konstrukteur leistungsfähiger, zuverlässiger und sehr seetüchtiger Flugboote. Die Atlantikflüge von Franco und de Beires, der Nordpolflug von Amundsen, v. Gronaus Weltrundflug, der Grönlandflug von Locatelli und viele weitere mit dem Wal erflogene Pionierleistungen waren der beste Beweis sowohl für die Güte der von Dornier entwickelten Metallbauweise als auch für die hervorragende Hochsee-Eignung der Dornier-typischen Flugboot-Auslegung mit flachem, einstufigem Boot und seitlichen Flossenstummeln zur Stabilisierung.
Nicht nur die Lufthansa, sondern auch viele andere Fluggesellschaften setzten den Wal weltweit für die Erschließung von Passagier- und Postfluglinien mit großem Erfolg ein.
Nach dem gleichen Konzept entstanden außer den leistungsfähigeren zwei- und viermotorigen Superwalen in den zwanziger Jahren auch das Verkehrsflugboot Delphin, das kleine Sportflugboot Libelle und das Aufklärungsflugboot Do E.
Seit Herbst 1925 begannen im Dornier-Projektbüro in Manzell die ersten Vorarbeiten für ein großes Flugschiff. Es wurde zunächst ein Projekt mit 12 luftgekühlten Siemens-Jupiter-Motoren von je 525 PS entworfen. Die Triebwerke sollten in Dreier-Reihen zu je zwei Tandemgondeln hintereinander auf einem sehr breiten eigenstabilen Bootskörper installiert werden. Von diesem Bootskörper wurde damals schon eine Attrappe in natürlicher Größe erstellt. Außerdem wurden Standversuche mit zwei hintereinander angeordneten Triebwerksaggregaten durchgeführt, deren Abstand verändert werden konnte, um festzustellen, wie sich die Wirkungsgrade der Luftschrauben verändern.
Dieses Konzept befriedigte Claude Dornier aber noch nicht. Es entstand ein neuer Entwurf, bei dem kein breites, eigenstabiles Boot mehr vorgesehen war, sondern ein schmäleres, höheres mit den beim Wal sehr bewährten Flossenstummeln. Die Triebwerke waren auf dem Tragdeck vorne und an der Hinterkante geplant. Aber auch dieses Projekt wurde nochmals geändert und schiffsähnlicher gestaltet. So entstand der Entwurf P 51 223 und nach weiteren kleineren Korrekturen, wie Änderung

der Randbogenform des Tragdecks und Bootsbug das endgültige Projekt P 51 335 (siehe auch C. Dorniers WGL-Vortrag Seite 94).
In einer kleinen Feierstunde wurde am 22.12.1926 die Konstruktionsfreigabe für diesen Entwurf ausgesprochen. Oberster Grundsatz war, nach Möglichkeit nur bisher technisch erprobte Konstruktionsprinzipien anzuwenden.
An dieser Stelle seien einige Gedanken zur Entstehungsgeschichte der Do X zitiert, die Dr. h.c. Claude Dornier in der Schweizer Aero-Revue veröffentlicht hatte:
»Die Ergebnisse des heutigen Seeflugverkehrs bestätigen die Erkenntnis, daß zur Durchführung eines in gleicher Weise wirtschaftlichen wie sicheren Verkehrs über größere Seestrekken viel größere Einheiten benötigt werden als die bisher verwendeten Flugzeuge.
Den Anstoß zum Bau des ersten Flugschiffs gaben Erwägungen wirtschaftlicher Natur.
Zunächst war der Gedanke maßgebend, daß der rentable Transport von Personen im allgemeinen nur möglich sein wird, wenn eine größere Anzahl Menschen gleichzeitig befördert werden kann, analog allen übrigen Verkehrsmitteln. Um die nötige Frequenz, welche heute fehlt, zu erreichen, muß dem Publikum mehr Sicherheit, mehr Platz und mehr Komfort geboten werden als bisher. Das führt zwangsläufig zu einer Vergrößerung der Dimensionen.
Dann hielt man es für überaus wichtig, ganz allgemein die Nutzlast wesentlich zu erhöhen. Der bedeutende Fortschritt, welcher mit der Erbauung des Flugschiffs angestrebt und erreicht wurde, beruht hauptsächlich darauf, daß mit einem Schlage die zahlende Last von Flugzeugen ganz außerordentlich gesteigert wird.
Die Mitführung der für einen sicheren Betrieb über längere Strecken nötigen Besatzung einschließlich Ablösung sowie der navigatorischen Hilfsmittel, der Seeausrüstung, Funkanlage usw. nimmt bei kleineren Flugzeugen einen so großen Teil der gesamten Zuladefähigkeit in Anspruch, daß nennenswerte Nutzlast nicht mitgeführt werden kann. Je größer die Einheit wird, desto kleiner wird der verhältnismäßige Anteil dieser Gewichtsgruppen gegenüber der Nutzlast.«
Vor dem eigentlichen Baubeginn der Do X erstellte man eine Holzattrappe in natürlicher Größe, die dem Konstrukteur eine Vorstellung über die Größenverhältnisse und die Möglichkeit zur zweckmäßigen Innenraumgestaltung geben sollte. Die Attrappe war im Juli 1927 fertig.
Mit dem Konstruktionsbeginn war es wichtig, der rechnerischen Erfassung der Einzelgewichte besondere Aufmerksamkeit zu widmen, denn aufgrund der Einzelgewichte mußte neben der Gewichtskontrolle allgemein auch laufend der Schwerpunkt des gesamten Flugzeugs unter Kontrolle gehalten werden. Für eine spätere Schwerpunktermittlung des fertigen Flugzeugs fehlten nämlich die erforderlichen Einrichtungen. Den Schwerpunkt des leeren Flugzeugs zu kennen, war außerdem wichtig für die richtige Lastenverteilung für den ersten Flug.
Wegen der ungewöhnlich großen Abmessungen des Flugschiffs mußte auch rechtzeitig an geeignete Herstellungs- und Montagewerkstätten gedacht werden, ebenso an Anlagen für das Zuwasserbringen der Do X. So wurde im Frühjahr 1926 damit begonnen, auf einem Gelände bei Altenrhein am schweizerischen Ufer des Bodensees eine Fabrikanlage mit einer Ablaufbahn von der Montagehalle bis zum See zu bauen.
Wie kam es damals überhaupt zur Typenbezeichnung »Do X«? Direktor Eugen Jäger, von Anfang an einer der wichtigsten Mitarbeiter im Projektbüro Claude Dorniers, schrieb dazu: »Es war bisher üblich, jedem zum Bau freige-

gebenen Flugzeug neben der Buchstaben- oder Zahlenbezeichnung einen Namen zu geben, wie Do J = Dornier Wal usw. Da für dieses Flugschiff noch kein geeigneter Name gefunden worden war, erhielt es vorerst die Bezeichnung Do X (im techn. Gebrauch die Unbekannte). Nun gab es in der Nachfolgezeit wichtigere Dinge zu tun als die Suche nach einem geeigneten Namen, was dazu führte, daß die Bezeichnung Do X weiter beibehalten wurde.«

Wie schon erwähnt, galt bei der Konstruktion der Grundsatz, möglichst auf technisch Erprobtem aufzubauen, um Risiken zu vermeiden. So traten während der Konstruktion und in der Fertigung der Do X auch keine nennenswerten Schwierigkeiten auf. Eine Besonderheit war nur die Schaffung eines besonders großen Aufreißbodens für den Boots-Linienriß und die Bootsspanten im Maßstab 1:1, desgleichen für die Tragflügelholme mit ihren 48 m Länge, der Einrichtung für die Belastungsversuche der Tragflügelholme, sowie die Vielzahl der Triebwerke und ihre Bedienung.

Anfang Juli 1929 war das Flugschiff Do X so weit fertiggestellt, daß sein Gesamtgewicht ermittelt werden konnte. Direktor Jäger berichtet: »Es war ein spannender Augenblick, das Gesamtgewicht mit der Summe der Einzelgewichte zu vergleichen. Erfreulicherweise lag die Differenz zwischen der Summe der Einzelwägungen und der Gesamtwägung im Rahmen des vorausgesagten Gewichts.« Allerdings hatten sich gegenüber dem ursprünglich projektierten Leergewicht einige unvermeidliche Mehrgewichte ergeben, so wurden z.B. die Triebwerke um 400 kg, die Luftschrauben um 381 kg, die Betriebshilfsgeräte um 223 kg und die Zelle um 1996 kg schwerer gegenüber der ersten Annahme. Das Leergewicht erhöhte sich also von 25 t auf 28 t. Unter Beibehaltung der dem Projekt zugrundegelegten Zuladung von 20 t mußte das Abfluggewicht von 45 t auf 48 t heraufgesetzt werden, was durch geringfügige Verstärkungen der Zelle möglich war.

Interessant ist der Aufwand an Konstruktionsstunden für die Do X von 1927 bis 1930: Es waren insgesamt 262 612 Stunden, bezogen auf ein Zellengewicht von 23 107 kg ergab sich der Wert von 11,4 Stunden pro Kilogramm.

Verkehrsflugboot-Entwurf mit acht Motoren vom 24. Januar 1919, eigenstabiler Schwimmkörper und Passagierrumpf getrennt.

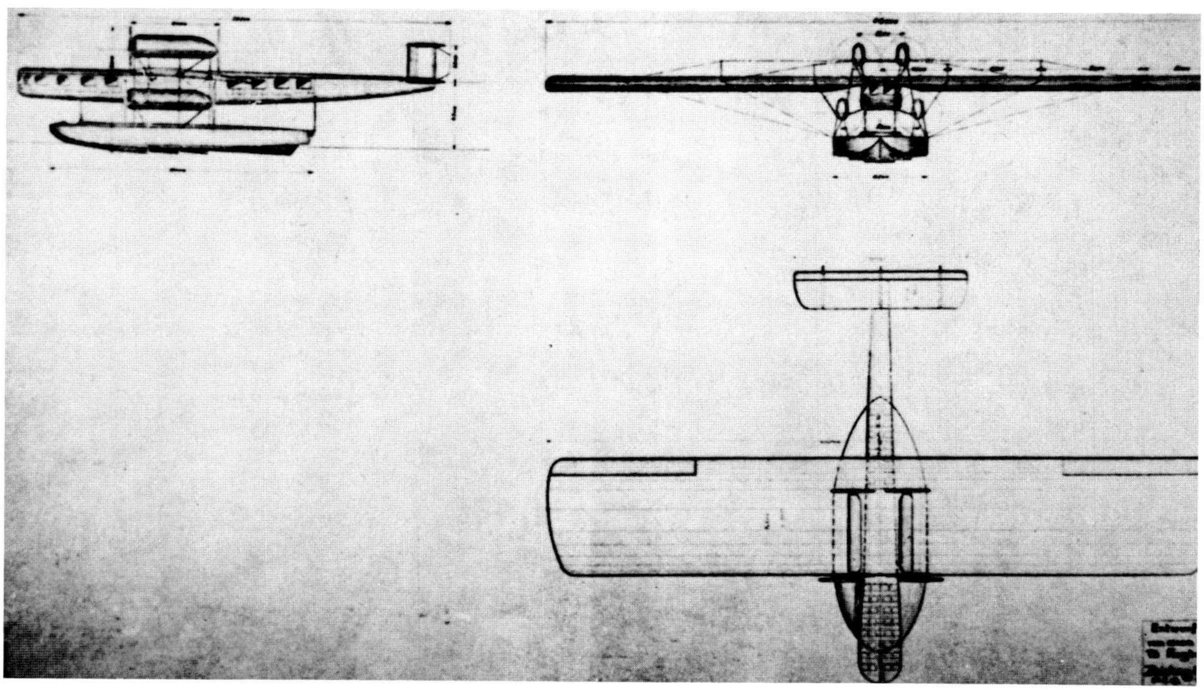

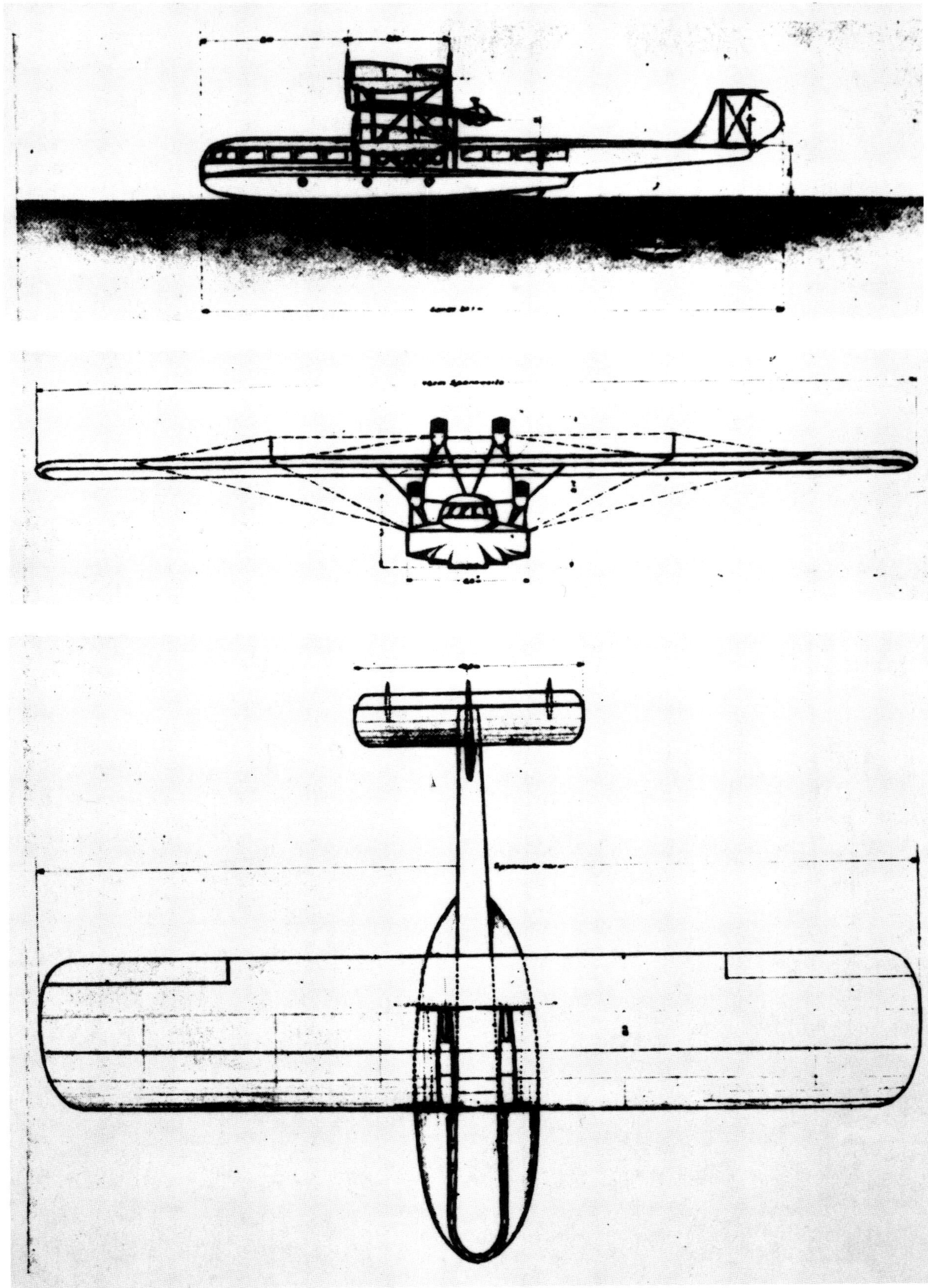

Projekt vom 6. März 1919 mit acht Motoren; integrierter Schiffs-Passagierrumpf.

Projekt mit eigenstabilem Bootskörper und 12 (oben) bzw. 10 (unten) Tandemmotoren.

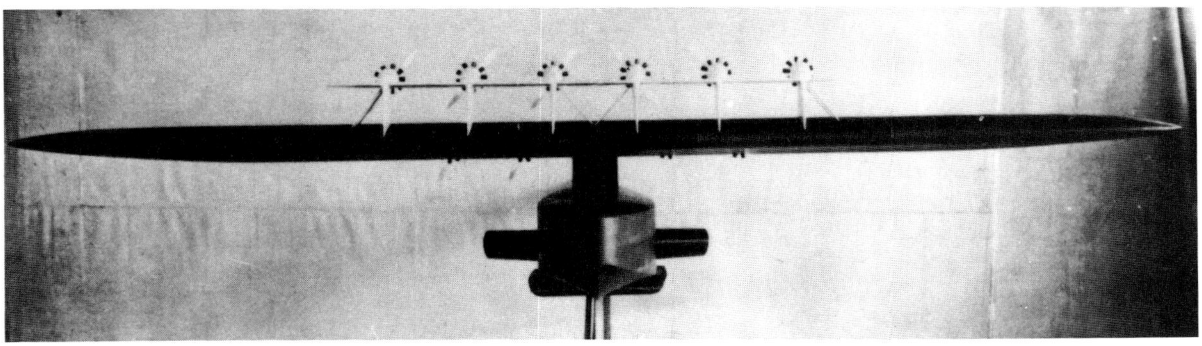

Modellfoto eines Entwurfs mit sechs Motoren über der Flügelvorder- und fünf Motoren an der Flügelunterkante mit Druckschrauben; schmaler Bootskörper mit seitlichen Flossenstummeln.

Holzattrappe der Do X im Maßstab 1:1 in der Luftschiffhalle Friedrichshafen-Löwental.

Do X in der Montagehalle in Altenrhein.

Die Werft in Altenrhein am schweizerischen Ufer des Bodensees; Do X an der Ablaufbahn.

Prof. Dr. Claude Dornier vor der Do X in der Halle des Werks Altenrhein.

Erstmals zu Wasser gelassen: Do X vor dem Werk Altenrhein.

Prof. Dr. C. Dornier (2.v.r.) mit Marine-Offizieren und seinen Söhnen Claudius und Peter.

König Gustav V. von Schweden und Prof. Dornier anläßlich einer Do X-Besichtigung in Altenrhein 1929.

König Gustav V. verläßt die Do X.

Do X beim Zuwasserbringen auf dem Aufschleppwagen, Kameraleute im Vordergrund.

Das Boot zeigt im Vorschiff hinter einem scharfen Bug mit ausfallendem Steven scharfe Spantformen, die allmählich in einen flacheren Boden übergehen; zu beachten sind die Türen für die Mechaniker an den Motorträgern.

Auf dem Aufschleppwagen: Do X mit 48 m Spannweite, mittlere Bootsbreite 3,50 m, Breite über die Stummel 10,00 m.

Vorbereitung für die ersten Rollversuche im Juli 1929, deutlich sichtar das Wasserruder unter dem Bootsboden.

Die gewaltigen Dimensionen der Do X sind hier besonders erkennbar im Vergleich zu den Arbeitern am Boden und an den Motorgondeln; zu beachten ist die stumpfe Hinterkante der Flossenstummel.

Blick über das Vorderschiff und die Triebwerksanlage; am Bug der schiffstypische, große Anker.

Besichtigung der Do X durch die Presse am 9. Juli 1929; links in der Personengruppe Prof. Dornier.

Ausbringen der Do X aus der Halle im Werk Altenrhein.

Besuchergruppen an der Do X in Altenrhein.

Der Tiefgang der Do X betrug leer 0,80 m, bei 50 Tonnen Gewicht 1,05 m.

Rollversuche der Do X auf dem Bodensee.

Do X an der Boje festgemacht.

Vorbereitung der Do X für weitere Rollversuche im Juli 1929.

Ansicht von schräg hinten, deutlich sichtbar die Rumpfhautfelder und die Poller am Heckabschluß.

Eindrucksvoller Größenvergleich zwischen dem Flugschiff Do X und dem kleinen 2/3-sitzigen Sportflugboot Dornier Libelle.

Der Erstflug der Do X

Mit großer Spannung wurde der erste Start der Do X erwartet: Am 12. Juli 1929 war nun der große Tag für den Beginn der Start- und Flugversuche. Programmgemäß sollten zuerst Rollversuche mit verschiedenen Geschwindigkeiten durchgeführt werden.
Schon bei den ersten Rollversuchen mit höherer Geschwindigkeit hob die Do X überraschend und schneller als erwartet vom Wasser ab. Dornier-Chefpilot Richard Wagner wiederholte daraufhin die »Sprünge« und gab nach Beendigung des ersten Tages im Flugerprobungsprogramm ein erstes positives Urteil über die Eigenschaften der Maschine ab.

Dornier-Chefpilot Flugkapitän Richard Wagner führte die Erprobung der Do X durch.

In Begleitung von Motorbooten wird die Do X auf dem Bodensee zur Flugerprobung geschleppt.

Die Do X rollt mit erhöhter Geschwindigkeit (oben) und geht auf Stufe (unten); zu beachten ist der günstige Wasserablauf unter dem Flossenstummel.

Problemlos hebt die Do X ab: erfolgreicher Erstflug am 12. Juli 1929.

Gegenüberliegende Seite: Wenige Meter über der Wasseroberfläche fliegt die Do X noch im Bodeneffekt.

In der Anfangsphase der Flugerprobung über dem Bodensee hatte die Do X noch keinerlei Beschriftung und Kennzeichen.

Do-X Erprobung am 12. Juli 1929.

Wetter: Anfangs leichter Zug, dann windstill; Sonne, Luftdruck: kein Barometer vorhanden.

Besatzung: 17 Mann. Führer : R. Wagner.

Beobachter : Berner & Schulte-Frohlinde.

Das Flugboot Do-X sollte mit allen 12 Motoren laufend zu Wasser gebracht werden. Nach dem Anwerfen der ersten Motore begann das Boot jedoch leicht auf dem Wagen zu schwingen, weswegen beschlossen wurde, mit nur 8 Motoren, Gondeln I und II, B.B. und St. B., ins Wasser zu gehen.

Anwerfen des ersten Motors 7^{44} Uhr

8 Motore laufen 8^{00} ".

Um 8^{05} Uhr schwamm Do-X vom Wagen frei und wurde von der "Altenrhein" in Schlepp genommen. Um 8^{14} Uhr wurde die Schleppleine des Motorbootes losgeworfen.

Der Do-X fuhr in nördlicher Richtung in den See hinaus. Vor Beginn der Manöver mussten noch die elektrischen Tachometer reguliert werden, doch konnten die Sammeldrehzähler am Führerstand nicht in Gang gebracht werden. Es wurden dann die noch fehlenden 4 Motore der Aussengondeln in Gang gesetzt. Um 8^{59} Uhr liefen sämtliche 12 Motore. Da sie noch nicht vollständig einreguliert waren, blieb gelegentlich der eine oder andere Motor wieder stehen. Die Motorproben mit Vollgas wurden nunmehr einzeln durchgeführt.

Um 9^{15} Uhr wurde mit der Drehkreisbestimmung begonnen. Der Flieger regelte die Rotorenstärke so, dass Do-X ohne Ruder geradeaus lief. Dann wurde das Wasserruder betätigt. Bei einer mittleren Drehzahl der St.B. Motore von etwa 1150 und der B.B. Motore etwa 1050 wurde ein ganzer Kreis in 2 Min. 10 Sekunden nach B.B. gefahren, während die Dauer des Kreises nach St.B. mit dem gleichen Motorumdrehungen 2 Min. 30 Sekunden war.

Das Wasserruder erwies sich dabei als stark überausgeglichen.

Die Drehkreise mit dem Wasserruder in Mittelstellung ergaben folgende Zeiten:

Nach St.B. mit auf St.B. ganz gedrosselten Motoren, auf B.B. mit etwa 1050 mittl. Drehzahl <u>3 Min.</u>,

Nach B.B. mit auf B.B. ganz gedrosselten Motoren, auf St.B. mit etwa 1200 mittl. Drehzahl <u>2 Min. 54 Sek.</u>

Aus dem Vergleich der Zeiten erkennt man die verhältnismässig grosse Wirksamkeit des Wasserruders, wenigstens bei Windstille.

Um 9^{30} Uhr waren diese Versuche beendet. Um einen stehengebliebenen Motor wieder in Gang zu bringen, der wegen Erschöpfung der Luftflasche nicht anspringen wollte, wurde den übrigen Motoren Vollgas gegeben, um durch die Luftgeschwindigkeit das Anspringen zu erleichtern. Gleichzeitig wollte der Führer auf der Stufe die Steuerung prüfen. Da jedoch beide Geschwindigkeitsmesser nicht anzeigten, erreichte das Flugboot eher, wie angenommen wurde, die Fluggeschwindigkeit und machte um 9^{35} Uhr den ersten Sprung, wobei es etwa 3 m Höhe erreichte.

Nachdem die Geschwindigkeitsmesser nachgesehen waren, wurde der zweite Sprung um 9^{41} Uhr in Richtung des Bootes der Filmleute gemacht. Da die Instrumente nicht anzeigten und das Wasser wie ein Spiegel war, wurde beschlossen, nicht zu fliegen, sondern an die Boje zu gehen. In Richtung Altenrhein wurde dann der dritte Sprung um 9^{43} Uhr ausgeführt. Beim zweiten und dritten Sprung betrug die Startdauer etwa 25 Sekunden.

Danach wurden um 9^{50} Uhr die Motoren abgestellt und das Motorboot schleppte Do-X zur Boje, woran er um 10^{10} Uhr festgemacht wurde.

Die Gewichte waren folgende:

Leergewicht	27.944.--- kg.
Oel	425.--- kg.
Benzin	2.941.--- kg.
Ausrüstung	139.--- kg.
Anker und Leine	62.--- kg.
Reservepressluftflasche	80.--- kg.
	31.591.--- kg.
Rüstgewicht	
Sandballast	2.500.--- kg.
Besatzung	1.275.--- kg.
Abfluggewicht	35.366.--- kg.

Die Verteilung erfolgte gemäss dem Trimmplan der D.M.B.

Eindrücke.

Die mündlichen Ausserungen der Flieger waren:

Sicht: vorzüglich.

Schätzung der Höhe beim Landen: Ohne Schwierigkeit.

Höhenruder: Anscheinend zu wenig wirksam, Urteil noch nicht endgültig.

Querruder Anscheinend gut.

Seitenruder: Noch nicht erprobt.

Die Eindrücke der Beobachter waren günstig, besonders bezüglich des Wasserverlaufes beim Start, bezüglich der Triebwerksanlage und vor allem bezüglich der Gesamtanordnung.

Beim Rollen auf dem Wasser legte sich das Boot leicht auf den einen oder anderen Stummel, da es bei dem noch wenig beladenen Boot nur wenig tauchte.

Altenrhein, den 15. Juli 1929.

Historische Begegnung zwischen dem Flugschiff Do X und dem Luftschiff LZ 127 »Graf Zeppelin«.

Von Schaulustigen umringt: Do X vor der Uferstraße in Friedrichshafen liegend.

Über dem Hafen von Friedrichshafen (vermutlich Fotomontage).

Zur Besichtigung freigegeben: Do X in Altenrhein.

Beschreibung von Zelle, Triebwerksanlage und Ausrüstung

Das Flugschiff Dornier Do X war mit seinen für damalige Verhältnisse gewaltigen Dimensionen ein großer Schritt vorwärts, und Professor Claude Dornier konnte damit den Beweis erbringen, daß Flugzeuge dieser Größenordnung nicht nur konstruktiv zu beherrschen, sondern auch problemlos herzustellen waren. Von manchen Kritikern wurde zwar bemängelt, daß die Do X allzu konventionell entworfen und konstruiert gewesen und nicht alle damals verfügbaren technischen Möglichkeiten voll ausgeschöpft worden seien. Aber Dorniers Grundprinzip dabei war es, möglichst nur erprobte Konstruktions- und Bauprinzipien anzuwenden, um jedes Risiko weitgehend auszuschalten.

ALLGEMEINER AUFBAU

Das Flugschiff Do. X ist ein als halbfreitragender Eindecker ausgebildetes, eigenstabiles Flugboot. Der unmittelbar auf dem Schiffsrumpf liegende Flügel ist an jeder Seite durch 3 schräge Stiele gegen die Bootsstummel abgestützt. Das Höhen- und Seitenleitwerk befindet sich in üblicher Weise auf dem hochgezogenem Heck. Die Triebwerksanlage besteht aus 12 luftgekühlten Motoren, die in 6 Tandemgondeln über dem Flügel angebracht sind. Diese Gondeln sind untereinander durch einen schmalen Hilfsflügel zwecks gegenseitiger Abstützung verbunden. Die Bauausführung erfolgt in der bekannten Dornier-Bauweise, Spezialprofilen aus Duralumin in Verbindung mit glatten Blechen, unter Verwendung von hochwertigem Stahl für besonders hoch beanspruchte Bauteile. Die Größen-Abmessungen des Flugschiffes bringen es mit sich, daß an Stelle der früher üblichen, gezogenen Profile für die größere Kräfte übertragenden Bauteile weitgehendst gepreßte Spezialprofile aus Duralumin verwendet werden. Der Flügel ist im Bereiche der Motorgondeln mit Duralblech, im übrigen mit Stoff bespannt.

DAS BOOT

Das Boot zeigt im Vorschiff hinter einem scharfen Bug mit ausfallendem Steven scharfe Spantformen, die allmählich in einen flacheren Boden übergehen. Oberhalb der scharfen Kimm sind die Schiffswände leicht einfallend. Der Bootsboden besitzt zur Erleichterung des Starts eine Querstufe. Außerdem zeigt er die bei früheren Dornierbooten im Seegang besonders bewährte Längsstufung, die erreicht, daß bei hoher Geschwindigkeit das Boot nicht auf der ganzen Stufenbreite, sondern nur auf dem tieferen, mittleren Stufenteil läuft, wodurch eine Milderung der im Seegang auftretenden Stöße erzielt wird. Der mittlere, flache Teil der Querstufe liegt etwa 70 cm weiter nach vorne als die seitlichen, konkav ausgebildeten Stufenteile. Hinter der Stufe ist die Unterseite des Rumpfes stark hochgezogen, so daß das Heck genügend hoch über dem Wasserspiegel liegt, um das Leitwerk vor Wasserschlägen zu bewahren.

Zur Landung und Erzielung guter Manövrierfähigkeit auf dem Wasser, befindet sich hinter der Querstufe noch ein kielflossenartig ausgebildeter Verdrängungssporn, an dessen Ende das Wasserruder angebracht ist. Seitlich wachsen aus dem Rumpf die bekannten, die Stabilität auf dem Wasser sichernden Dornier-Bootsstummel heraus.

Die Gesamtlänge des Bootes ist 40,05 m. Die Breite des Bootes über die Stummel gemessen 10,0 m. Die mittlere Bootsbreite ist 3,5 m. Die größte Höhe beträgt 6,4 m. Der Tiefgang des Bootes ist leer 0,8 m, bei 50 Tonnen 1,05 m. Die metazentrische Höhe bei 50 Tonnen beträgt 4,58 m.

Das Boot hat einschließlich der Stummel ein Volumen von 400 m^3. Der Hauptspantquerschnitt ohne Stummel hat einen Inhalt von 17,2 m^2. Die Spantentfernung beträgt 0,7 m. Es sind insgesamt 58 Querspanten vorhanden. Eine wesentliche Neuerung ist ein 23,3 m langer, vom Bug bis zum Ende der Heckstufe gehender, an der höchsten Stelle 2,12 m hoher Kielträger, der eine wesentliche Aussteifung des Bootes zur Folge hat.

Rechts und links des Kielträgers ist in Abständen von 0,9 und 1,58 m je ein Kielschwein angeordnet. Es ist hierdurch im Vereine mit den Querspanten eine außerordentlich wirksame Verbundwirkung erreicht. Im Bereiche des Bootbodens, der den Beanspruchungen des Seeganges direkt ausgesetzt ist, sind die ungewöhnlich starken Bodenbleche durch die sich kreuzenden Quer- und Längsspanten in Felder von ca. 0,63 m^3 abgeteilt. Die Stummel sind an der Stelle, wo sie die Bootsseitenwand durchdringen, quer zur Flugrichtung stark abgerundet. Diese neuartige Ausbildung der Stummel hat statische und hydrodynamische Vorteile. Die Bauhöhe der Stummel an der Wurzel wird erheblich größer, was eine wesentlich steifere Ausbildung der tragenden Organe ermöglicht. Beim Start wird das Wasser durch die gewölbte Form nach außen beschleunigt.

Es sei darauf hingewiesen, daß das für 1 m^3 Bootsvolumen aufzuwendende Gewicht bei dem kleinen Flugboote »Libelle« 29,9 kg pro m^3 beträgt, bei dem bekannten Hochsee-Flugboote »Wal« 26,2 pro m^3, während es bei dem Flugschiff Do. X nur mehr 21,0 kg pro m^3 beträgt. Dabei sind die Beanspruchungen des Materials, gleiche Belastungen vorausgesetzt, bei dem Flugschiff Do. X wesentlich niedriger als bei den kleineren Booten. Besonders muß erwähnt werden, daß das Flugschiff, soweit lokale Beanspruchungen in Frage kommen, sich in einer weit günstigeren Lage befindet als kleinere Flugboote, bei welchen infolge der geringen Wandstärken der verwendeten Bleche und Profile die Gefahr lokaler Verbeulungen und Stauchungen wesentlich höher ist.

Die Raumeinteilung zeigt grundsätzliche Neuerungen und ähnelt mehr der eines Seeschiffes als der bisher bekannter Flugboote. Die großen Ausmaße geben die Möglichkeit, den Schiffsrumpf durch mehrere Decks zu unterteilen. Den eigentlichen Schiffsraum schließt das etwa 1,2 m über der Schwimmwasserlinie liegende Hauptdeck ab. Acht bis zu dem Hauptdeck reichende Schottwände unterteilen den Schiffsraum in 9 Abteilungen.

Jeder Seitenstummel weist ebenfalls 4 getrennte, wasserdichte Abteilungen auf, die so bemessen sind, daß ausreichende Stabilität und volle Schwimmfähigkeit noch bei Vollaufen zweier beliebiger Abteilungen des Rumpfes oder der Stummel gesichert sind. Die Verdrängung der Stummel allein beträgt 43,5 m^3.
Die Verwendung der auf dem Hauptdeck liegenden Nutzräume ist daher durch keine Schottwände beeinträchtigt und kann vollständig der jeweiligen Zweckbestimmung des Schiffes angepaßt werden. Auf dem darüber liegenden Oberdeck sind alle für die Schiffsführung notwendigen Räume vereinigt, wie Führerraum, Kommandanten- und Navigationsraum, Maschinenzentrale, Funkraum und Hilfsmaschinenraum. Die geschlossenen Räume des Oberdecks beginnen hinter einer langen, gewölbten Back und reichen bis zur Flügelhinterkante. Während vom Führer- und Navigationsraum ausgezeichnete Übersicht nach außen vorhanden ist, liegen die weiteren Räume bereits im Innern des durchlaufenden Hauptflügels.
Durch die Anordnung der gesamten Fluggasträume auf dem Hauptdeck hat man im Gegensatz zu kleineren Flugbooten die Möglichkeit, den Schiffsraum zur Aufnahme der der Versteifung des Schiffskörpers dienenden statischen Organe zu verwenden.

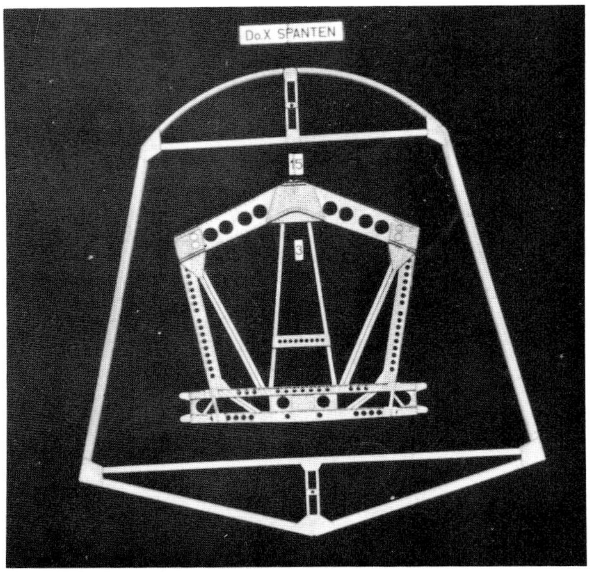

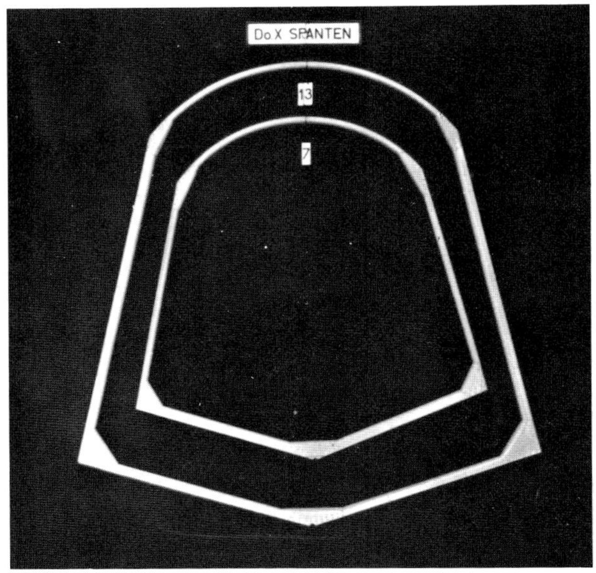

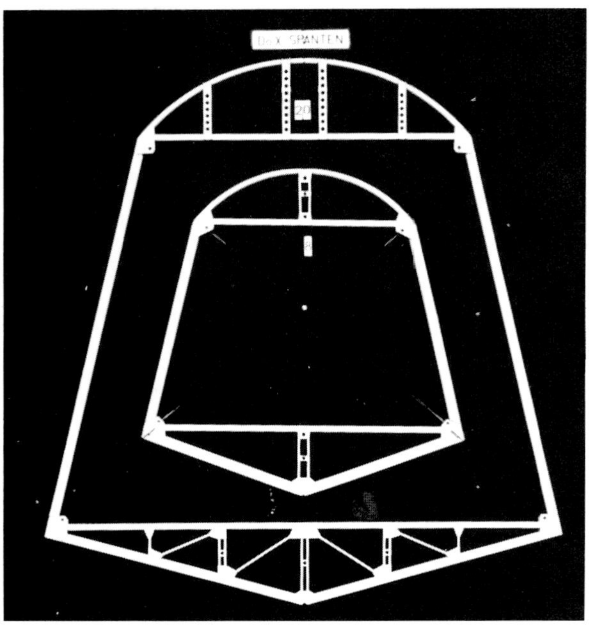

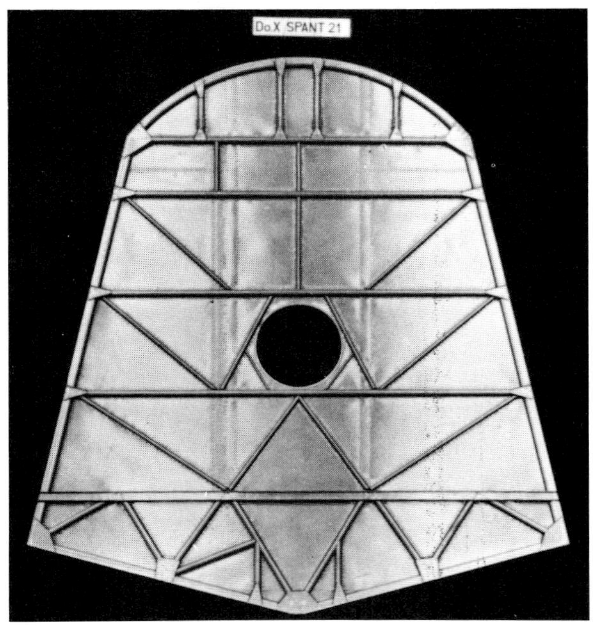

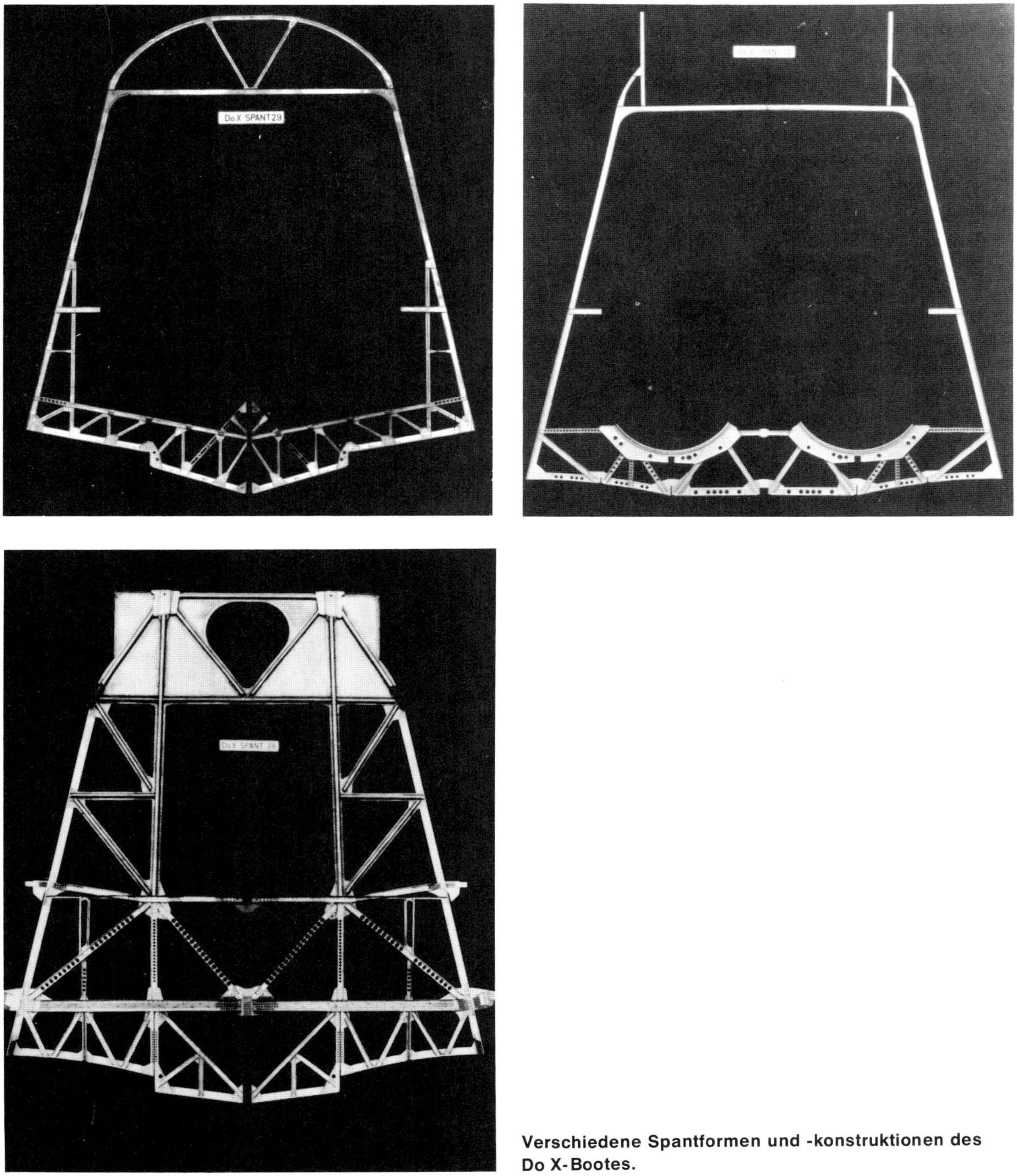

Verschiedene Spantformen und -konstruktionen des Do X-Bootes.

Der 2,12 m hohe und 23,30 m lange Kielträger zur Aussteifung des Bootes.

Zusammenbau des Rumpfhecks (kieloben liegend).

Bootsstruktur des hinteren Rumpfes (kieloben liegend).

Bootsstruktur fertig zum Beplanken.

Nietarbeiten im rechten Flossenstummel.

Bootskörper im Rohbau.

Teilweise behäuteter Rumpf von hinten gesehen; vorne erkennbar die Aufbauten des Flugdecks.

Fertig beplanktes Heck mit den Anschlußbeschlägen für das Höhenleitwerk.

Komplett beplankter Rumpf; die Bullaugen und Fenster werden ausgeschnitten.

DER FLÜGEL

Der Flügel hat rechteckigen Grundriß mit leicht abgerundeten Enden. Die Spannweite beträgt 48 m, die Tiefe des Flügels 9,5 m. Der Gesamtprojektions-Flächeninhalt des Flügels einschließlich der Querruder und des Oberflügels ist 486,2 m^2. Der Flügel entspricht bei einem Gesamtgewicht des Flugschiffes von 52 t den z.Zt. bestehenden DVL-Vorschriften für Personentransport. Der Mittelholm liegt ungefähr an der Stelle der größten Profilhöhe. Vorder- und Hinterholm sind weit auseinandergerückt. Ihre Entfernung vom Mittelholm ist je 2,8 m. Der Abstand der einzelnen Querriegel beträgt bis zu 3,6 m.
Die Gurtungen der Holme sind aus gepreßten Duralumin-Winkeln und Lamellen gebildet, ähnlich wie bei den bekannten Konstruktionen des Brückenbaues. Entsprechend dem Momentenverlauf sind zusätzliche Lamellen aufgebracht. An Stellen geringerer Gurtkräfte sind die vertikalen Stege der Winkel ausgefräst zum Zwecke der Gewichtserleichterung. Die Ausführung der Vorder- und Hinterholme ist ähnlich derjenigen des Mittelholmes.
Die Querträger sind in der Hauptsache ebenfalls aus gepreßten Profilen hergestellt. An ihrer Anschlußstelle am Vorderholm war es teilweise notwendig, Rahmen einzubauen, um den Durchgang durch den Flügel zu erleichtern.
Die durch die Verschneidungen der im Abstand von 2,8-3,6 m angeordneten Querträger mit den 3 Holmen entstehenden Felder sind durch biegungssteife, mit Stoff und Blech bespannte Platten, sogenannte »Flügelhautfelder«, abgedeckt. Der hinter dem Hinterholm liegende Teil des Flügels ist als selbständige Scheibe hergestellt. Die Flügelnase ist vollständig in Metall ausgeführt und zur Aussteifung des Vorderholmes gegen Ausknikken herangezogen. Die Flügelhautfelder sind, wie schon erwähnt, teilweise mit Blech, teilweise mit Stoff abgedeckt. Sie sind einfach und billig herzustellen und leicht zu montieren. Ihre Befestigung am Haupttragdeck erfolgt durch vollkommen im Innern des Flügels liegende Anschlüsse mit Bolzen. Trotzdem der Flügel kein dickes Profil aufweist, ist die Höhe der Holme infolge der Gesamtabmessungen des Flugschiffes schon so bedeutend, daß man auch im Fluge beinahe alle Teile des Flügels begehen kann. Die größte Höhe des Flügels beträgt 1,28 m.

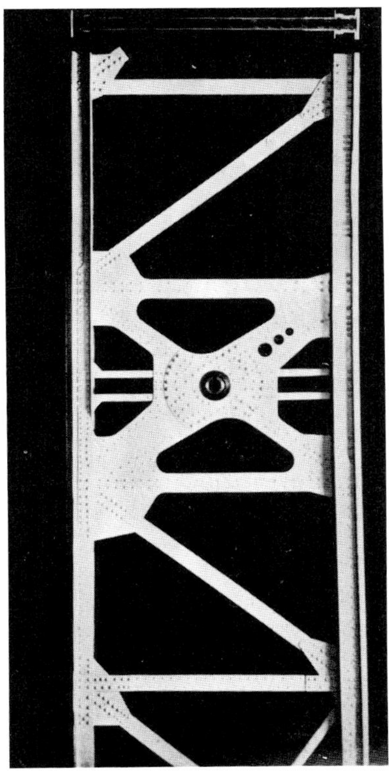

Anschlußstelle des Stieles am Mittelholm.

Gerippe eines Flügelhautfeldes.

Mittelholm-Teilansicht mit Anschlüssen am Bootskörper.

Tragwerk-Mittelholm mit Stielanschluß.

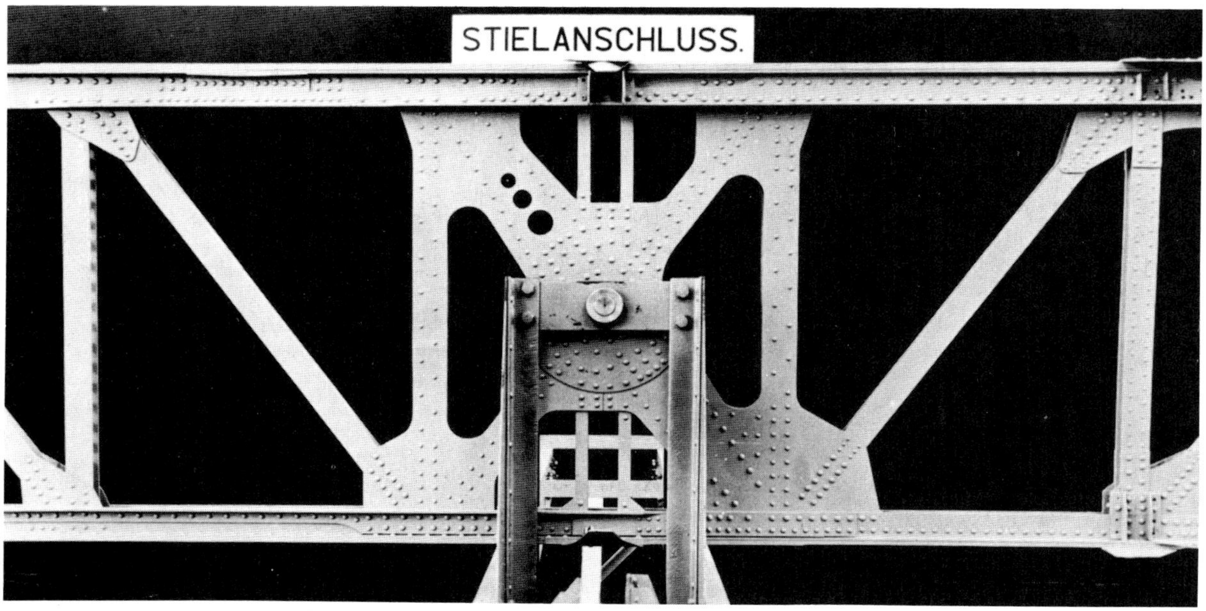

Der komplette Mittelholm mit 48 m Spannweite vor den Werkshallen in Altenrhein.

Tragender Flügelverband mit Vorder-, Mittel- und Hinterholm.

Flügelstruktur, noch unbeplankt, vor dem Bootsrumpf.

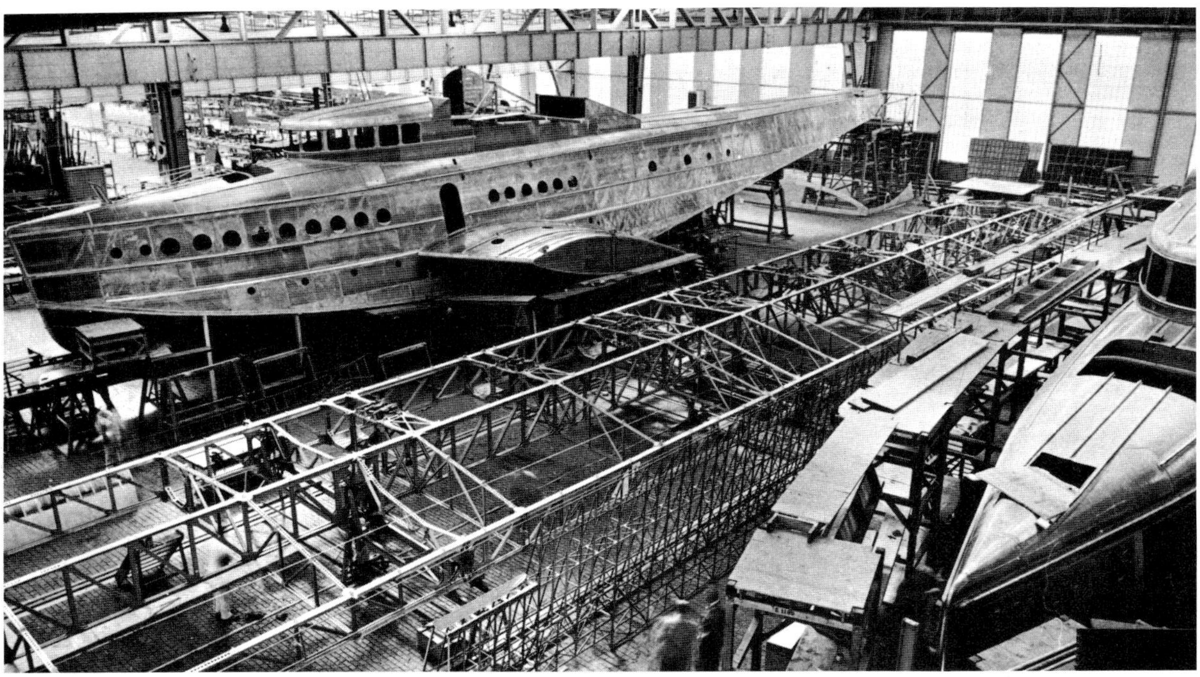
Zwei Bootsrümpfe (Do X2 und X3), dazwischen Flügelstruktur.

Tragwerk-Teilstück unbeplankt mit Anschlüssen für die Triebwerksgondeln.

Stielanschluß am Hinterholm des Tragflügels.

Blick in das Innere des Tragwerks.

Hauptquerriegel im Tragwerk für die Motorgondellagerung; rechts Aussparungen für den Kriechgang.

Do-X Original-Bauteil
im Besitz von Professor
Gabrielli, Turin

Tragwerkholm- und Querriegelverbindungsstück.

Aufbau für die Tragflügelholm-Belastungsversuche; die Last wurde mit Wasserbehältern aufgebracht (vergleiche Foto auf Seite 98).

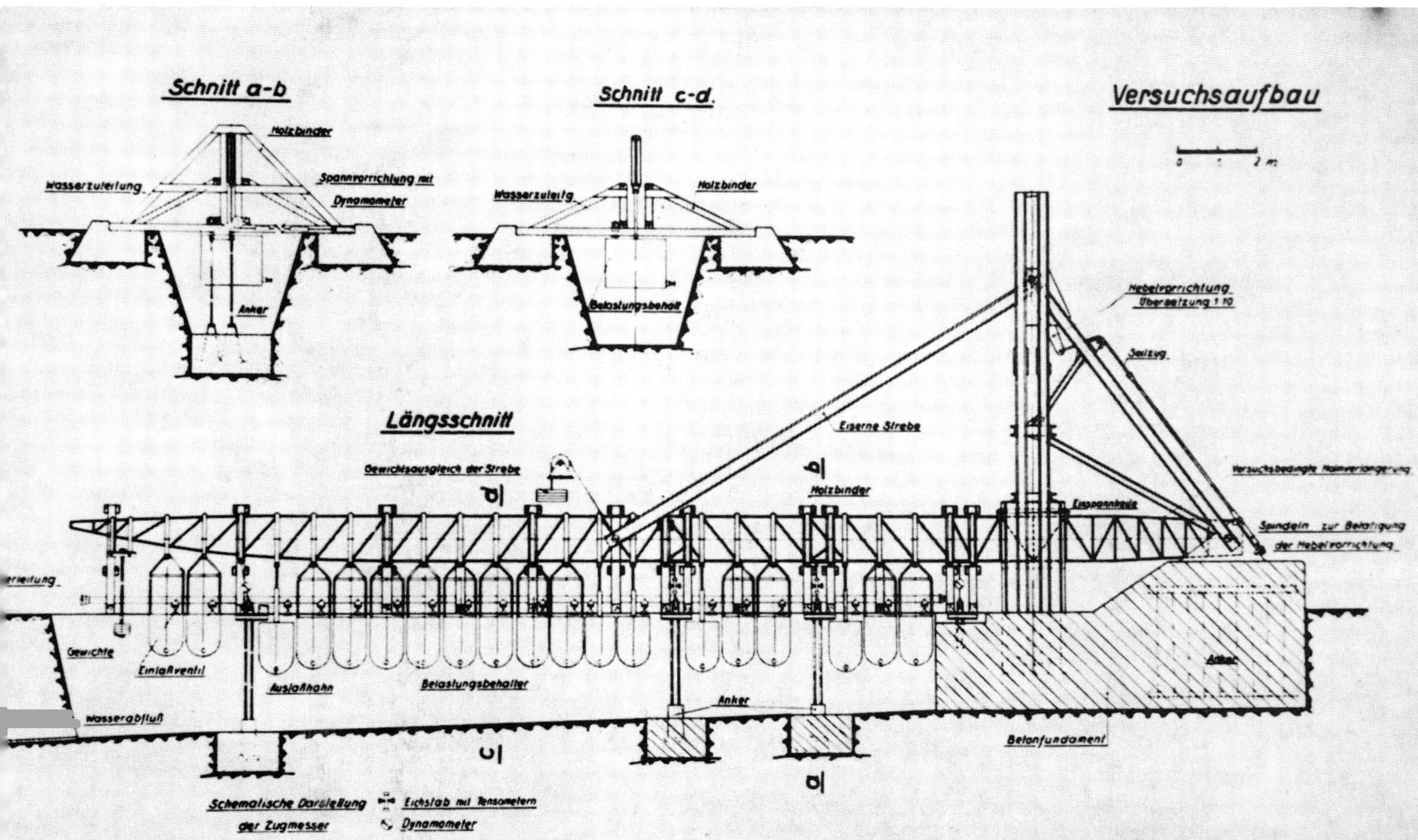

Abb. 17 (oben): Schema des Aufbaues für den Großversuch mit dem Mittelholm der Do X

Unbeplanktes Flügelhautfeld.

Flügelhautfelder in der Fertigung.

Flügelhautfelder nach Belastungsprobe.

Flügelnasen – Teilstück in der Belastungsvorrichtung.

Nietarbeiten an den drei Flügelholmen.

Endmontage der Do X in Altenrhein.

OBERFLÜGEL UND MOTORTRÄGER

Der Oberflügel dient zur gegenseitigen Versteifung der Motorträger und ist ganz in Metall ausgeführt. Er ist nicht zur Entlastung des Haupttragsystems herangezogen. Um unzulässige Zusatzbeanspruchungen des Hauptsystems auszuschalten, sind die Enden des Oberflügels zwischen den beiden äußeren Gondeln verschieblich an dem mittleren Teile angeschlossen.
Die Motorträger sind in Fachwerkkonstruktion ausgebildet und stromlinienförmig verkleidet. Sie besitzen zwecks leichterer Zugänglichkeit auf beiden Seiten große Türen.

STEUERUNG

Die Betätigung der Steuer erfolgt in üblicher Anordnung durch Pedale für die Seitensteuerung und Steuersäule mit Handrad für Höhen- und Querlagensteuerung. Die Entlastungsflächen sind derart bemessen, daß auch dieses Flugzeug noch von einem Führer ohne besondere Anstrengung mit eigener Kraft gesteuert werden kann. Verschiedene Längstrimmung kann vom Führer ausgeglichen werden, indem durch ein seitlich des Führersitzes befindliches Handrad die Voranstellung der Höhenruder-Entlastungsflächen geändert wird. Um die bei Ausfall von seitlichen Motoren auftretenden Drehmomente auszugleichen, kann die Voranstellung der seitlichen Seitenruder in gleicher Weise verändert werden. Ein weiteres, seitlich des Führersitzes befindliches, größeres Handrad dient zur Betätigung des Wasserruders. Die Übertragung der Steuerkräfte erfolgt grundsätzlich durch stählerne Zugstangen und Winkelhebel, die sämtliche in Kugellagern gelagert sind. Auf diese Weise wird eine außerordentliche Leichtgängigkeit für sämtliche Ruder erzielt.

Der Oberflügel zwischen den Motorgondeln dient zur Versteifung der Triebwerksanlage.

Blick auf einen Teil der Triebwerksanlage.

DAS LEITWERK

Die Querruder befinden sich in üblicher Weise an der Hinterkante der Flügelenden und sind durch besondere Ausgleichsflächen entlastet. Das Höhenleitwerk besteht aus einer kleinen, unmittelbar auf dem Heck liegenden, festen Flosse und der darüber liegenden Haupthöhenflosse, die am Ende die Höhenruder trägt, welche gleichfalls durch besondere Ausgleichsflächen ausgeglichen sind.

Das Seitenleitwerk weist eine aus dem Bootsende herauswachsende Kielfläche und drei Seitenruder auf. Das mittlere Hauptseitenruder ist an die Kielflosse angelenkt. Die beiden seitlichen Ruder sind als Balanceruder zwischen den beiden Höhenflossen angeordnet. Ihre Drehachse ist so weit zurückverlegt, daß sie gleichzeitig entlastend auf das mittlere Ruder wirkt.

Die Betätigung der Ruder erfolgt durch Zugstangen, welche an Pendelhebeln aufgehängt sind. Die gesamte Lagerung des Gestänges erfolgt ausschließlich durch Kugellager. Hierdurch ist eine bemerkenswerte Leichtgängigkeit der Steuerung erreicht worden. Es ist ein Trimmausgleich sowohl in der Längslage als auch für seitliche Momente eingebaut. Die Trimmung geschieht durch Verstellung des Anstellwinkels der entsprechenden Ausgleichsflächen. Sie erfordert keinerlei Kraftaufwand und kann direkt vom Führersitz aus vorgenommen werden.

Das gesamte Höhenleitwerk enthält 53,4 m^2. Das gesamte Seitenleitwerk 19,0 m^2. Alle Ruder sind durch Hilfsflächen ausgeglichen.

Der Abstand des Höhenruders von der Wasserlinie ist 6,0 m. Zum Schutze des Seitenruders gegen Wasserschlag ist der Rumpf nach hinten verlängert.

Unbeplankte Querruderhälfte.

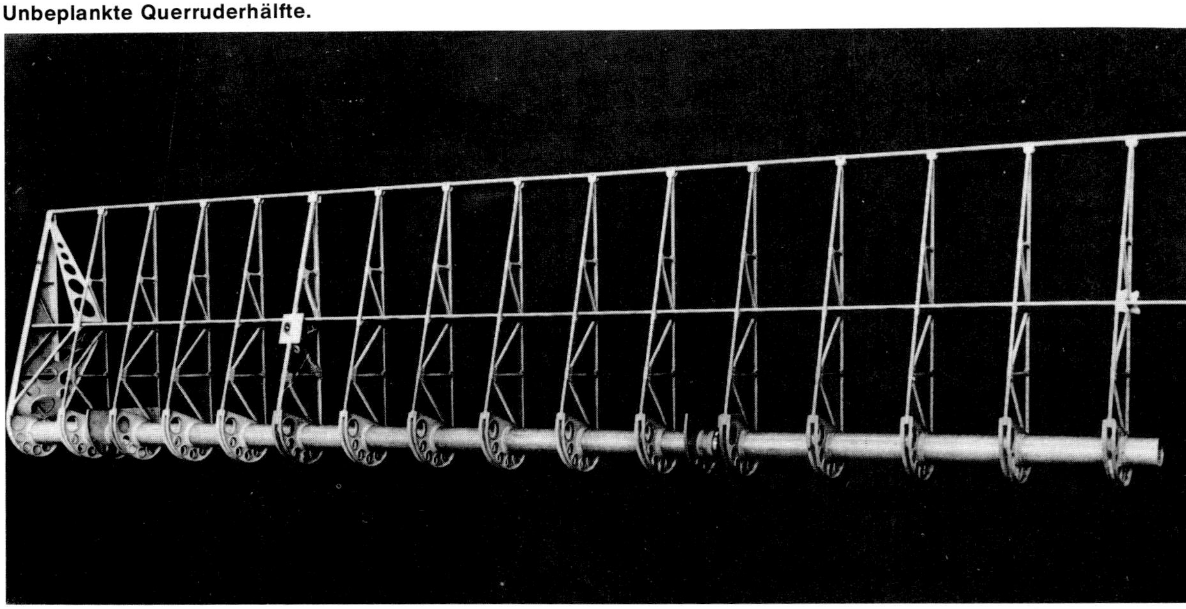

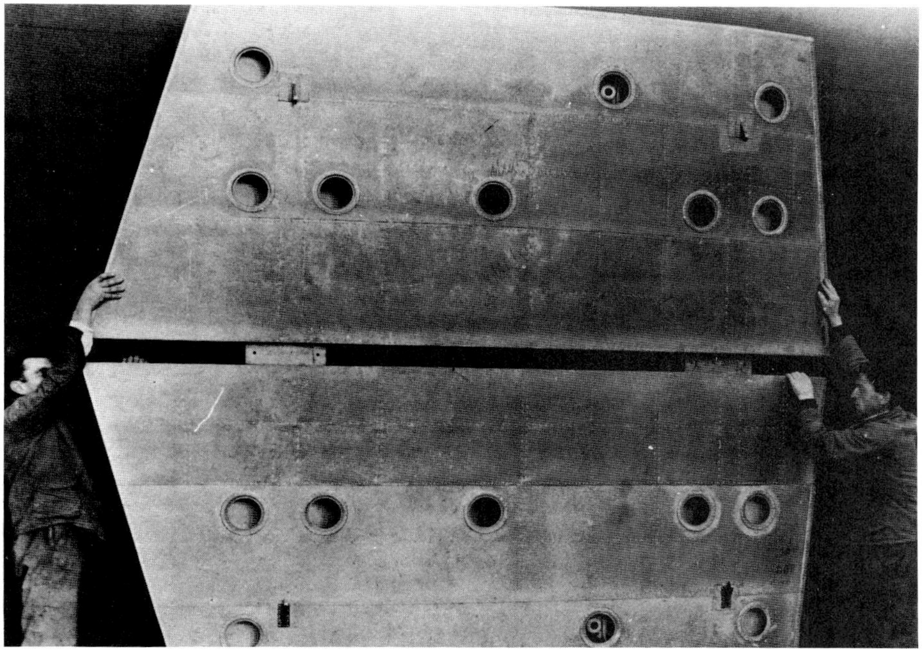

Unteres Höhenflossenpaar.

Backbord-Höhenruder, unbeplankt.

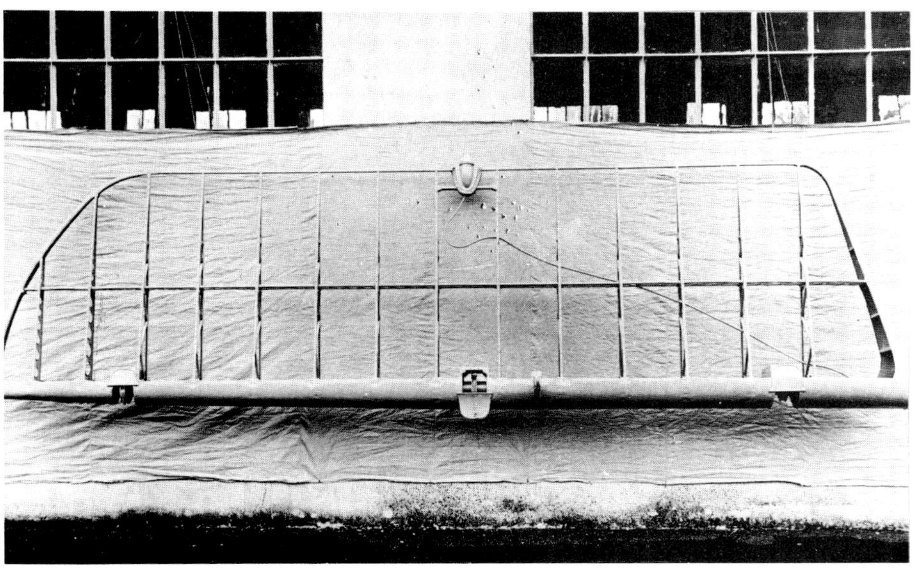

Seitenruder, unbeplankt.

Leitwerksgruppe fertig montiert.

Heck und Leitwerk der Do X; die beiden ungedämpften Ruder neben der Seitenflosse dienen zusätzlich zur Seitensteuerung.

Gegenüberliegende Seite: Heckansicht der Do X; auf der Höhenflosse die Ausgleichsflächen (»Gartenbänke«) für das Höhenruder.

TRIEBWERKE

Zum Antrieb des Flugschiffes sind 12 luftgekühlte Sternmotoren, Bauart Siemens-Jupiter, von je 525 PS Spitzenleistung verwendet. An ihrer Stelle können auch Motoren anderer Herkunft von annähernd gleichem Gewicht und gleicher Leistung verwendet werden. Die Motoren sind zu je 2 in 6 Tandem-Gondeln untergebracht.

Die Tandemanordnung der Motoren ergab sich zwangsläufig aus der Anzahl derselben. Sie ist uns mit allen ihren Vor- und Nachteilen seit mehr als einem Jahrzehnt geläufig. Sobald man gezwungen ist, eine größere Anzahl von Motoren zu verwenden, ist sie heute bei weitem die einfachste, leichteste und sicherste Art des Einbaues der Motoren und findet deshalb auch überall mehr und mehr Eingang. Man kann beinahe sagen: Die Tandemanordnung reduziert, indem sie den »Doppelmotor« schafft, die Zahl der verwendeten Einheiten auf die Hälfte. Ein Tandemaggregat von 2 Motoren mit je 9 Zylindern ist beispielsweise kaum komplizierter als ein einzelner Motor von 18 Zylindern. Es ist aber wesentlich betriebssicherer. Erstens ist der kleinere Motor, absolut genommen, sicherer als der große Motor, dann aber ist bei auftretenden Störungen an Motor, Getriebe oder Propellern beim »Doppelmotor« nur mit dem Ausfall der halben Leistung zu rechnen. Der Widerstand einer mit Doppelmotoren ausgerüsteten Gondel einschließlich ihrer Abstützung ist nicht größer als derjenige einer Gondel für einen großen Motor. Die Schraubendurchmesser werden beim »Doppelmotor« – gleiche Wirkungsgrade zugrunde gelegt – stets wesentlich kleiner als bei Verwendung eines großen Motors, hiermit bei gleichen Drehzahlen auch die Umfangsgeschwindigkeiten. Ein Motor jeder Gondel treibt eine Zugschraube, der andere eine Druckschraube an. Die Drehzahl der Schrauben ist gegenüber dem Motor im Verhältnis 2 : 1 untersetzt.

Besonderer Wert wurde auf vollständige Zugänglichkeit und Wartungsmöglichkeit der ganzen Antriebsanlage gelegt. Durch einen im Flügelinnern entlang führenden Gang und die tropfenförmigen Gondelunterbauten gelangt man in das Gondelinnere. Sämtliche Betriebsstoffleitungen und Schaltungen sind daher bis zu ihrem Anschluß an die Motoren im Fluge wartbar. Ebenso können Arbeiten an stillgesetzten Motoren selbst im Fluge ausgeführt werden.

Triebwerksaufbau mit Oberflügel, Streben noch unverkleidet.

Flügelansicht mit Triebwerksaufbau von hinten; rechts ein Flügelhautfeld vor der Montage.

Triebwerksanlage mit installierten Siemens-Jupiter-Motoren; zu beachten die versuchsweise angebauten Lufthutzen für die oberen Zylinder der hinteren Motoren. Links vorne im Bild Ausgleichsfläche für linkes Querruder.

Einzelansicht einer Triebwerkseinheit; gut sichtbar die Tür in der Motorträgerverkleidung und der Ölkühler auf der Motorgondel.

Die beiden linken Motorgondeln mit Hutzen am Zylinder 5 der hinteren Motoren zur Behebung von Kühlproblemen.

Montage des Oberflügels mit der Triebwerksanlage.

Blick über die gesamte Triebwerksanlage im Bug.

Anordnung der Geräte und Einrichtungen zur Ueberwachung des Triebwerkes und des Fluges im Flugschiff Do. X.

Zur Inbetriebsetzung der 12 Flugmotoren dient ein im Oberdeck hinter dem FT-Raum eingebauter Hilfsmaschinensatz (Bild 3). Dieser besteht aus einem wassergekühlten Zweitaktmotor von ca. 12 PS Leistung, welcher über eine Lamellenkupplung eine Zwischenwelle antreibt. Auf letzterer sind nach Belieben ein- und ausrückbar angeordnet 4 Keilriemenrollen mit teilweise doppelten Riemenrillen. Je nach Bedarf können von dieser Welle aus angetrieben werden: Ein wassergekühlter Zwei-

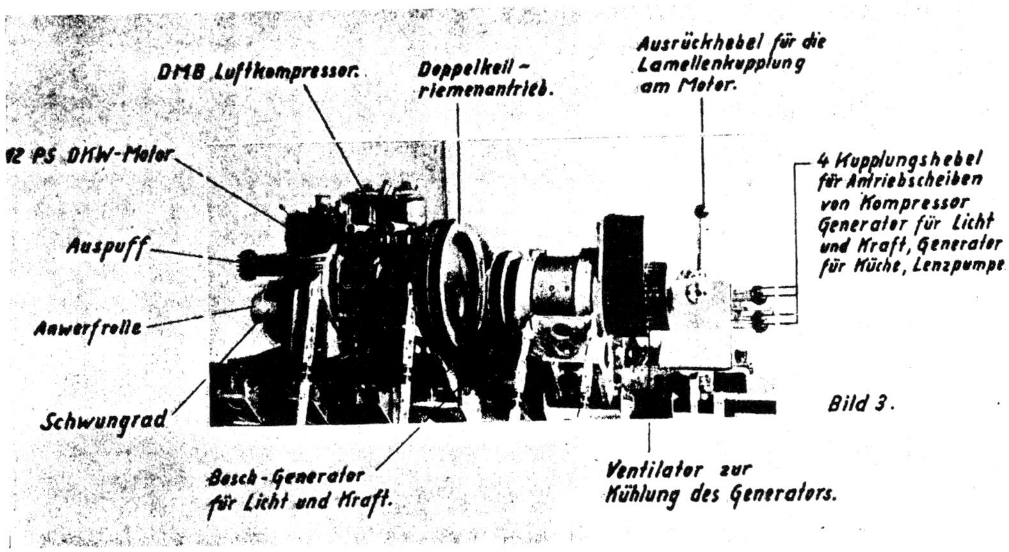

Der 12 PS. D. K. W.-Hilfsmotor. *Le moteur auxiliaire D. K. W. 12 CV.*

Zylinder-Luftkompressor, ein Generator für Licht- und Kraftstrom, eine Lenzpumpe und ein FT-Generator, oder ein Heizgenerator für Kochzwecke.

Mit Hilfe der vom Luftkompressor erzeugten Druckluft wird zunächst über einen Mehrfachschalthahn durch Betätigen eines Luftventils (siehe Bild 2) Benzin in die Ansaugkanäle der Hauptmotoren gespritzt, wobei eine besondere Vorrichtung jeweils nur eine ganz bestimmte Menge zu zerstäuben erlaubt. Alsdann wird über einen zweiten Mehrfachschalthahn durch Oeffnen eines zweiten Luftventils Druckluft von 12—15 Atm. auf die anzulassenden Motoren gegeben. Diese werden durchgedreht, und durch den ebenfalls vom Hilfsmaschinensatz erzeugten Anlaßzündstrom, der über Hochspannungsschalter zu den einzelnen Motoren geführt wird, in Betrieb gebracht. Normalerweise erfolgt das Anlassen sämtlicher 12 Motoren in 3—4 Minuten. Die Luftleistung des kleinen Kompressors ist so groß, daß — wenn erforderlich — gleichzeitig je ein Backbord- und ein Steuerbord-Motor angelassen werden kann.

Die Gasdrosselbetätigung der einzelnen Motoren geschieht durch die Einzelgashebel (Bild 2). Diese lagern auf einer Sammelwelle für je 6 Motoren und können mit dieser vermittels besonderer Kupplungshebel gekuppelt werden. Wird ein Motor von genannter Welle entkuppelt, so leuchtet im Führerraum (Bild 1) die betreffende Signallampe unten zwischen beiden Führern auf und der Durchschnittsdrehzahlanzeiger der betreffenden Motorgruppe gibt nunmehr die Durchschnittsdrehzahl der noch auf die Sammelwelle gekuppelten Motoren an d. h., der Führer weiß jederzeit, wieviele Motoren ihm zur Verfügung stehen und welche mittlere Drehzahl diese haben. Es ist selbstverständlich, daß im Fluge der im Schaltraum (Bild 2) befindliche Bordingenieur nur im Notfalle einen Motor wegnehmen, d. h. von der Sammelstelle entkuppeln darf und daß dann sofort eine nähere Verständigung mit dem Führer erfolgen muß. Die Betätigung der genannten zwei Sammelwellen, auf welche auch das in Bild 2 ersichtliche Handrad rechts und links im Vordergrunde wirkt, durch den Führer, erfolgt über Gestänge vermittelst zweier direkt nebeneinanderliegender Handhebel, deren Griffe mit einer Hand gleichzeitig gefaßt werden können, so daß normalerweise beide Hebel gleichmäßig betätigt, d. h. alle Motoren in gleichem Maße gesteuert werden. Für besondere Manöver, wie Kurvenflug oder insbesondere Kurvenrollen auf dem Wasser kann der Führer dann nach Belieben die sechs Motoren der B.B.-Gruppe denen der St.B.-Gruppe voreilen lassen oder umgekehrt, indem er den einen der beiden Handhebel dem andern gegenüber vor- oder nachstellt.

Die Verstellung des Zündmomentes von „spät" auf „früh" oder umgekehrt erfolgt mittelst kleiner Drehgriffe unterhalb der Kupplungshebel (Bild 2) und ist nur auf die beiden Endlagen einstellbar, da zum Anlassen der Motoren Spätzündung erforderlich, sobald der Motor läuft, jedoch volle Frühzündung gegeben werden kann.

Das Triebwerk wird dann durch folgende im Schaltraum übersichtlich und sinnfällig angeordnete Geräte überwacht (siehe Bild 2).

Ueber dem Gashebel eines jeden Motors befinden sich der Reihe nach: 1 elektrischer Ferntachometer, 1 elektrischer Fernthermometer für Oeleinlauf in den Motor, 1 elektrischer Fernthermometer für Oelauslauf aus dem Motor, 1 elektrische Signallampe, die aufleuchtet, wenn die maximal zulässige Oeltemperatur überschritten wird, 1 Oeldruckmesser und 1 Brennstoffdruckmesser. Die elektrischen Fernthermometer können mittels kleiner Hebelschalter ein- bzw. ausgeschaltet werden. Auf dem Unterteil der zwei Triebwerksgerättafeln sind die schon oben erwähnten Kupplungshebel mit Kontakten für die Motorlampen im Führerraum, die Drehgriffe für die Zündmomentverstellung und darunter die Geräte für den Anlaßvorgang (wie oben beschrieben) und das Stillsetzen der Motoren angeordnet. Eine vor den Kupplungshebeln angeordnete Schutzstange verhindert ein ungewolltes Betätigen irgend eines Hebels oder Griffes. Um den Brennstoff bei stilliegendem Schiff auch aus den

Manometerleitungen ablassen zu können, sind kleine Ablaßventile an der Stirnseite der Geräteschränke angebracht (Bild 2).

Ueber der Durchgangsöffnung zum FT-Raum befindet sich die Hauptschalttafel für die elektrische Anlage. Sie enthält die erforderlichen Strom- und Spannungsmesser, die Isolationsprüfeinrichtung, die Hauptschalter für die Licht-, Kraft- und Signalanlage und die Hauptsicherungen für diese Anlage. Kleine Sicherungs- und Schalttafeln für das Stromnetz im Unter- und Zwischendeck befinden sich dort an zweckdienlichen Stellen.

Im Führerraum (Bild 1) sind nur die Triebwerks-Ueberwachungsgeräte angeordnet, die den Führer von der Drehzahl und Anzahl der ihm verfügbaren Motoren unterrichten. Im übrigen sind im Führerraum die sämtlichen Flugüberwachungsgeräte doppelt angeordnet, d. h. vor jedem der beiden Führersitze befindet sich ein vollständiger Satz Flugüberwachungsgeräte, und zwar:

Je 1 Steuerkompaß, 1 Höhenmesser, 1 Geschwindigkeitsmesser, 1 Aufstiegmesser, 1 Querneigungsmesser, 1 Längsneigungsmesser und 1 Kurszeiger. Die letzteren werden eingestellt durch den Kursgeber, welcher in dem hinter dem Führerraum liegenden Navigationsraum eingebaut ist. Die vorgenannten Geräte ergänzt noch ein Statoskop und eine mittschiffs angeordnete Zeituhr. Ein Funkpeilgerät und ein Echolot dienen ferner zur Lagebestimmung bei unsichtigem Wetter. Um in Gefahrsfällen rasch das ganze elektrische Leitungsnetz stromlos zu machen und augenblicklich sämtliche Motoren zum Stillstand zu bringen, ist beiden Führern leicht zugänglich und doch gegen unbeabsichtigtes Betätigen wirksam geschützt ein Hauptkurzschlußschalter angeordnet. Bild 1 zeigt außerdem noch die Anordnung der Steuerhandräder, der Fußhebel für das Seitensteuer, die Handräder für die Einstellung des Höhen- und Seitenruderausgleiches und das große Handrad zur Betätigung des Wasserruders.

Im Navigationsraum ist dann noch ein großer Navigationskompaß, ein Höhenmesser, ein Luftlog und eine Zeituhr eingebaut. Maschinentelegraph, Rohrpost oder Sprachrohr dienen zur Verständigung zwischen Navigationsraum, Funk- und Führerraum. Einfache elektrische Lichtsignale in den Farben rot, weiß, grün können zur Verständigung zwischen den einzelnen Gondeln und dem Schalterraum dienen. Zur weiteren Erhöhung der Sicherheit und zur Kontrolle der Ferngeräte im Schaltraum sind in den Maschinengondeln vom Kriechschacht im Flügel aus leicht ablesbar angeordnet für jeden Motor: 1 mechanischer Drehzahlmesser, 1 Oeldruckmesser, 1 Brennstoffdruckmesser, 1 Oelthermometer. Allen den genannten Geräten ist selbstverständlich eine für den Nachtflug bestgeeignete elektrische Beleuchtung beigegeben.

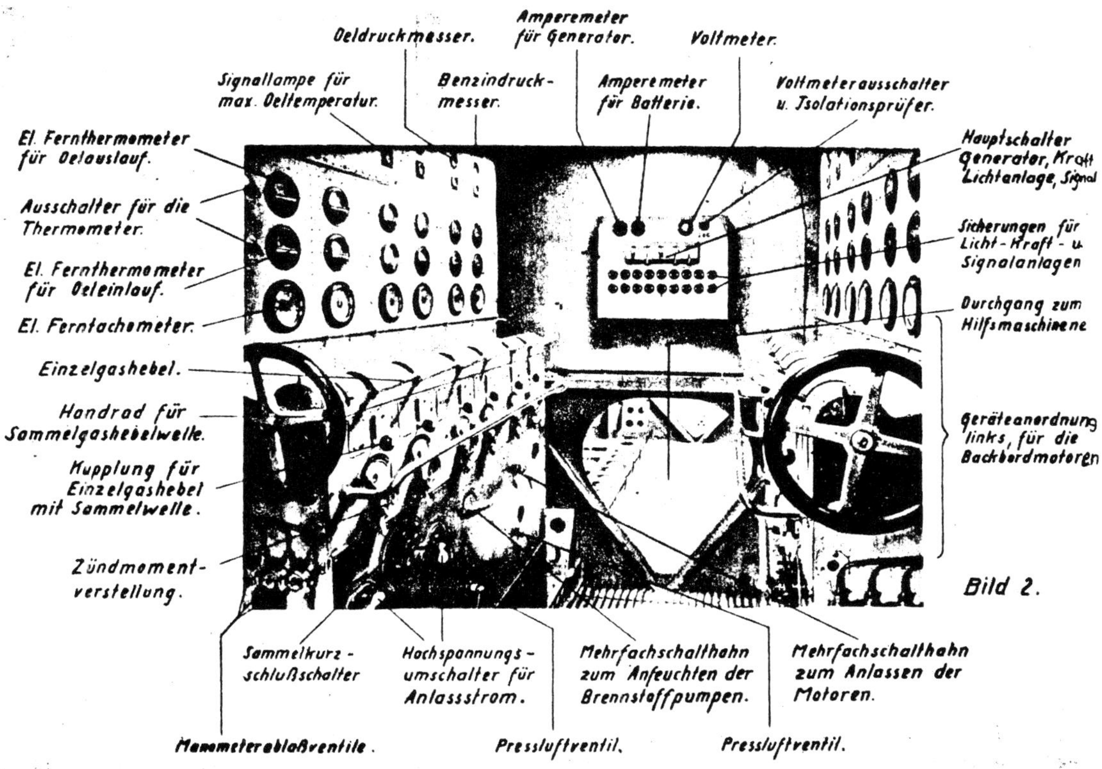

Bild 2.

Die Maschinenzentrale (Schaltraum). — Le contrôle des moteurs.

Maschinenzentrale mit Bedienanlage für je sechs Motoren links und rechts.

Blick von der Maschinenzentrale nach vorn in den Navigations- und Führerraum.

Elektrische Hauptschalttafel im hinteren Teil des Maschinenraums.

Hilfsaggregat (12 PS DKW) zur Bordstrom-Erzeugung im Oberdeck hinter dem FT-Raum (vergleiche S. 62).

Schlauchboot an Bord der Do X.

DIE BETRIEBSMITTELANLAGE

Auch bei der Ausbildung der Brennstoffversorgung hat man sich an das in langen Jahren Erprobte gehalten. Es sind im Betriebsmitteldeck normalerweise vier zylindrische Behälter zu je 3000 l sowie zwei weitere Behälter zu je 1700 l vorhanden sowie zwei kleinere Behälter im Flügel zu je 300 l, zusammen als 16 000 l. Die Behälter sind unmittelbar auf dem Bootsboden gelagert. Sie stehen mit einem sogenannten »Sammeltopf« in Verbindung, von welchem mittels Pumpen der Brennstoff zu zwei in der Flügelnase gelagerten Behältern von je 300 l Inhalt gedrückt wird. Um möglichst große Sicherheit in der Betriebsmittelversorgung zu haben, kann die Förderung des Benzins auf dreierlei Weise erfolgen, nämlich durch eine Pumpe mit Windradantrieb, durch eine elektrisch angetriebene Pumpe und durch eine von Hand zu betätigende Allweiler-Pumpe.
Von den Flügelnasentanks wird das Benzin mittels A.M.-Pumpen den Vergasern zugeführt. Zuviel gefördertes Benzin fließt zurück in den Sammeltopf. Im Kommandodeck angeordnete Schaugläser gestatten die Kontrolle der Betriebsmittelversorgung. Das ganze Rohrleitungssystem ist in allen seinen Teilen auch während des Fluges zugänglich und wartbar.
Die Ölbehälter fassen insgesamt 1600 l, und zwar befindet sich in jeder Gondel ein 100 l fassender Tank und außerdem ein Hauptbehälter von 1000 l im Schiffsraum.
Zut Bedienung und Überwachung der Motorenanlage wurde eine ganz neue Lösung gefunden. Die Größe der vielfach unterteilten Antriebsanlage macht es unmöglich, daß die Bedienung sämtlicher Motoren, wie bisher im Flugwesen üblich, in Händen des Flugzeugführers liegt. Es wurden deshalb alle Bedienungshebel und Überwachungsinstrumente in einem besonderen Raum, der hinter dem Kommandantenraum gelegenen Maschinenzentrale, vereinigt.
In diesem, ständig von einem Ingenieur besetzten Raum befinden sich an den beiden Seitenwänden sämtliche Bedienungshebel und Überwachungsinstrumente für je sechs Motoren in einer übersichtlichen Schalttafel vereinigt. In die Maschinenzentrale münden außerdem die nach den einzelnen Motorgondeln führenden, im Flügelinnern befindlichen Gänge.
Da es aber auch bei Flugzeugen solcher Ausmaße unbedingt notwendig ist, daß der Flugzeugführer unmittelbar die Motorenleistung regeln kann, so ist die Anordnung getroffen, daß die Gasbedienungshebel von je 6 auf einer Seite befindlichen Motoren vom Maschinenstand aus an einen Sammelgashebel beim Flugzeugführer angekuppelt werden können. Der Führer hat also nur 2 Gashebel zu bedienen, von denen einer die 6 Steuerbordmotoren, der andere die 6 Backbordmotoren regelt. Als Anhalt für die verfügbare Leistung befinden sich beim Führer 2 Sammeldrehzahlmesser, die jeweils die mittlere Drehzahl der 6 an dem betreffenden Gashebel angeschlossenen Motoren anzeigen. Sobald ein Motor durch den Maschinisten von dem Sammelgashebel abgekuppelt ist, leuchtet automatisch im Führerraum eine rote Lampe auf.
Das Anlassen der einzelnen Motoren erfolgt von der Maschinenzentrale aus mittels Preßluft.

Lagerung der Treibstofftanks.

Blick in den Haupttankraum unter dem Kabinenboden.

Die Auftank- und Enttank-Anlage der Do X.

Das Flugschiff besitzt eine besondere Anlage, die rasches Auffüllen und Entleeren aller Betriebsstoffbehälter ermöglicht. Dieselbe hat sich bei den zahlreichen bisherigen Tankmanövern bestens bewährt und gestattet — bei Benutzung *lediglich der einen Bordhandpumpe* — Auftanken von 1500 Litern in 3 Minuten. Enttanken von 14000 Litern in 2½ Std.

Die Bordhandpumpe ist eine in Leichtmetall gebaute Allweiler Handpumpe, die auf einen zusammenklappbaren und tragbaren Ständer festgeklemmt ist. Die Anschlußlichtweite beträgt 60 mm. Das Anschlußungewinde ist das international übliche Gewinde von 3" englisch.

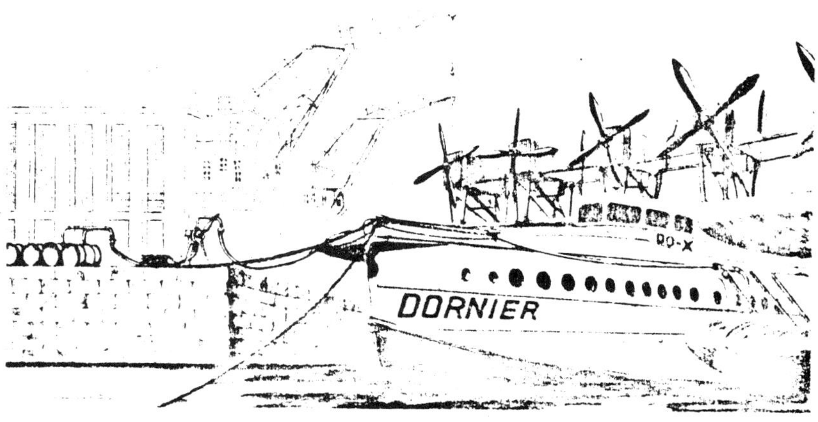

Tankeinrichtung zur Betriebstoffübernahme.

Der Brennstoff wird beim Tanken mittels genannter Pumpe durch an beiden Seiten innerhalb des Flugschiffes angeordnete Filter zu den Behältern gedrückt. Ebenso wird das Oel durch einen fest eingebauten Filter in die Oelbehälter gefüllt.

Die Tankanlage ist so konstruiert, daß es im Bedarfsfalle auch möglich ist, die Betriebsstoffe von einem Tankschiffe aus überzunehmen.

Die Skizze zeigt, wie das Flugschiff von Land aus mittels der Bordpumpe getankt wird. Beim regelmäßigen Tanken in demselben Hafen werden vorteilhafterweise motorisch angetriebene Pumpen verwendet, wodurch die Tankzeiten noch weiter vermindert werden können. Um zu verhindern, daß bei motorischem Tanken zu große Drucke im Filter und den Leitungen zu den Behältern, oder in diesen selbst, entstehen, ist das Anschlußstück mit einem Sicherheitsventil versehen.

DIE AUSRÜSTUNG

Triebwerküberwachung

Wie erwähnt soll der Führer Anzeigegeräte erhalten, aus denen er die Anzahl der zur Verfügung stehenden Motoren und der Gesamtleistung jeder Bordseite erkennen kann. Alle übrigen Überwachungsgeräte sind im Schaltraum vereinigt. Zur Sicherung der wichtigsten Ablesungen sind neben den Ferngeräten im Schaltraum in der Gondel unmittelbar am Motor Nahgeräte angeordnet.

Flugüberwachung

Die Geräte zur Überwachung des Fluges sind für jeden Führer getrennt übersichtlich vor den Führersitzen eingebaut.

Navigation

Die zur Navigation erforderlichen Geräte sind in dem Orterraum, in dem auch der Kapitän seinen Sitz hat, eingebaut, resp. untergebracht.

Beleuchtung

Der Strom wird an Bord von einem im Maschinenraum aufgestellten Generator geliefert, der mit einer Akkumulatorenbatterie parallel arbeitet. Das ganze elektrische Leitungsnetz wird zentral von einer Tafel im Schaltraum aus, auf der auch die Sicherungen der Hauptstromkreise eingebaut sind, bedient. Der Führer besitzt einen Not-Ausschalter für das gesamte Netz mit Ausnahme der Beleuchtung des Mittel- und Oberdecks und einen weiteren Ausschalter für diese Lichtleitungen.

Die Außenbeleuchtung umfaßt die üblichen Positionslichter am Bug, Heck, Steuerbord und Backbord und darüber hinaus weiße Lichter an den Flügelenden. Auch ist ein Suchscheinwerfer zum Gebrauch auf dem Wasser vorgesehen. Die Innenbeleuchtung ist der Raumausstattung angepaßt. In den Tankräumen sind explosionssichere Lampen eingebaut. Räume, in denen Gestänge, Züge und Leitungen liegen, erhalten Handlampen mit Kabelrollern. Wichtige Geräte erhalten eigene Beleuchtung.

Allgemeines Gerät

Ein Zweizylinder-Zweitakt-12-PS-Verbrennungsmotor im Maschinenraum kann auf die beiden Generatoren für Lichtnetz und Küche und den Kompressor einzeln oder zusammen gekuppelt werden. Das elektrische Verbrauchsnetz umfaßt außer der oben beschriebenen äußeren und inneren Beleuchtung die elektrischen Fernmeldegeräte, Signalanlagen, die Antriebsmotoren der Betriebsstoffpumpen und die elektrische Kücheneinrichtung.

Der Kompressor dient zur Auffüllung des Preßluftbehälters, aus dem der Antriebsmotor für den Ventilator zur Entlüftung der Tankräume gespeist wird.

Im Führerraum wird in Sicht beider Führer eine große Borduhr über dem vorderen Fenster eingebaut. Im Orter-, Schalt- und Führerraum sind je eine kleine Borduhr vorgesehen.

BETRIEBSHILFSGERÄT

Brandschutz

Die Vergaserbrandlöscher werden von Hand betätigt. Auch sind in der Druckleitung der Motorpumpen Brandventile eingesetzt, die vom Kriechstollen aus betätigt werden können. Um die Entzündungsgefahr in den Brennstoffräumen herabzusetzen, werden die Behälter und der ganze Raum nach außen entlüftet. Durch Leck austretender Brennstoff kann abgelassen werden. Selbstverständlich sind hier, wie in den übrigen Räumen, Handfeuerlöscher vorhanden.

Anlaßvorrichtung

Zum Anlassen der Motoren dienen Eclipse-Trägheitsanlasser mit Handantrieb. Das Einspritzen erfolgt mit einer angebauten Einspritzpumpe. Die Zündung des Gemisches erfolgt über den Umschalter durch einen Handanlaßmagnet an jeder Gondel. Zum Anfeuchten der am Motor angebauten Brennstoffpumpe dient eine Handpumpe.

Lenzeinrichtung

Zum Lenzen des bei Beschädigung des Unterwasserschiffes eingedrungenen Leckwassers dient eine feste und eine tragbare Handlenzpumpe. Es sind längere Saug- und Druckschläuche vorhanden, um auch Räume lenzen zu können, in die die Pumpe nicht selbst gebracht werden kann.

Die Bordtasche enthält die mit den Motoren gelieferten Spezial-Werkzeuge und Motor-Ersatzteile.

Der Bordsack enthält die wichtigsten Werkzeuge und Werkstoffe für kleinere Instandsetzungsarbeiten am Flugschiff.

Schutzbezüge

Luftschrauben und Gondeln werden beim Liegen im Freien durch Bezüge abgedeckt.

Nachrichten

Die Funkgeräte für Senden und Empfangen werden im schalldicht ausgekleideten Funkraum eingebaut. Die elektrische Energie für die Funkanlage wird über besondere Umformer dem Lichtnetz entnommen. Die Einrichtung dieses Raumes umfaßt außerdem Schreibe- und Sitzgelegenheit für den Funker und, wie erwähnt, eine Borduhr. Zur Vermittlung von Befehlen und Meldungen zwischen Kapitän und Besatzung dienen optische Signale (Lichttelegraf).

Schalldichte Auskleidung des Funkraums
Funkgerät mit Schlepp- und Not-Antenne
2 Einankerumformer dazu
Signalanlage mit rot-weiß-grünen Lichtern zwischen Kommando- und Funkraum
Schlauchtelefon zwischen Kommando- und Funkraum

Seeausrüstung

Die Seeausrüstung umfaßt die für Treiben, Vorankerlegen, Einbringen und Anlegen im Hafen erforderlichen Geräte.

Bordfunker Kiel bei der Arbeit im FT-Raum.

Telefunken-Peilgerät im Navigationsraum.

Umfangreiche Funkausrüstung im schalldicht ausgekleideten FT-Raum.

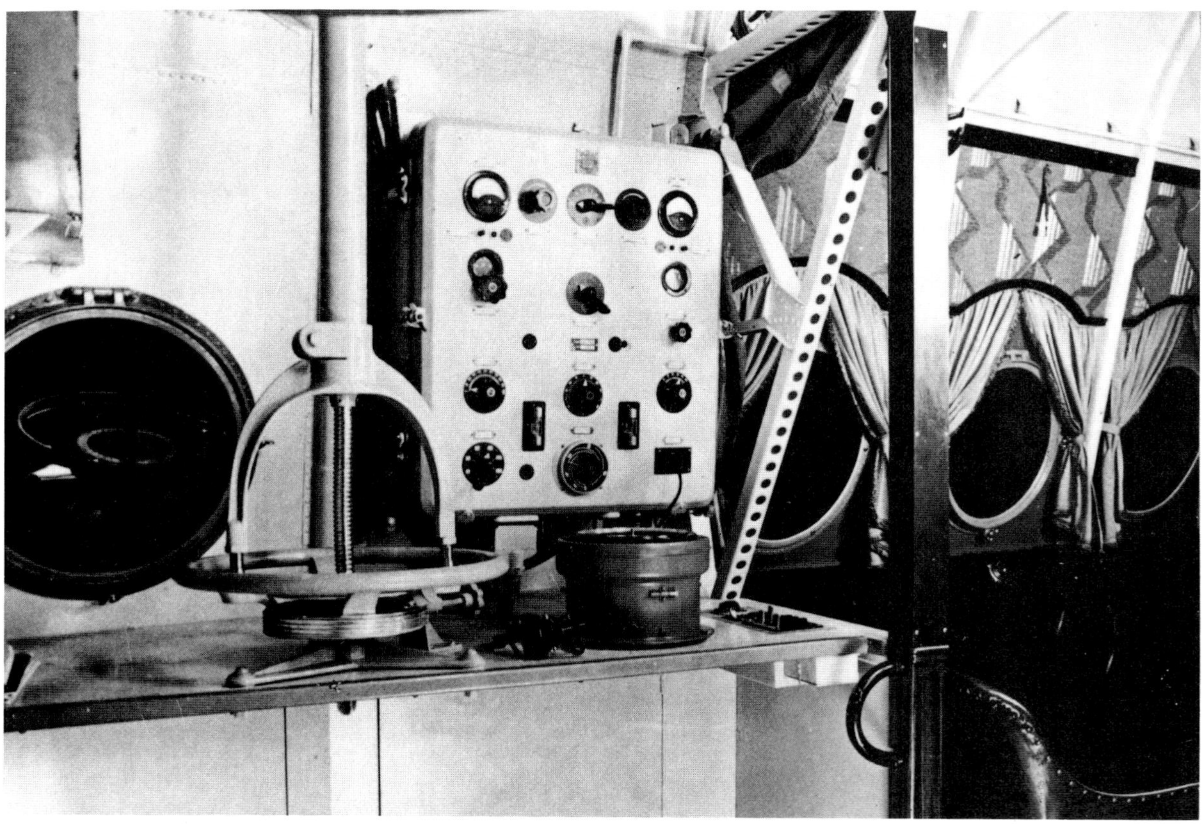

Navigationsoffizier Niemann am Peilgerät.

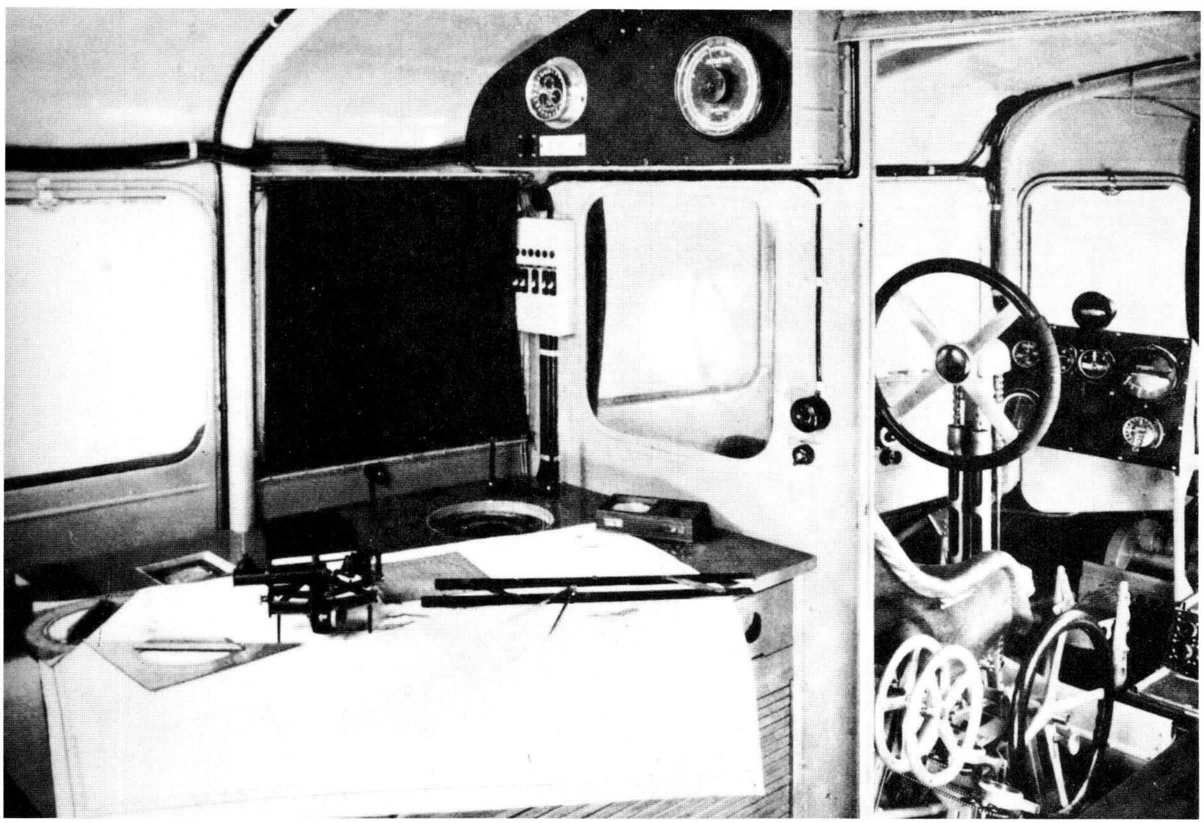

Der Kommandanten- und Navigationsraum mit Blick zum linken Pilotensitz.

Der Führerraum des Flugschiffes Do X

Nur wenige wissen heute mehr, wie primitiv in den Anfängen der Fliegerei der Führersitz der damaligen Flugzeuge ausgestattet war. Es sind koch keine zwanzig Jahre vergangen, daß wir auf leiterartig vor die Tragflügel hinausragendem Gestell vollkommen frei auf kleinen Korbsitzen saßen, die Füße auf dem Seitensteuerhebel, in der Hand den Steuerknüppel. An den Holmen dieser Himmelsleiter waren die Gasdrossel und der Kurzschlußschalter angebracht. Sonstige Hilfsmittel zur Überwachung des Fluges oder der Antriebsanlage fehlten vollständig. Wenn ein Flugzeugführer ein übriges tun wollte, hängte er sich einen Höhenmesser um den Hals, da kein Platz zu seiner Anbringung am Flugzeug im Sichtbereich des Führers vorhanden war.
Mit der Entwicklung des Flugwesens und der Vergrößerung der Einheiten wuchsen naturgemäß auch die Forderungen an die Unterbringung des Führers und die Ausstattung mit Navigations- und Überwachungsgeräten zur sicheren Durchführung des Fluges. Wenn wir in den Führerraum der jüngsten Schöpfung unserer Flugtechnik, des Dornier-Flugschiffes Do X treten, so sehen wir, daß er von dem Führerplatz jener alten Flugzeuge ungefähr so verschieden ist wie Ruderhaus und Kommandobrücke der »Bremen« von der Ruderbank eines Fischerkahns.
Wenn wir aus dem Navigationsraum einen Blick in den eigentlichen Führerraum werfen, so überrascht uns zunächst die Einfachheit der ganzen Ausstattung, die dadurch erzielt wurde, daß im Gegensatz zu bisherigen Flugzeugen sämtliche Überwachungsgeräte und die meisten Bedienungshebel der Antriebsanlage nicht mehr im Bereiche der Führer untergebracht sind. Dadurch werden die vom Führer zu betätigenden Organe an Zahl geringer als auf einem Zwei-Motoren-Flugboot und er kann sich weitgehendst einer Hauptaufgabe, der Steuerung des Flugschiffes und der Beobachtung des Kurses und der Wetterlage widmen. Diese Vereinfachung wurde ermöglicht durch Anordnung einer besonderen Maschinenzentrale, in der sämtliche Bedienungs- und Überwachungsanlagen des ganzen Triebwerkes in übersichtlicher Weise vereinigt. Von diesem, ständig mit einem Maschinisten besetzten Raum aus werden die einzelnen Motoren mit Preßluftanlasser in Gang gesetzt. Nachdem sie warmgelaufen und auf einwandfreien Lauf geprüft sind, wird die Bedienung des Gashebels an einem der zwei beim Führer befindlichen Sammelgashebel angeschlossen. Der Führer hat so in je einem Hebel die 6 Steuer- und 6 Backbordmotoren vereinigt und kann damit die Leistung der Motoren in jeder für den praktischen Betrieb nötigen Weise regeln, ohne mit ihrer Überwachung belastet zu sein. Je ein Sammeldrehzähler für 6 Motoren zeigt die mittlere Drehzahl derselben an und gibt dem Führer einen Anhalt für die jeweils vorhandene Motorleistung.
Wird aus irgendeinem Grunde ein Motor von dem Sammelhebel im Führerraum abgekuppelt, so leuchtet dort eine rote Lampe auf.
Von diesen Abweichungen in der Motorbedienung abgesehen, unterscheidet sich die Führung des Flugschiffes nicht wesentlich von der eines andern Flugzeuges. Der Führerraum ist mit Doppelsteuerung ausgestattet. Höhensteuer und Verwindung werden in üblicherweise durch Steuersäule mit Handrad, Seitensteuer durch Pedale betätigt.
Trotzdem der Führerraum sehr geräumig ist und gegen alle Witterungsunbilden schützt, ist durch eine Reihe großer Glasfenster eine ausgezeichnete Sicht ermöglicht.
Außer den Hauptsteuerungen sind auf den Abbildungen neben dem linken Führersitz einige weitere Handräder zu sehen. Die zwei kleinen Räder dienen zur Verstellung der Entlastungsflächen, von Höhen- und Seitenruder. Dadurch hat der Führer die Möglichkeit, bei Wechsel in der Beladung oder sonstigen Änderungen des Flugzustandes stets ein vollkommen druckfreies Höhensteuer zu erzielen, so daß bei losgelassenem Ruder die Maschine ihren Flug ungestört fortsetzt. Für das Seitenruder ist diese Hilfsanordnung besonders deswegen wichtig, um bei Ausfall von seitlichen Motoren das entstehende, kursstörende Moment auszugleichen, ohne auf die Seitensteuerpedale einen Druck ausüben zu müssen.
Die Instrumente zur Überwachung des Flugzustandes sind in einem unter der Decke des Führerraumes angebrachten Kasten angeordnet, wo sie ohne die Sicht nach außen zu stören, bequem abgelesen werden können. Alles nähere über die Ausstattung des Führerraumes zeigen die Abbildungen.
Durch die Trennung der Überwachung der Motoranlage von der übrigen Führung des Flugschiffes gewinnt die Maschinenzentrale, die hinter dem Navigationsraum im Innern des Hauptflügels liegt, besondere Bedeutung. Die Anordnung des umfangreichen Instrumentariums und der Bedienungshebel geht aus der Abbildung hervor. Führerraum und Maschinenzentrale sind durch Sprechverbindung miteinander verbunden. Die Lage des Kommandantenraumes zwischen Führerraum und Maschinenzentrale ermöglicht es, daß der Kapitän des Flugschiffes sowohl den Führern wie den diensttuenden Maschinisten unmittelbar seine Befehle erteilen kann, so daß die Einheitlichkeit der Schiffsführung trotz der Unterteilung von Steuerung und Antriebsüberwachung vollkommen gewährleistet ist.

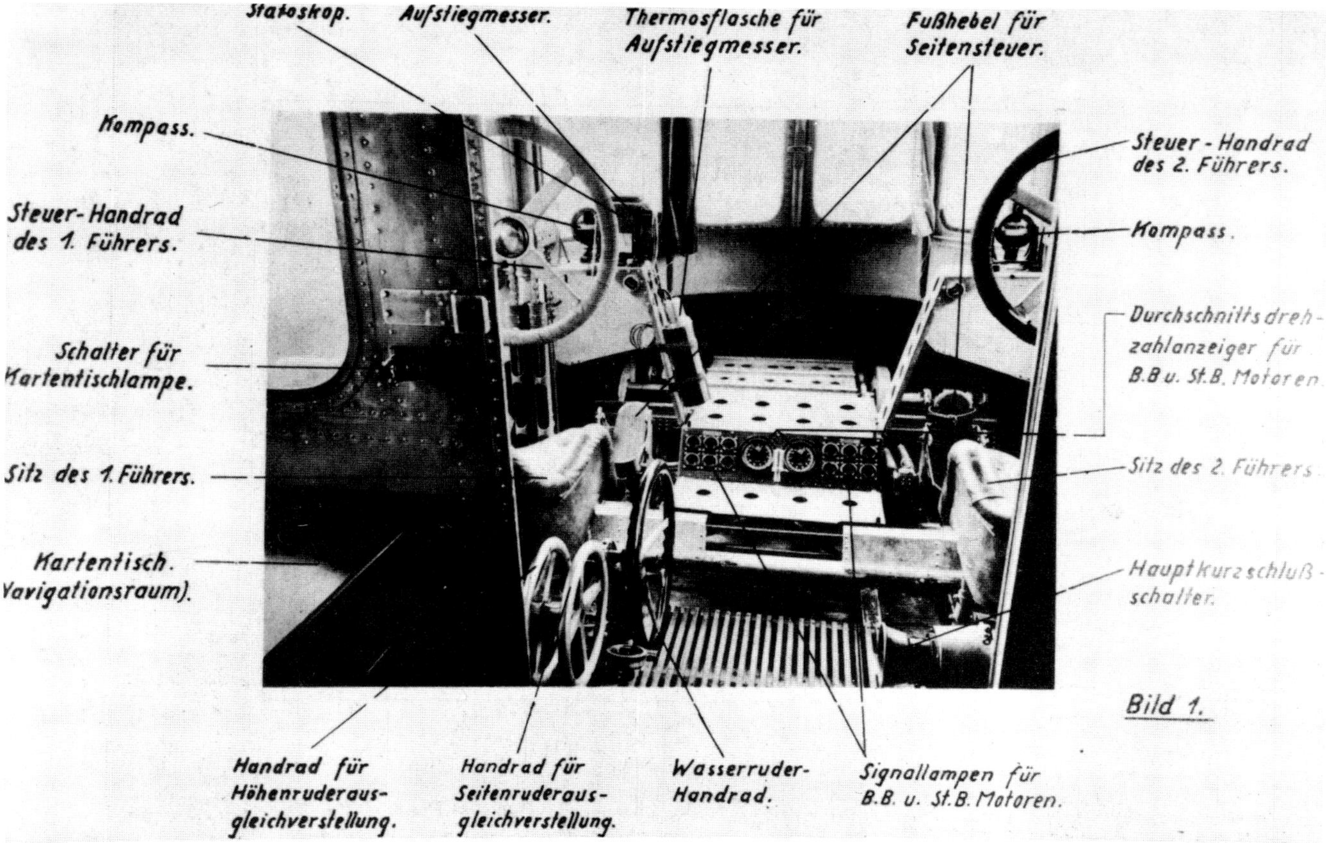

Führerraum der Do X.

Rechter Pilotensitz, in der Mitte Durchstiegsmöglichkeit durch die beiden Frontfenster.

Geänderter Führerraum mit komplettierter Instrumentierung.

Die Raumeinteilung und Einrichtung

Die Raumeinteilung zeigt grunsätzliche Neuerungen und ähnelt mehr der eines Seeschiffes als der bisher bekannter Flugboote. Die großen Ausmaße geben die Möglichkeit, den Schiffsrumpf durch drei Decks zu unterteilen.

Auf dem *Ober-* oder *Kommandodeck* sind alle für die Schiffsführung notwendigen Räume vereinigt, wie Führerraum, Kommandanten- und Navigationsraum, Maschinenzentrale, Funkraum und Hilfsmaschinenraum.

Im mittleren oder *Hauptdeck,* das eine begehbare Fläche von rund 24 m Länge und 3,5 m Breite umfaßt, sind die Nutzräume untergebracht. Sie können der jeweiligen Zweckbestimmung des Flugschiffes, sei es nun für den Passagier- oder Frachtdienst, angepaßt werden. Die Do X I soll vor allem dem Personentransport dienen: wir finden daher auf ihr eine Flucht von Räumen, deren luxuriöse Einrichtung bisher in keinem Luftschiff oder Flugzeug dem Fluggast geboten wurde.

Das untere *Betriebsstoff-* oder *C-Deck* enthält die Brennstoff- und Frachträume. Eine Batterie riesiger Tanks aus Leichtmetall sind hier stoßfrei gelagert und enthalten zusammen die ungeheure Menge von 23 300 Liter Brennstoff und 1300 Liter Öl.

Im Kommandodeck

das man vom Einsteiggang schiffsmäßig auf einer Leiter senkrecht nach oben erreicht, liegen hintereinander; zu vorderst der Führerraum, davon durch eine Fensterwand getrennt, der Raum des Kapitäns, dahinter der Schaltraum zur Überwachung des Triebwerkes, der schalldicht ausgekleidete Funkraum und schließlich der niedrige Hilfsmaschinenraum.

Der *Führerraum* mit seiner freien Lage und der Anordnung der beiden Führersitze ganz an der Bordwand gibt den Piloten die denkbar beste Sicht nach vorne und nach den Seiten, ja sogar senkrecht nach unten aufs Wasser. Die Steuerorgane und ihre Betätigung ist genau so wie bei einem modernen Verkehrsflugzeug: Steuersäule, Steuerrad und Pedale sind überraschend zu betätigen. Die Instrumentierung ist vor beiden Sitzen gleichmäßig durchgeführt: Geschwindigkeits-, Höhen- und Längsneigungsmesser, Wende- und Kurszeiger, Kompaß u. a. m., so daß auch Nacht- und Nebelflüge möglich sind. Jeder Führer kann mit einem Gashebel die 6 Motoren einer Seite gemeinsam regulieren, durch einen Zentralschalter können alle 12 Motoren sofort ausgeschaltet werden. Kleine Lampen mit rotem und gelbem Licht geben Aufschluß über die jeweils arbeitenden Motoren. Auch das Wasserruder wird von hier aus betätigt, ebenso die Verstellvorrichtung für Trimm- und Ruderausgleich.

Im Kommando- und Navigationsraum sind die für die Navigation nötigen Einrichtungen und Geräte vorgesehen, wobei Steuerbord der Sitz des Orters, Backbord der Sitz des Kapitäns angeordnet ist. Die Einrichtung ist fest eingebaut mit besonderer Berücksichtigung, daß sich in der den Raum durchschneidenden vorderen Luftschraubenebene im allgemeinen keine Personen aufhalten. Große Fenster links und rechts lassen das Schiff in seiner ganzen imponierenden Länge überblicken. Der Navigationsoffizier arbeitet am Kartentisch, die Seekarte vor sich und umgeben von einer Ausrüstung, die nahezu diejenige eines Ozeandampfers ist: Chronometer, Kompaß, Höhenmesser, Sextanten, Abdriftmesser, Peilscheiben, Navigationsinstrumente aller Art, ein Telefon nach allen Seiten des Schiffes, Telefunken-Peilgerät, Scheinwerfer und vieles andere mehr. Führer- und Orterraum erhalten 11 große, rechteckige Fenster von 0,45 x 0,5 m. Die Räume des Kommandodeckes und des Rumpfheckes erhalten von der Flügeloberseite her natürliches Oberlicht.

Die Verständigung erfolgt durch eine Sprachschlauchleitung, welche Führer, Kommandant und Maschineningenieur verbindet.

Achtern vom Kommandoraum liegt die Maschinenzentrale oder der *Schaltraum,* bereits innerhalb des Flügels. Hier amtet der Maschineningenieur, der sämtliche Motoren überwacht und bedient. An den beiden Seitenwänden, je für sechs Motore, sind an großen Schaltwänden sämtliche Bedienungshebel und Überwachungsinstrumente wie Fern-Tourenzähler, Fernthermometer für Wasser- und Öltemperatur, Brennstoff- und Ölmanometer in bester Übersicht angebracht. Zur Maschinenzentrale münden rechts und links die im Innern des Flügels nach den Motorgondeln führenden Gänge.

Der dritte Raum des Oberdecks ist der *Funkanlage* reserviert. Sie ist in einer schalldichten Kabine untergebracht. Die technische Einrichtung besteht aus dem Hauptsender, dem Kurzwellensender und dem Empfänger. Als Kraftquelle dient ein Motor-Generator. Die Antennenanlage besteht aus einer 70 m langen Schleppantenne für den Hauptsender, einer Dipol-Antenne für den Kurzwellensender, sowie einer Notantenne zwischen Schwanz- und Flügelenden für den Notbetrieb auf dem Wasser. Der Funkpeiler mit drehbarer Rahmenantenne ist im Navigationsraum eingebaut.

Im letzten Raum des Decks befinden sich die *Hilfsmaschinen,* bestehend aus einem 12-PS-Zweitaktmotor, der je nach Bedarf einen Kompressor für Belüftungszwecke, einen Generator für die F. T.-Anlage, einen Licht- und Heizungsgenerator bedient. Das Aggregat wird im Flug durch einen Windantrieb betätigt.

Im Hauptdeck

liegt hinter dem etwa 3 m tiefen, nach hinten abgeschotteten *Kollissionraum,* der zur Unterbringung der Seeausrüstung vom Backdeck durch eine Luke zugänglich ist, über die ganze Länge des mittschiffsliegenden Hauptlängsträgers von 23 $^1/_2$ m ver-

teilt, eine Flucht von 11 Räumen, deren Unterteilung im wesentlichen durch die bereits oben erwähnten Fachwerkspanten gegeben ist.
Ganz vorn im Bug ist eine kleine, niedliche *Bar* mit eingebauten Schränken, kleinem Kühlraum, Abspültisch, etc. eingerichtet, wo die Fluggäste bei ihrem Lieblings-Cocktail oder dem obligaten Whisky eine eventuelle vorübergehende »Schwachheit« siegreich bekämpfen können.
Anschließend befindet sich das mit Ledersesseln versehene aus Zederholz gekleidete *Rauchzimmer.* Hier wurde durch elektrische Feueranzünder und gute Ventilation jede Feuersgefahr ausgeschaltet.
Nach dem Rauchzimmer folgen *2 Fluggasträume* mit 16 Plätzen und 4 Tischen, wovon einer nach Bedarf durch Portieren in einen Schlafraum verwandelt werden kann. Eine Tür schließt diese Räume gegen den Ausgang mit den beiderseitigen Einsteigtüren über die Bootstummel ab. Direkt verblüfft betritt der Fluggast einen eleganten, weiten, 7 m langen *Gesellschaftsraum,* eher ein gediegenes Restaurant als eine Flugzeugkabine. Die Fluggasträume von 24 m Länge bei 3,2 m mittlerer Breite und 2 m Höhe wurden in behaglicher und moderner Weise für rund 70 Fluggäste ausgestattet. Geht der Fluggast vom Einstieg in der Richtung nach hinten, so hat er zuerst Gelegenheit, in einem der beiden Garderoberäume abzulegen und gelangt dann in den *großen, dreiteiligen Salon.* Hier herrscht eine frohe Farbstimmung. Ein französischer Craqueléstoff mit Chinoismustern belebt mit seinen Männekens die Wände; seine Farben wiederholen sich in den Pastelltönen des uni Velours der Sitzmöbel: im Mittelsalon rot, in den beiden äußeren grün. Türen und Brüstungstäfer sind in poliertem Kirschbaumholz. Kokette grüne Vorhängchen lassen die Bullaugen etwas größer erscheinen als sie in Wirklichkeit sind. Die anschließenden zwei kleineren *Kabinen* sind für je 8 Personen eingerichtet.
Weiter hinten ist rechts die *elektrische Küche* mit Wasserbehälter, Boiler, Zurichte- und Abwaschtisch, Vorrats- und Geschirrschrank. Links daneben liegen zwei *Toiletten- und Waschräume.* Weiter nach Achtern gelangt man ins B-Deck durch ein großes Mannloch im Kollisionsschott in den geräumigen *Frachtraum;* dahinter liegen in Schotträumen der Hauptölbehälter und die Zusatzbrennstoffbehälter, und zwischen den drei Hauptspanten die Hauptbrennstoffbehälter. Zum Einbringen der Frachten sind im Hauptdeck Bodenklappen von 0,77 x 0,62 m, zum Einbringen der Behälter von 2 x 1,3 m bzw. 2,7 x 1,5 m lichter Öffnung angeordnet.
Die Fachwerkspanten lassen zwischen den einzelnen Räumen Zugänge von 0,6 m Breite frei. Der mittlere und hintere Hauptspant weist sogar eine freie Öffnung von 1,2 m Breite auf, um die Einheit des Tagesraumes zu wahren.
Der Zugang zum Hauptdeck erfolgt, wie erwähnt, durch unmittelbar vor dem vorderen Hauptspant in der Bordwand liegende Türen. Als Notausgang dient eine Luke im Achterdeck von 0,66 x 0,885 m unmittelbar vor dem Heckschott. Zur Luke führt eine senkrechte Leiter an der Schottwand. Im Vordeck ist über der Rauchkabine eine Ladeluke von 1,42 x 1,33 m. Um die Brennstoffbehälter in das Hauptdeck einbringen zu können, sind in der Steuerbordwand drei große Klappen von rund 1,5 x 1,3 m eingebaut.
Es war keine alltägliche Aufgabe, als die Firma *J. Keller & Co.,* Zürich, den Auftrag erhielt, die Passagierräume des Flugschiffes auszustatten. Einer ihrer Mitarbeiter, Herr Emil Rau, stand allerdings mit einer derartigen Sache schon auf etwas vertrautem Fuße, da er während der Kriegsjahre in einem großen aeronautischen Betrieb die gesamten Schreinerarbeiten leitete.
Viele Besprechungen, Zeichnungen, Modell-, Holz- und Stoffvorlagen führten zu einem luxuriös und bequem eingerichteten fliegenden Schiff.
Wenn beim Bau einem Architekten die Bausumme, welche nicht überschritten werden darf, große Sorgen bereitet, so bestand hier außer dieser noch eine schwer zu lösende Aufgabe: die verhältnismäßig niedrig angesetzte oberste Grenze des Baugewichtes. Was bei anderen Aufträgen die Franken sind, waren bei der Do X die Gramme. Wir sind sicher, daß es nicht nur den Unternehmer, sondern in ebensolchem Maße den Bauherrn in Altenrhein gefreut hat, daß nach Erledigung des Auftrages die Gewichtsgrenzen strikte eingehalten waren. In äußerst geschickter Weise wurden die Streben und Träger des Zwischendeckes verkleidet. Sowohl die Mahagonihölzer der Türen und Wandverschalung, wie auch die ruhigen Farben der Wandbespannung, Vorhänge und Teppiche machen einen behaglichen Eindruck.
In den Bordwänden des Hauptdecks sind Bullaugen von 0,35 bzw. 0,23 m lichter Öffnung, deren Mitten durchweg 1,1 m über dem Fußboden liegen.

Rauchsalon mit Ledersesseln.

Blick durch die Passagierkabine der Do X mit luxuriöser Raumausstattung.

Schreibabteil
im Passagierraum.

Gesellschafts-
räume mit Abteilen
für je acht Passa-
giere.

Gedeckter Tisch
im Gesellschafts-
raum.

Speziell für die Do X gefertigtes Speiseservice.

Das Porzellan wurde von Marcel Dornier, einem Bruder Prof. Claude Dorniers, entworfen.

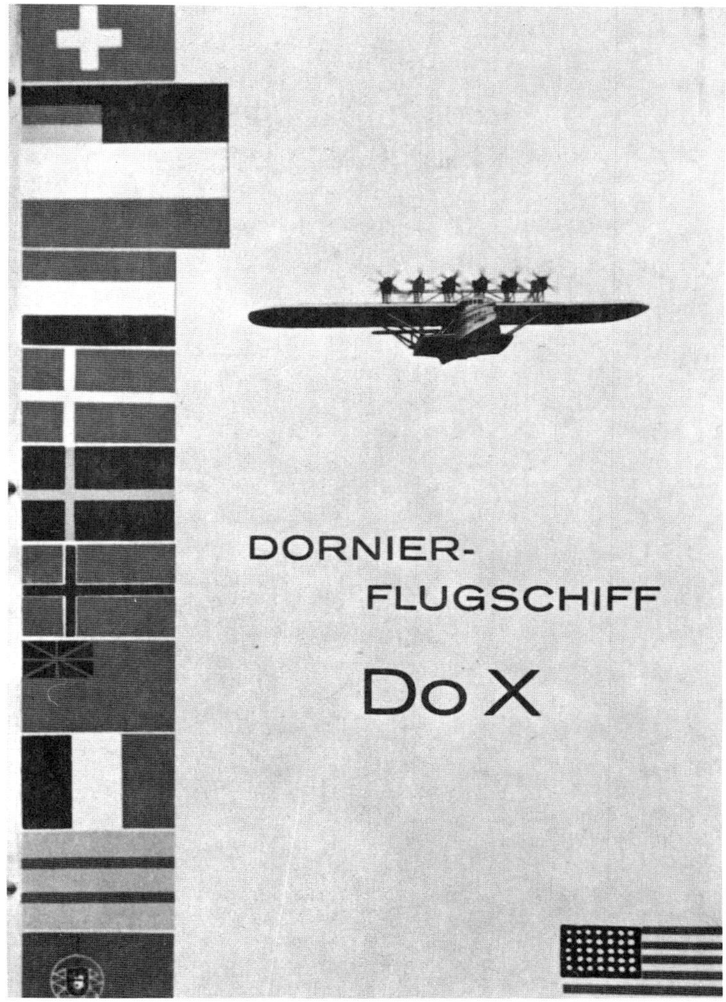

Titelseite der Speisekarte an Bord der Do X (Innenseiten siehe folgende Seiten).

SPEISE-KARTE

Kalte Platte .. ..

GETRÄNKE-KARTE

WEISSWEINE

1927er Erdener Treppchen .. ..

1928er Piesporter Goldtröpfchen .. ..

1928er Bernkasteler Badstube .. ..
Porta Nigra-Kellerei, Max Mann, Trier

1927er Reiler Mäuseley .. ..

1928er Valkenberg Liebfrauen-Stiftwein .. ..

1928er Liebfrauenstift-Klostergarten .. ..

1925er Oppenheimer Goldberg .. ..
Kellerei P. J. Valkenberg, Worms

ROTWEIN

Oberingelheimer Burgunder .. ..
P. J. Valkenberg, Worms

SCHAUMWEINE

Hochgewächs .. ..
Sektkellerei Nachf. v. G. C. Keßler & Co., Eßlingen

Private Cuvée brut .. ..

Carte Blanche, trocken .. ..
Sektkellerei E. Mercier & Co., Trier

LIKÖRE

Mampediktiner .. ..

Dr. Mampe Bittere Tropfen .. ..

Deutscher Weinbrand „Alter Stamm" ..

Mampe Curacao weiß Auslese .. ..

Mampe Halb und Halb Extra .. ..
Karl Mampe A.G., Berlin

Dubelt Goldwasser .. ..

Kurfürstlicher Magen .. ..

Dubelt Pomeranzen .. ..

„Der echte doppelte Danziger Lachs" .. ..
Danziger Lachs Gesellschaft m. b. H., Halensee

Hammer Weinbrand .. ..

Noisettes .. ..
Landauer & Macholl, Heilbronn

„Sarotti-Dreistern", Deutscher Weinbrand .. ..
Sarotti A.G., Berlin-Tempelhof

Whisky „Long John" .. ..
Long John Distilleries, Glasgow
Vertreter: B. v. Schweinitz, Alsbach

Magenbitter .. ..
von Albrecht Underberg, Rheinsberg i. Mark

MINERALWASSER

Überkinger Teinach ....

Göppinger Sprudel ....

Kaffee ....
Emil Specht & Sohn, Hamburg

Kaffee Hag ....
Kaffee-Handels-Aktiengesellschaft, Bremen

Tee ....

Kakao ....

Trinkschokolade ....

Schokolade, Pralinen etc. ....
von Gebr. Stollwerck A.G., Köln a. Rh.
Sarotti A.G., Berlin-Tempelhof
Reichardtwerk G.m.b.H., Wandsbek

LEBENSMITTEL der Firmen:

C. H. Knorr A.G., Heilbronn

Schüle-Hohenlohe A.G., Plüderhausen

Max Hultsch, Zwiebackfabrik, Neukirch (Lausitz)

Paul Lindner, Konservenfabriken, Braunschweig

Liebig-Gesellschaft, Köln a. Rh.

Antoni Höen, Hamburg

Bahlsen Keksfabrik A.G., Hannover

Maggi-Gesellschaft m.b.H., Singen a. H.

Konservenfabrik Ambergau G.m.b.H., Bockenem

Erste Deutsche Knäckebrotwerke Dr. Wilh. Kraft, Berlin-Lichterfelde 1

W. Hromadka & Jäger Nachf., Dresden A 27

H. König G. m. b. H., Brandenburg a. H.

Kola-Tabletten:
Dallmann & Co., Wiesbaden-Schierstein

Kaugummi:
Wrigley A.G., Frankfurt a. M.

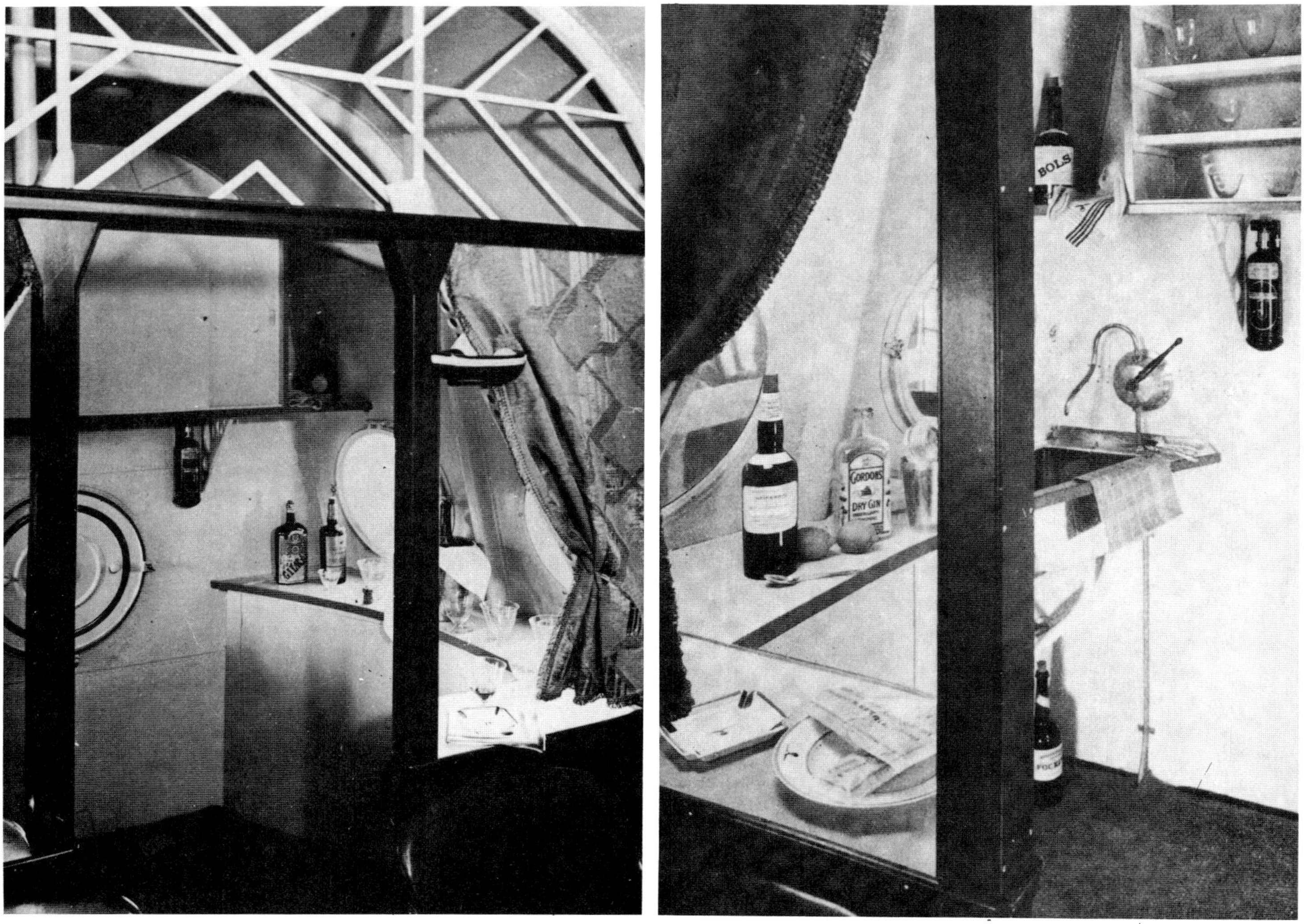

Blick in die Bar im Vorderteil des Hauptdecks; das im linken Bild sichtbare Mannloch führt in den Ankerraum im Schiffsbug.

Küchenraum hinter den Passagierkabinen im Hauptdeck.

Rekordflug mit 169 Personen

Auch nach dem erfolgreichen Beginn der Flugerprobung der Do X war die Kritik noch nicht verstummt, daß dieses Flugschiff keine nennenswerte Zuladung, bzw. Nutzlast tragen könne. So entschloß sich Dornier, einen spektakulären Rekordflug zu unternehmen, der die Transportkapazität der Do X eindeutig unter Beweis stellen sollte. Beim 70. Erprobungsflug am 21. Oktober 1929 gingen 169 Personen an Bord der Do X: Neben der Besatzung, dem Flugversuchspersonal und einigen Pressevertretern waren es vor allem Werksangehörige, die in den mit Korbbestuhlung ausgestatteten Kabinen Platz nahmen. Dabei war mit 44768 kg das maximale Fluggewicht der Do X noch gar nicht erreicht. Der Rundflug über dem Bodensee dauerte 40 Minuten.

Vor dem Rekordflug der Do X mit 169 Personen am 21. Oktober 1929.

Trimmrechnung für Do X mit 150 Personen im Hauptdeck.

Als Grundlage dient der Trimmplan vom 25.7.29 wo 3 Starts mit 48,8 ton. gemacht wurden.

Unter der Voraussetzung, dass die Betriebsmittel bei dem geplanten Fluge mit 150 Passag. um den Schwerpunkt so gleichmäßig verteilt wie damals am 25.7.29 so ergibt sich folgende Rechnung

Als Ausgangspunkt für die Rechnung wird Spant 25 angenommen

a.) Gesamtmoment der Hauptdeckladen bez. auf Spt. 25 beim Start am 25.7.29.

Gewicht	Lage der Last	Abstand v. Spt. 25.	Moment in mkg.
1889	zwischen Spt. 28 – 31	3,2 m	6050
1847	" " 31 – 34	5,3	9800
1021	auf " 35	7,1	7260
1172	" " 37	8,5	10000
1441	" " 39	9,9	14250
1440	" " 41	11,3	16300
1406	zwischen " 44 – 47	14,3	20100
1412	" " 47 – 50	16,4	23200
1700	" " 50 – 53	18,5	31500
			138460 mkg.

b.) Gesamtmoment mit 150 Pass. bei einem durchschn. Personengewicht von 73 Kg

Zahl der Pass.	Lage im Raum	Gewicht	Abstand v. Spt. 25	Moment in mkg
15	zw. Spt. 25 – 28	1095	1,1	1205
15	" " 28 – 31	1095	3,2	3510
16	" " 31 – 34	1168	5,3	6200
24	" " 34 – 38	1752	7,8	13650
24	" " 38 – 42	1752	10,7	18750
18	" " 44 – 47	1314	14,3	18800
18	" " 47 – 50	1314	16,4	21600
14	" " 50 – 53	1022	18,5	18950
6	" " 53 – 55	438	20,3	8920
				111585

Um die Maschine ausgeglichen zu bekommen fehlt noch ein Moment von

138460 – 111585 = 26875 mkg.

Nimmt man an, dass die Sandlast zwischen Spant 50 – 55 untergebracht wird, so sind

$\frac{26875}{19,2}$ = 1400 Kg notwendig.

Manzell 18.10.29.

Fr.

Lauf. Nr	Gegenstand	Gewicht kg	Horizontalrichtung Abstand m	±	Momente +	Momente —	Vertikalrichtung Abstand m	±	Momente +	Momente —
1	2 Führer	160	6,90			1105	5,10		815	
2	1 Kommandant	88	8,60			756	5,10		448	
3	Motorenpersonal	750	11,4			8550	6,20		4650	
4	2. Verpflegungen.	135	13,2			1780	5,10		688	
5	1 Verpflegungen.	80	37,0			2960	4,30		344	
6	Fliegerpersonal	235	9,30			2180	3,00		705	
7	Öl in Gondeln	380	10,6			4030	8,60		3270	
8	Öl im Boot	160	5,60			896	1,60		256	
9	Brennstoff i. Flügel	480	9,60			4600	5,90		2830	
10	Brennst. ges. B. 34/35	248	14,2			3520	1,40		347	
11	Brennst. ges. B. 38/42	220	11,4			2510	1,40		308	
12	Brennst. ges. B. 44/47	1200	7,70			9240	1,50		1800	
13	Trimmballast B. 23/25	240	22,6			5420	2,70		648	
14	Trimmballast B. 54/55	160	1,30			208	2,70		432	
15	Motor-Prop. Reserve	127	23,3			2960	2,70		343	
16	Rettungsgerät	21	23,5			493	3,00		63	
17	Feuerlöscher	32	22,6			724	3,50		112	
18	Benzin für Hilfsmot.	20	18,1			362	4,70		94	
19	Kühlwasser Hilfsm.	15	17,5			262	5,20		78	
20	Preßluftflasch. m. Lag.	160	16,7			2670	4,60		736	
21	Bordwerkzeug	50	10,3			515	5,20		260	
22	Feuerlöscher, Decken	48	10,5			504	7,50		360	
23	Signalgerät	10	8,40			84	5,50		55	
24	[illegible]	34	0,40			14	3,00		102	
25	[illegible]	25	9,00			225	1,60		40	
26	Holzgrätinge	57	9,30			530	4,50		256	
27	Teppichläufer	55	11,4			627	2,30		126	
28	Anker mit Kabel	136	0,50	+	68		2,50		340	
		5326			68	57725 − 68			20506	
	Gesamtsumme	5326				57657			20506	

S_H = ——— = m bezogen auf Vertikale 10,00 m vor V.W.

S_v = ——— = m bezogen auf Horizontale 5,00 m unter Bootsboden

Blatt Nr 1

Schwerpunktsberechnung

der DO X für Rekordflug mit 169 Personen

Manzell, den 12. XI. 29 Me

DMB. 55. TP 4.

Lauf. Nr	Gegenstand	Gewicht kg	Horizontalrichtung Abstand m	±	Momente +	Momente —	Vertikalrichtung Abstand m	±	Momente +	Momente —
	Übertrag Bl. 1	5326				57657			20506	
29	Fluggäste und Ausstattung	414,2	21,6			8950	3,00		1240	
30		424	20,9			8850			1270	
31		413	20,2			8350			1240	
32		493	19,5			9620			1480	
33		420,2	18,8			7900			1260	
34		408,1	18,1			7400			1225	
35		449	17,4			7800			1345	
36		414,1	16,7			6920			1240	
37		440,3	16,0			7040			1320	
38		449,9	15,2			6780			1340	
39		425,2	14,5			6160			1275	
40		422,9	13,8			5840			1270	
41		468,2	13,1			6140			1405	
42		437,9	12,4			5430			1310	
43		463,7	11,7			5420			1390	
44		417,5	11,0			4600			1250	
45		379,3	10,3			3900			1140	
46		420,7	8,40			3530			1260	
47		373,7	7,70			2870			1120	
48		418,9	7,00			2930			1260	
49		402,4	6,30			2520			1200	
50		433,1	5,60			2420			1300	
51		384,4	4,90			1880			1150	
52		313,4	4,20			1315			940	
53		316	3,50			1105			950	
54		286	2,80			804			858	
55		177,5	2,10			369			526	
56		181,8	1,40			254			545	
	Zuladung	16369,4				194754			53615	
	Leergewicht	28399				368334			146557	
	Fluggewicht	44768,4				563088			200172	
	Gesamtsumme									

$S_H = \frac{563088}{44768} = 12,60$ m bezogen auf Vertikale 10,00 m vor V.W.

$S_v = \frac{200172}{44768} = 4,50$ m bezogen auf Horizontale 5,00 m unter Bootsoberkante

Blatt Nr 2

entspricht 36 % der Flügeltiefe

Schwerpunktsberechnung

der DO X für Rekordflug mit 169 Personen

Manzell, den 12. XI. 29 Me

DMB. 55. TP 4.

Wägebericht nach dem Rekordflug.

Abschrift!

Wägung der Maschine Do X 1,

nach dem 42.Flug, am 21.Oktober 1929 zur Feststellung des

Abfluggewichts.

Gewogenes Gewicht der Maschine:

Mit: Wagen und Unterbauten
Stummelabstützung
Ausrüstung
Ölbestand 463 Liter
Ausstattung
Trimmballast — 68 415 kg

Ohne: Brennstoff
Besatzung und Gäste

Abzügliche Gewichte:

Wagen mit Unterbauten	37810 kg	
Stummelabstützungen	64 "	
	37874 kg	37874 kg
		30541 kg

Zuzügliche Gewichte:

Brennstoff	2148 kg	
Verbrauch an Öl	72 "	
Brennstoffverbrauch d.Hilfsmotors	4 "	
Besatzung	758 "	
Besatzung z.Information	340 "	
Besatzung f.Versuche	254 "	
Photo und Film	181 "	
Pressevertreter	1825 "	
Werksangehörige als Fluggäste	8645 "	
	14227kg	14227 kg
Abfluggewicht		44768 kg

Altenrhein, den 28.Oktober 29.
KT.

Aktiengesellschaft
für
Dornier-Flugzeuge:

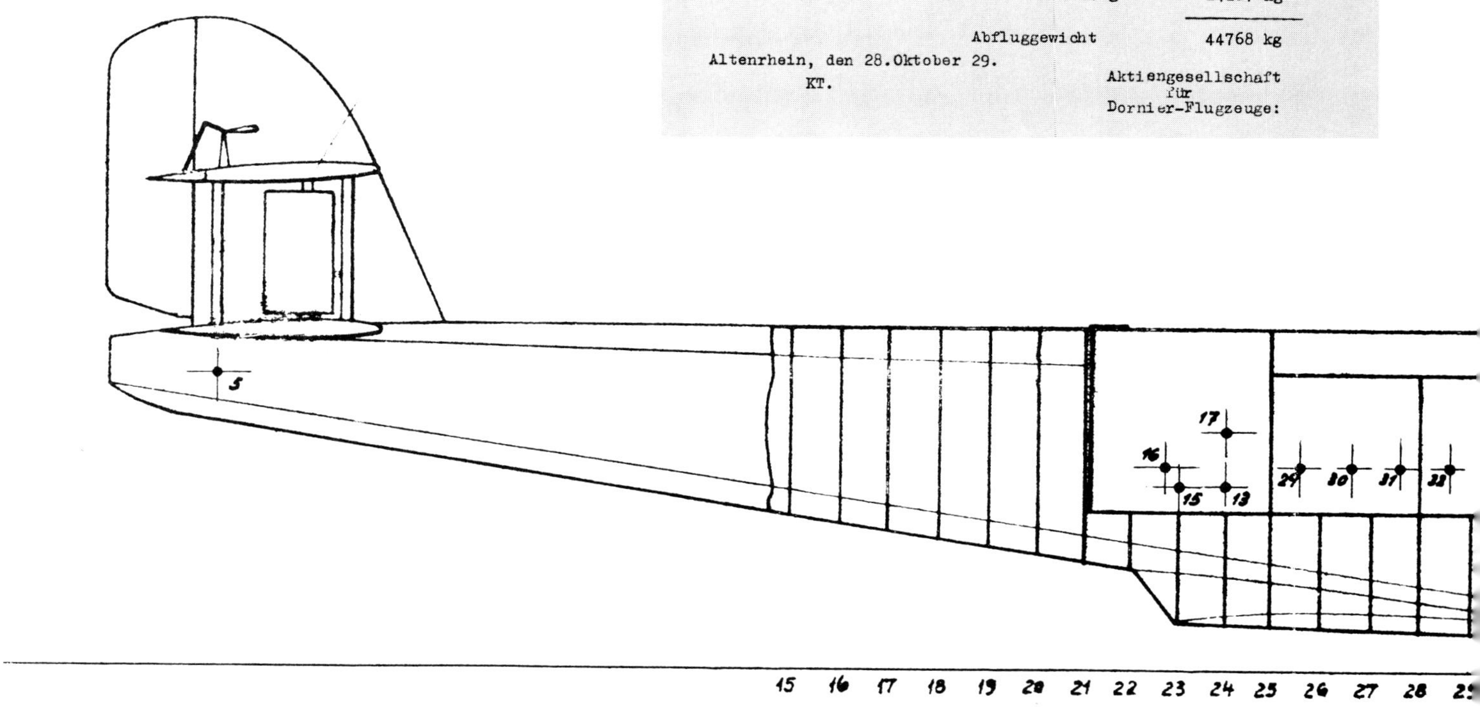

Trimmzeichnung der Do X für den Rekordflug mit einem Abfluggewicht von ca. 44,8 Tonnen.

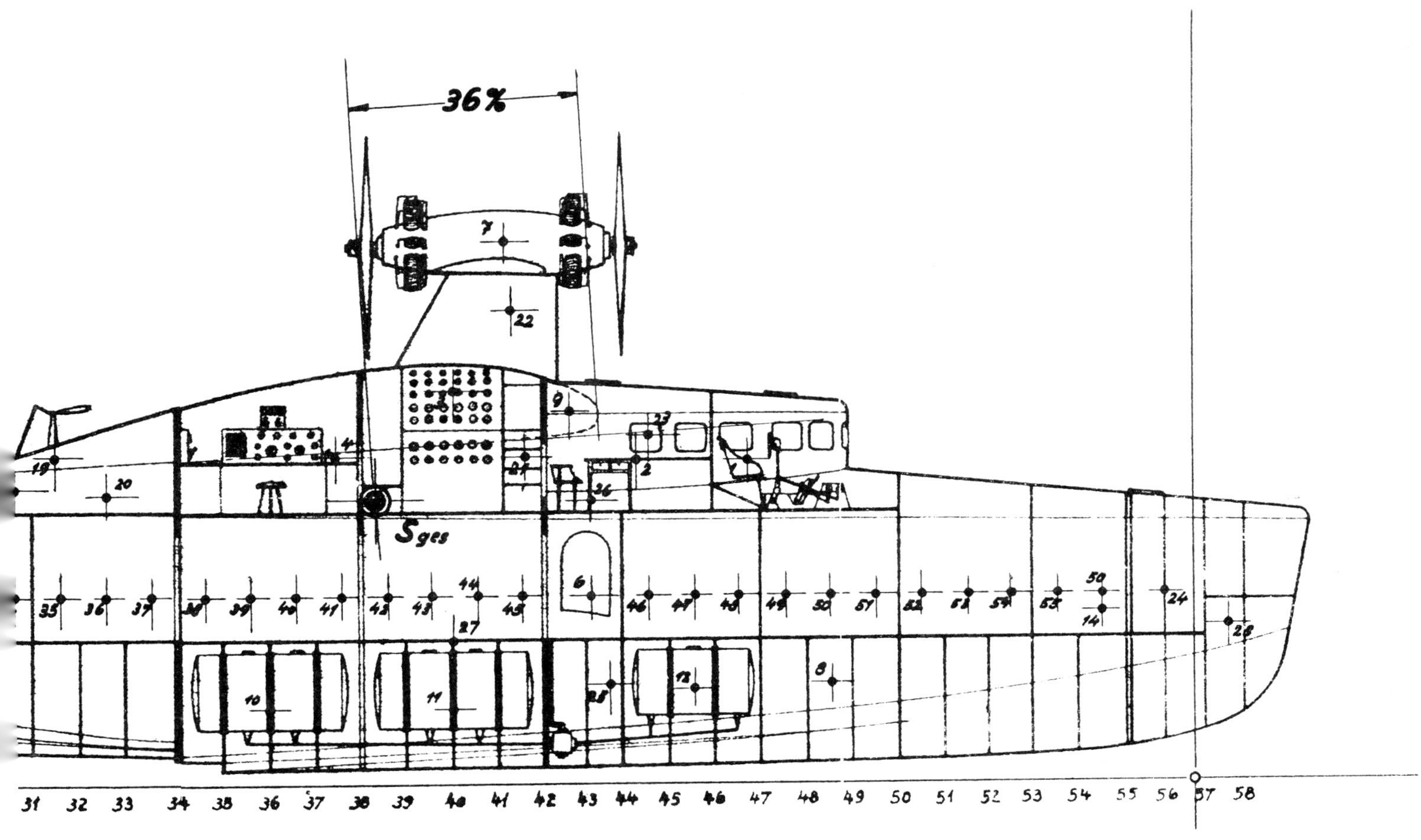

Dichte Korbbestuhlung für den Rekordflug mit je sechs Sitzplätzen im Hauptteil der Kabine.

Im schmäleren Vorderteil der Kabine waren je vier Sitze pro Reihe und einige Einzel-Korbsessel eingebaut.

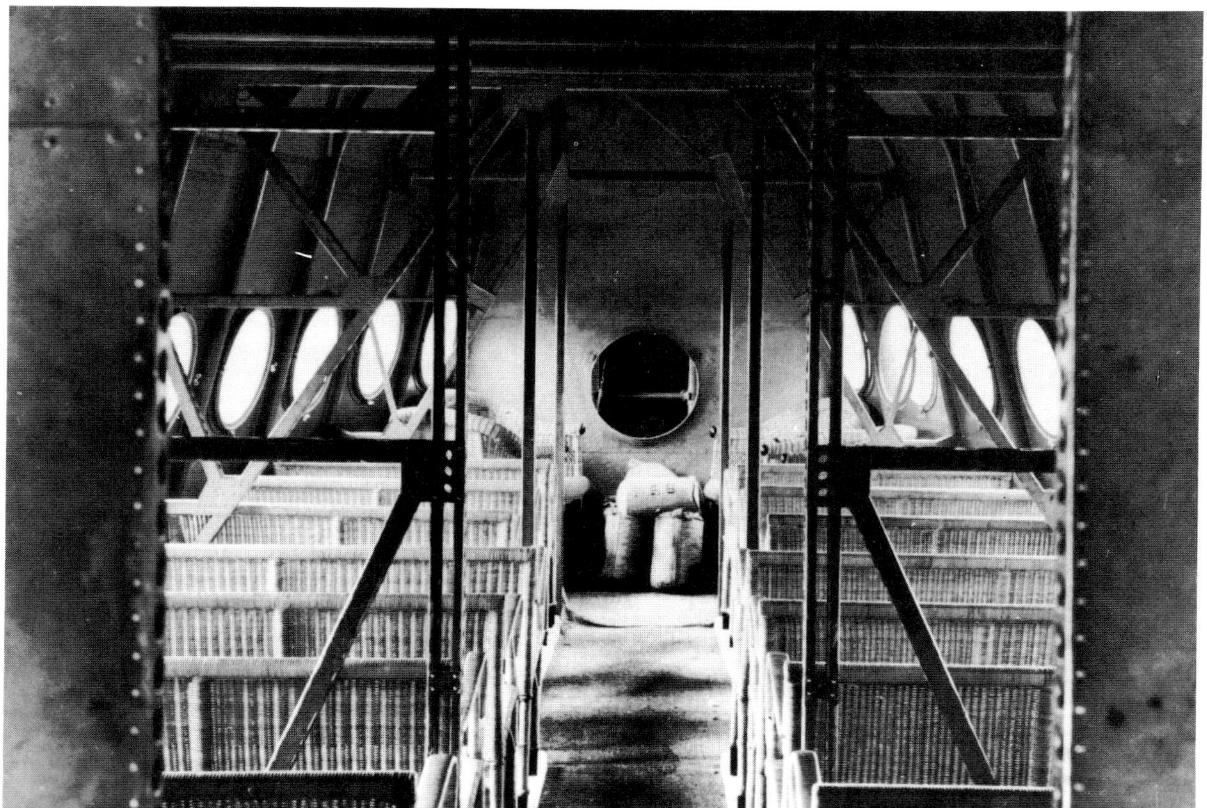

Werksangehörige, Pressevertreter und Flugversuchspersonal nahmen am eindrucksvollen Rekordflug der Do X teil.

Claude Dorniers WGL-Vortrag über das Flugschiff Do X

Nicht wenige Experten hatten die ersten Meldungen vom Bau des Flugschiffes Do X mit großer Skepsis aufgenommen. Man zweifelte daran, ob ein Flugzeug dieser Dimensionen mit den damaligen technischen Möglichkeiten überhaupt realisiert werden könnte. So fand Claude Dorniers Vortrag vor der Royal Aeronautical Society in London im Jahre 1928, also noch während des Baues der Do X größtes Interesse, als er darlegte, wie er das große Ziel erreichen wollte.
Nach den ersten Ergebnissen der Flugerprobung hielt Dornier am 6. November 1929 auf der Jahresversammlung der Wissenschaftlichen Gesellschaft für Luftfahrt (WGL) einen Vortrag, in dem er nun nicht nur über den Entwurf, die konstruktive Durchbildung und die Ausführung, sondern auch über die Erprobungsergebnisse, die Möglichkeiten der Verwendung und die Wirtschaftlichkeit berichten konnte.

DAS FLUGSCHIFF DO X

Vortrag

gehalten auf der Jahresversammlung
der Wissenschaftlichen Gesellschaft für Luftfahrt
am 6. November 1929

Abgedruckt mit Genehmigung der Wissenschaftlichen Gesellschaft für Luftfahrt

I. Der Entwurf

Der leitende Gedanke bei den Entwurfsarbeiten war von Anbeginn der, daß zur Erreichung des gestellten Zieles nur technisch Erprobtes herangezogen werden dürfe. Jedes „Experimentieren" wurde von vornherein ausgeschaltet. Es ist kein Zweifel, daß durch diese Maßnahmen der schöpferischen Gestaltung in gewissem Maße Fesseln auferlegt wurden. Die Tatsache aber, daß von dem Moment des Beginnes der Erprobung des Flugschiffes bis zum vollständigen Einfliegen desselben insgesamt nur wenige 100 Arbeitsstunden für Aenderungen an der Zelle aufgewendet wurden, beweist im Verein mit den erzielten Flugleistungen, daß das eingeschlagene Verfahren richtig war.

Die Vorarbeiten zum Bau des ersten Flugschiffes gehen zurück auf das Jahr 1924.

Am Anfang war das „Boot".

Daß das Flugschiff ein Boot sein müsse, stand vom ersten Moment an fest. Nicht so einfach war die Frage:

„Ein- oder Mehrdecker".

Aber auch hier erfolgte verhältnismäßig bald die Entscheidung für den Eindecker.

Die erste Projektzeichnung P 1106 trägt das Datum vom 27. September 1924. Wie Sie aus der Abb. 1 (P 1190) ersehen können, war zunächst an ein sogenanntes eigenstabiles Boot gedacht, das infolge seiner großen Bootsbreite keiner weiteren Stützung bedarf. Es würde hier zu weit führen, die mannigfachen Varianten zu besprechen, welche durchgearbeitet wurden, ehe man zu dem auf Abb. 2 wiedergegebenen Projekt (P 51 223) vom 21. Juni 1926 gelangte. Erwähnen möchte ich, daß man bei den Entwurfsarbeiten besonders viel von Attrappen Gebrauch machte. Sowohl das zunächst vorgesehene 6 m breite Boot, als insbesondere der später zur Ausführung gelangte Bootskörper wurde in natürlicher Größe mit komplettem Leitwerk aus Holz aufgebaut.

Das Lichtbild Nr. 3 (P 51 335) zeigt die definitive Form des Projektes. Am 22. Dezember 1926 wurde in den Konstruktionsbüros mit den Arbeiten begonnen. Im Verlaufe dieser Arbeiten ergaben sich mit Ausnahme einer Veränderung der Ausbildung der Stummel, auf welche ich später zu sprechen kommen werde, nunmehr geringfügige Abweichungen von dem Projekt Nr. P 51 335.

Sowohl der Entwurf wie die Ausführungsarbeiten sind lange Zeit geheim gehalten worden.

Während der allererste Entwurf aus dem Jahre 1924 7 Motoren von zusammen 4200 PS vorsieht, ist man später auf 12 Motoren von zunächst insgesamt etwa 5800 PS gekommen. Infolge der nachträglich eingetretenen Leistungssteigerung der verwendeten Motoren sind heute 6300 PS vorhanden.

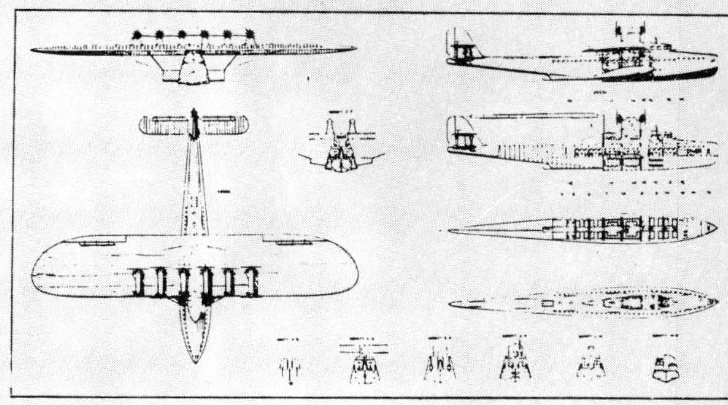

Abb. 2. Entwurf aus dem Jahre 1926

120

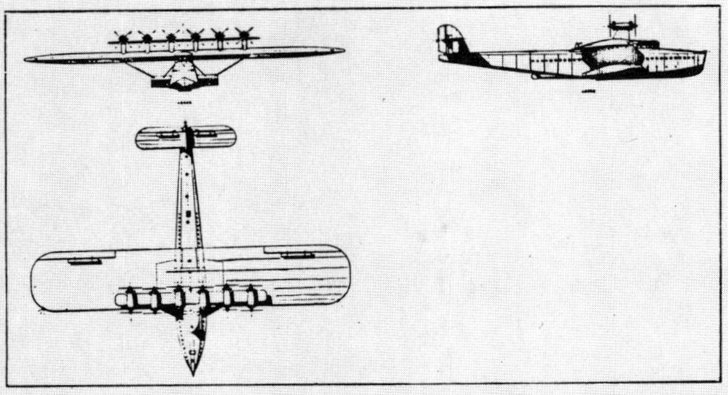

Abb. 3. Endgültiger Entwurf aus dem Jahre 1926

Die endgültige Festlegung auf 12 Motoren ist in der Hauptsache darauf zurückzuführen, daß Einheiten von 800 PS bis 1000 PS, wie sie erforderlich gewesen wären, nicht als so betriebssicher anzusehen sind, wie Motoren von etwa 500 PS. Eine der schwierigsten Entscheidungen, welche zu treffen war, war die Wahl und die Anordnung der Motoren; die Frage, wassergekühlt oder luftgekühlt, freier Einbau der Motoren oder Unterbringung der Motoren im Flügel oder Boot, beschäftigte uns über 2 Jahre. Wenn die Entscheidung zuletzt für die heutige Anordnung fiel, so sagt das lediglich, daß mir diese Lösung damals und übrigens auch heute noch unter den gegebenen Verhältnissen als der beste „Kompromiß" erschien.

Den Ausschlag für die Wahl des luftgekühlten Motors für das erste Flugschiff gab die mit diesen Motoren im Vergleich mit wassergekühlten Motoren zu erzielende Gewichtseinsparung von über 3000 kg.

Diese Einsparung an Gewicht ist so bedeutend, daß sie durch den etwas geringeren Betriebsmittelverbrauch wassergekühlter Motoren bei den praktisch in Frage kommenden Betriebszeiten nicht auszugleichen ist.

Die Tandem-Anordnung der Motoren ergab sich zwangsläufig aus der Anzahl derselben.

Sie ist uns mit allen ihren Vor- und Nachteilen seit mehr als einem Jahrzehnt geläufig. Sobald man gezwungen ist, eine größere Anzahl von Motoren zu verwenden, ist sie heute bei weitem die einfachste, leichteste und sicherste Art des Einbaues der Motoren und findet deshalb auch überall mehr und mehr Eingang. Man kann beinahe sagen: Die Tandem-Anordnung reduziert, indem sie den „Doppelmotor" schafft, die Zahl der verwendeten Einheiten auf die Hälfte. Ein Tandem-Aggregat von 2 Motoren mit je 9 Zylindern ist beispielsweise kaum komplizierter als ein einzelner Motor von 18 Zylindern. Es ist aber wesentlich betriebssicherer. Erstens ist der kleinere Motor absolut genommen sicherer als der große Motor, dann aber ist bei auftretenden Störungen an Motor, Getriebe oder Propellern beim „Doppelmotor" nur mit dem Ausfall der halben Leistung zu rechnen. Der Widerstand einer mit Doppelmotoren ausgerüsteten Gondel einschließlich ihrer Abstützung ist nicht größer als derjenige einer Gondel für einen großen Motor. Die Schraubendurchmesser werden beim „Doppelmotor", gleiche Wirkungsgrade zugrunde gelegt, stets wesentlich kleiner als bei Verwendung eines großen Motors, hiermit bei gleichen Drehzahlen auch die Umfangsgeschwindigkeiten.

Die Unterlagen für die aerodynamischen Berechnungen wurden durch Versuche in Göttingen und im Windkanal des Luftschiffbau Zeppelin geschaffen. Es braucht wohl kaum hervorgehoben zu werden, daß man entsprechend der Größe des Objektes bei diesen Untersuchungen besonders methodisch vorging und weder Zeit noch Geld sparte.

121

Es ist für meine Mitarbeiter und mich eine besondere Befriedigung, daß ich, einer Aufforderung der WGL folgend, in diesem Kreise den ersten öffentlichen Bericht erstatten kann über den Bau und die Erprobung des Flugschiffes Do X.

Den Anstoß zum Bau des ersten Flugschiffes gaben Erwägungen wirtschaftlicher Natur.

Zunächst war der Gedanke maßgebend, daß der rentable Transport von Personen im allgemeinen nur möglich sein wird, wenn eine größere Anzahl Menschen gleichzeitig befördert werden kann, analog allen übrigen Verkehrsmitteln. Um die nötige Frequenz, welche heute fehlt, zu erreichen, muß dem Publikum mehr Sicherheit, mehr Platz und mehr Komfort geboten werden als bisher. Das führt zwangsläufig zu einer Vergrößerung der Dimensionen.

Dann hielt man es für überaus wichtig, ganz allgemein die Nutzlast wesentlich zu erhöhen.

In einem Vortrage, den ich im Frühjahr 1928 vor der Royal Aeronautical Society in London hielt, habe ich darauf hingewiesen, daß der bedeutende Fortschritt, welcher mit der Erbauung des Flugschiffes angestrebt und, heute können wir es sagen, erreicht wurde, hauptsächlich darauf beruht, daß mit einem Schlage die zahlende Last von Flugzeugen ganz außerordentlich gesteigert wird.

Der Entschluß, den Bau des Flugschiffes Do X aufzunehmen, wurde des weiteren wesentlich beeinflußt durch Ueberlegungen industrieller Art. Das Studium der Entwicklung des Flugzeugbaues ließ immer mehr erkennen, daß die Erfahrungen im Bau kleinerer Flugzeuge, auch im Metallbau, Allgemeingut werden bzw. geworden sind, so daß Vorsprünge, die lange Zeit zugunsten der deutschen Flugzeugindustrie bestanden haben, von Jahr zu Jahr mehr entschwinden. Angesichts dieser Tatsache und insbesondere unter dem Eindruck der Entwicklung der amerikanischen Flugzeugindustrie, die binnen kurzem auf dem Weltmarkt sich sehr fühlbar machen wird, bin ich zu der Ueberzeugung gekommen, daß es für uns notwendig sei, jenes Gebiet des Flugzeugbaues besonders zu pflegen, auf welchem wir von jeher führend waren, nämlich den Bau ganz großer Flugzeug-Einheiten.

Auf diesem Spezialgebiet wird es noch langer Jahre bedürfen, ehe das Ausland unseren heutigen Stand erreicht haben wird, und hoffentlich werden wir inzwischen Gelegenheit finden, das heute Erreichte morgen weit zu übertreffen.

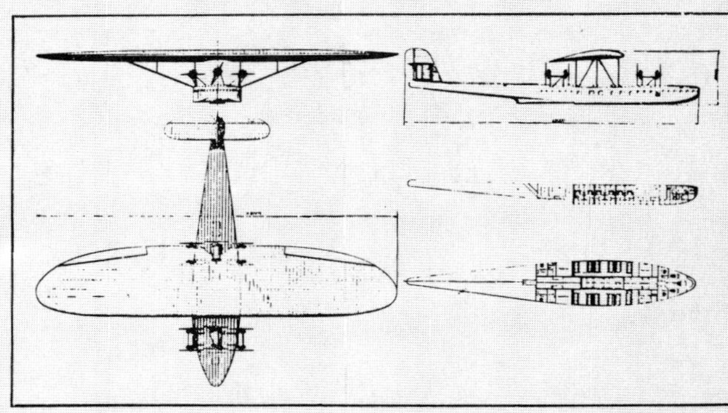

Abb. 1. Entwurf aus dem Jahre 1924

119

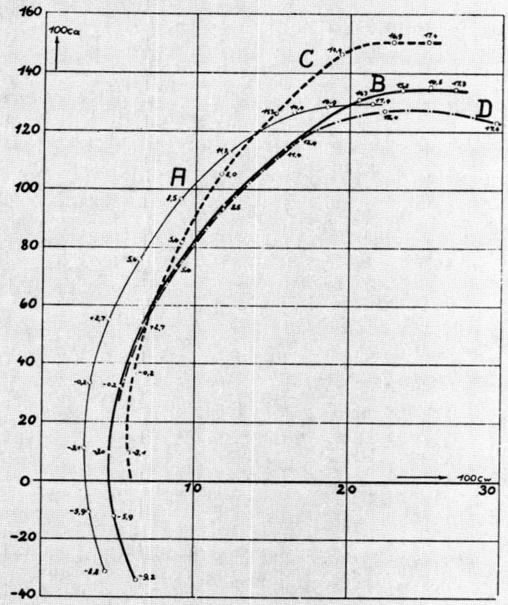

Abb. 4.

Die Polare des Flugschiffes

Da die oberhalb des Hauptflügels angeordnete kleine Tragfläche allgemein besonderes Aufsehen erregte, führe ich Ihnen im Lichtbild Nr. 4 die Polare des Flugschiffes vor. Die leicht ausgezogene Kurve A gibt die Polare des Flugschiffs unter Fortfall des Oberflügels und der Motorgondeln und deren Träger. Sie würde also dem Idealfalle entsprechen, daß die Antriebsanlage vollkommen im Innern des Bootes oder des Flügels untergebracht wäre, ohne daß durch die Kühlung der Motoren und die Lagerung der Propeller zusätzliche Widerstände entständen. Die stark eingezeichnete Linie B ist die Polare des Flugschiffes im heutigen Zustande, und zwar im Gleitfluge. Die dritte punktiert gezeichnete Linie C zeigt den Verlauf der Polaren des heutigen Flugschiffes bei laufenden Propellern im Reisefluge. Die strich-punktiert eingetragene Kurve D entspricht dem Modell mit Gondeln und Gondelträgern, aber ohne Hilfsfläche. Bezugsfläche ist die Fläche des Hauptflügels.

Man sieht, daß bei kleinen Anstellwinkeln die Hilfsfläche eine kleine Widerstandsverringerung mit sich bringt. Zu dieser geringfügigen Verkleinerung des Widerstandes gesellt sich bei größeren Anstellwinkeln eine nicht unerhebliche Auftriebserhöhung. Der Idealfall der Polaren A ist natürlich praktisch niemals zu erreichen. Die im Flügel oder Boot liegenden Motoren müssen gekühlt werden. Dies kostet, falls man von der Verwendung der reinen Oberflächenkühlung, die nur bei Rennflugzeugen angewendet werden kann, absieht, Kraft und damit Geschwindigkeitsverluste. Ordnet man die Schrauben frei an, so erhält man, bei im Innern des Flugzeuges liegenden Motoren, schwere und leicht zu Störungen führende Getriebe und außerdem durch die Lagerung derselben neue Widerstände.

Auf Grund früherer Erfahrungen konnte die Verantwortung für derartige Komplikationen nicht übernommen werden. Das gleiche gilt für den Antrieb einer Schraube durch zwei oder mehrere Motoren. Die in letzterem Falle sich ergebenden großen Schraubendurchmesser machen es außerdem beinahe unmöglich, die Propeller so anzuordnen, daß sie genügend gegen Spritzwasser geschützt sind. Bei dem Projekte zeigte es sich überhaupt, daß beträchtliche Schwierigkeiten auftreten, die erforderlichen Schraubenkreisflächen für so große Leistungen wie 6000 PS vernünftig unterzubringen.

Daß die Anordnung oberhalb des Flügels laufender Schrauben den Auftrieb wesentlich erhöht, ist heute ja allgemein bekannt.

Wir haben besonders eingehend auch die Möglichkeit der Verwendung von am Flügelende angeordneten Druckschrauben bei im Flügel liegenden Motoren untersucht, sind aber zu dem Ergebnis gekommen, daß die bei dieser Anordnung erforderlich werdenden langen Wellen in Verbindung mit der schwierigen Lagerung derselben bzw. des Propellers am Flügelende Mehrgewichte bedingen, welche den vom aerodynamischen Gesichtspunkte aus erzielbaren Gewinn bei weitem ausgleichen.

Zu Beginn meiner Ausführungen habe ich erwähnt, daß schon bei Anfang der Vorarbeiten kein Zweifel darüber bestand, daß das erste Flugschiff ein Boot, und zwar ein Boot mit zentralem Bootskörper sein müsse. Zunächst wurde angestrebt, die nötige Stabilität ohne Zuhilfenahme von zusätzlichen Verdrängungskörpern zu erreichen. Es zeigte sich aber, daß dies bei den in Frage kommenden Abmessungen noch nicht möglich ist, ohne bedeutende Nachteile in den Kauf nehmen zu müssen. Man kam deshalb zwangsläufig auf die seit mehr als 10 Jahren hundertfach erprobten Stummel zurück.

Die Unterwasserformen, soweit dieselben von Einfluß auf den Startvorgang sind, wurden gegenüber den früher gebauten Booten wenig geändert. Die mittlere Längsstufe ist beibehalten. Sie ist an ihrem hinteren Ende quer zur Flugrichtung horizontal und geht nach vorne in eine leichte V-Form über. Die seitlich der Längsstufe liegenden Teile des Bootsbodens sind leicht konkav ausgebildet. Das Vorschiff ist insbesondere in den Teilen, welche beim Start in ruhigem Wasser oberhalb der Wasserlinie liegen, scharf gekielt.

Die Stummel sind an der Stelle, wo sie die Bootsseitenwand durchdringen, quer zur Flugrichtung stark abgerundet. Diese neuartige Ausbildung der Stummel war im Projekt noch nicht vorgesehen. Sie hat statische und hydrodynamische Vorteile. Die Bauhöhe der Stummel an der Wurzel wird erheblich größer, was eine wesentlich steifere Ausbildung der tragenden Organe ermöglicht. Beim Start wird das Wasser durch die gewölbte Form nach außen beschleunigt, während es bei der alten Ausführung sich in der Ecke zwischen Stummelunterseite und Bootsseitenwand zusammenpreßte.

Auf der Abbildung 5 ist rechts ein schematischer Querschnitt an der Hauptstufe der Do X, links zum Vergleich ein entsprechender Schnitt durch das Dornier-Flugboot „Wal" dargestellt. Es verdient Beachtung, daß das Verhältnis der Breite B des Bootes über die Stummel gemessen zu der Breite b des eigentlichen Bootskörpers mit zunehmender Vergrößerung abnimmt. Während dieses Verhältnis bei dem kleinsten, bisher von uns gebauten Boote, der „Libelle", die ein Abfluggewicht von zirka 670 kg hat, zirka 2,92 ist, sinkt es bei der Type Wal auf 2,46 und bei dem Flugschiff Do X auf 2,12. Ich rechne damit, daß schon bei Booten von zirka 100 Tonnen die Stummel nur noch rudimentären Charakter haben werden und bei noch größeren Abmessungen ganz in Wegfall kommen können. Die großen Flugschiffe der Zukunft werden keiner zusätzlichen, Stabilität erhöhenden, Verdrängungskörper mehr bedürfen.

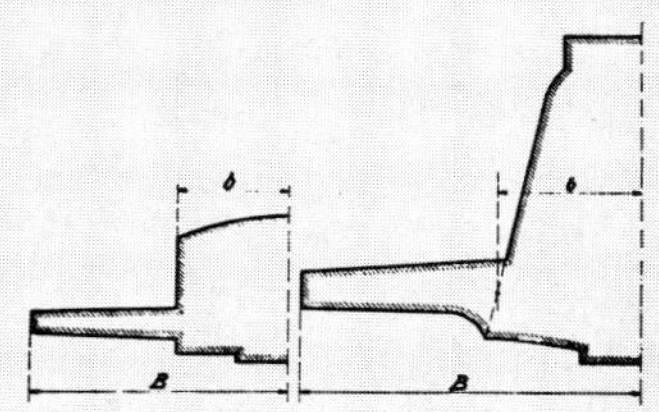

Abb. 5.

Rechts: schemat. Darstellung eines Querschnittes an der Hauptstufe der Do X
links: entspr. Schnitt durch die Stufe des Dornier-„Wal"

Abb. 6. Schematische Darstellung der drei Decks

Ein wesentliches Merkmal des Entwurfes des Bootes des Flugschiffes Do X ist die zum ersten Male bei Flugzeugen durchgeführte Aufteilung in drei unabhängige Decks, wie sie auf der schematischen Darstellung in Abbildung Nr. 6 zu erkennen ist. Das oberste Deck, das sogenannte „Kommando-Deck", enthält Führerraum, Kommandantenraum, Schaltraum und die Räume für F. T. und Hilfsmaschinen.

Das nächste Deck ist ausschließlich für Passagiere bestimmt, 23,5 m lang, zirka 2 m hoch und an der breitesten Stelle 3,5 m breit.

Das unterste Deck enthält die Betriebsmittel, Vorräte, Fracht und Gepäck.

Einen großen Raum im Rahmen der Untersuchungen, welche der Entwurf erforderte, haben Fragen statischer Natur eingenommen. Von einer vollkommen freitragenden Ausführung des Flügels wurde Abstand genommen, um eine möglichst leichte Fläche zu erhalten. Maßgebend für die Wahl des halbfreitragenden Flügels waren auch Gründe fabrikationstechnischer Natur.

Der Flügel ist als dreiholmiges, dreifach abgestütztes Tragwerk ausgebildet. Dieses, zum ersten Male bei der Do X zur Anwendung gebrachte System ergibt infolge der eigenartigen Verbundwirkung ganz besondere Steifheit und Torsionsfestigkeit. Es bietet außerdem die Gewähr, daß Beschädigungen eines einzelnen Stieles oder Holmes die Tragfähigkeit des gesamten Systems nicht in gefahrdrohender Weise beeinflussen können.

II. Die konstruktive Durchbildung

Im nachfolgenden sollen in möglichster Kürze einige der wichtigsten konstruktiven Merkmale erläutert werden.

Der Flügel

Der Flügel hat rechteckigen Grundriß mit leicht abgerundeten Enden. Die Spannweite einschließlich der Querruder und des Oberflügels ist 486,2 m². Das Gewicht des kompletten

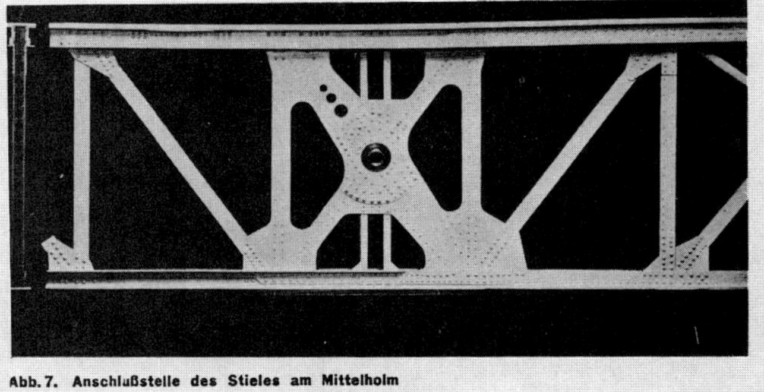

Abb. 7. Anschlußstelle des Stieles am Mittelholm

124

Flügels mit Querrudern, Oberflügel und der vollständigen Abstützung ist 7559 kg. Das Einheitsgewicht des Flügels beträgt demnach 15,5 kg qm. Der Flügel entspricht bei einem Gesamtgewicht des Flugschiffes von 52 t den zurzeit bestehenden DVL-Vorschriften für Personentransport. Der Mittelholm liegt ungefähr an der Stelle der größten Profilhöhe. Vorder- und Hinterholm sind weit auseinandergerückt. Ihre Entfernung vom Mittelholm ist je 2,8 m. Der Abstand der einzelnen Querriegel beträgt bis zu 3,6 m.

Der Oberflügel ist nicht zur Entlastung des Haupttragsystemes herangezogen. Er dient, statisch betrachtet, lediglich der Aussteifung der Motorträger.

Mit Ausnahme einiger aus Stahl hergestellter Beschläge ist das gesamte Flügelfachwerk aus Duralumin hergestellt. Man könnte nach dieser Tatsache auf eine Aenderung meiner Ansichten über die Zweckmäßigkeit der Verwendung von Stahl im Flugzeugbau schließen.

Meine Einstellung in dieser Hinsicht hat sich nicht geändert. Es war lediglich unmöglich, Stahlprofile und Lamellen in den Dimensionen, welche erforderlich gewesen wären, rechtzeitig zu beschaffen. Ich verspreche mir für die Zukunft gerade bei den ganz großen Maschinen besonders viel von der Anwendung von Stahl, weil deren Bauteile Querschnitte erhalten, welche erst die volle Ausnutzung des Stahles zulassen.

Die Abbildung 7 zeigt Querschnitt und Ansicht eines Teiles des Mittelholmes, und zwar an der Anschlußstelle des Stieles. Die Gurtungen der Holme sind aus gepreßten Duralumin-Winkeln und Lamellen gebildet, ähnlich wie bei den bekannten Konstruktionen des Brückenbaues. Entsprechend dem Momentenverlauf sind zusätzliche Lamellen aufgebracht. An Stellen geringerer Gurtkräfte sind die vertikalen Stege der Winkel ausgefräst zum Zwecke der Gewichtserleichterung. Die Ausführung der Vorder- und Hinterholme ist ähnlich derjenigen des Mittelholmes.

Bei der Besprechung der Holme möchte ich auf eine Erfahrung hinweisen, die sich ganz allgemein bei der Vergrößerung der Abmessungen ergibt, für die aber die Holme als Beispiel besonders gut herangezogen werden können. Es handelt sich um die Verringerung der für 1 kg fertiggestelltes Konstruktionsgewicht aufzuwendenden Arbeit bei wachsenden Dimensionen der Bauglieder. Maßgebend für den Arbeitsaufwand sind hauptsächlich die Anzahl der Knotenpunkte und die Anzahl der Nieten. Während bei den Holmen des Flugschiffes Do X auf den laufenden Meter durchschnittlich 2,5 Knotenpunkte entfallen, sind die entsprechenden Zahlen bei dem Baumuster Dornier-Superwal 3,3 und bei dem Dornier-Wal 5,2. Aehnlich verhält es sich mit der Anzahl der für ein Kilogramm fertigen Holmgewichte zu schlagenden Nieten. Es sind dies bei dem Flugschiff Do X 9,8 Nieten, beim Superwal 33 und beim Wal 44.

Abb. 8. Versuchseinrichtung zur Belastung des Probeholmes

125

Abb. 9. Kontrollmessungen des Spannungsverlaufes während der Holmbelastung

Die Ausbildung der Holme, die heute so einfach und selbstverständlich erscheint, hat uns viele Monate Zeit gekostet. Besonders deshalb, weil es unerläßlich war, einen Probeholm auszuführen und denselben belastet nach allen Richtungen zu untersuchen. Die Abbildung 8 zeigt die Versuchseinrichtung, welche eigens zu diesem Zwecke durchgebildet und erbaut werden mußte. Da die auf einen halben Holm entfallende Bruchlast nahezu 42,5 t beträgt, waren erhebliche Fundationsarbeiten notwendig, um das Versuchsgerüst unverschieblich zu machen. Die übliche Belastung des Holmes mit Sandsäcken oder mit Eisenballast war nicht angängig. Man entschloß sich deshalb, an den Knotenpunkten Behälter anzubringen, welche mit Wasser gefüllt wurden. Diese Methode der Belastung hat sich sehr bewährt. Besonders eingehend wurde das Verhalten des Holmes innerhalb des elastischen Bereiches untersucht. Mit Hilfe von Tensometern wurden die Spannungen in den einzelnen Baugliedern ermittelt. Lichtbild Nr. 9. Kontrollmessungen des Spannungsverlaufes in den Baugliedern des Mittelholmes wurden mit einem von der Deutschen Versuchsanstalt für Luftfahrt entgegenkommenderweise zur Verfügung gestellten Mayhackinstrument unter deren Mitwirkung ausgeführt.

Die Abbildung 10 zeigt die gemessenen und die berechneten Durchbiegungen des Mittelholmes bei verschiedenen Laststufen.

Die Querträger sind in der Hauptsache ebenfalls aus gepreßten Profilen hergestellt. An ihrer Anschlußstelle am Vorderholm war es teilweise notwendig, Rahmen einzubauen, um den Durchgang durch den Flügel zu erleichtern.

Die durch die Verschneidungen der im Abstand von 2,8—3,6 m angeordneten Querträger mit den 3 Holmen entstehenden Felder sind durch biegungssteife, mit Stoff und Blech bespannte Platten, sogenannte „Flügelhautfelder", abgedeckt. Der hinter dem Hinterholm liegende Teil des Flügels ist als selbständige Scheibe hergestellt. Die Flügelnase ist vollständig in Metall ausgeführt und zur Aussteifung des Vorderholmes gegen Ausknicken herangezogen. Die „Flügelhautfelder" sind auf den nächsten beiden Lichtbildern, Abbildung 11 und 12, wiedergegeben. Dieselben sind, wie schon erwähnt, teilweise mit Blech, teilweise mit Stoff abgedeckt. Sie sind einfach und billig herzustellen und leicht zu montieren. Ihre Befestigung am Haupttragwerk erfolgt durch vollkommen im Innern des Flügels liegende Anschlüsse mit Bolzen. Trotzdem der Flügel kein dickes Profil aufweist, ist die Höhe der Holme infolge der

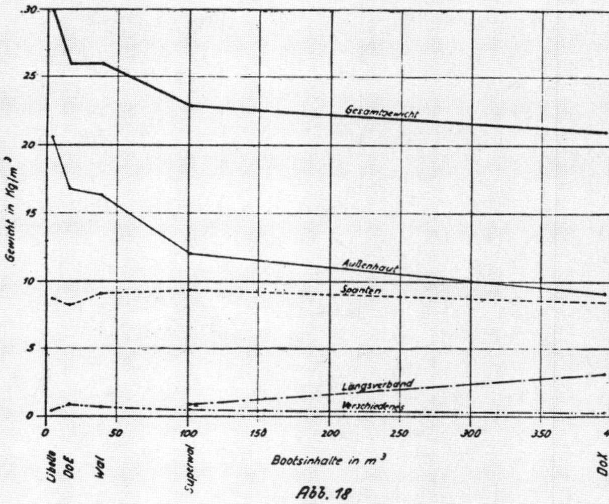

Abb. 18. Diagramm von Gesamt- und Teilgewichten verschiedener Dornier-Flugboote

pro cbm beträgt. Dabei sind die Beanspruchungen des Materiales, gleiche Belastungen vorausgesetzt, bei dem Flugschiffe Do X wesentlich niedriger, als bei den kleineren Booten. Besonders möchte ich darauf aufmerksam machen, daß das Flugschiff, soweit lokale Beanspruchungen in Frage kommen, sich in einer weit günstigeren Lage befindet, als kleinere Flugboote, bei welchen infolge der geringen Wandstärken der verwendeten Bleche und Profile die Gefahr lokaler Verbeulungen und Stauchungen wesentlich höher ist.

Der Bootskörper sowohl als die Stummel sind weitgehend durch Schotten unterteilt. Das Boot besitzt 9 wasserdichte Abteilungen, jeder Stummel ist vierfach abgeschottet. Das Reservedeplacement ist ungewöhnlich groß. Die Verdrängung der Stummel allein beträgt 43,5 cbm.

Leitwerk und Steuerung

Die allgemeine Anordnung des Leitwerkes ist aus der Abbildung Nr. 19 ersichtlich. Das gesamte Höhenleitwerk enthält 53,4 qm. Das gesamte Seitenleitwerk 19,0 qm. Alle Ruder sind durch Hilfsflächen ausgeglichen.

Der Abstand des Höhenruders von der Wasserlinie ist 6,0 m. Zum Schutze des Seitenruders gegen Wasserschlag ist der Rumpf nach hinten verlängert.

Die Betätigung der Ruder erfolgt durch Zugstangen, welche an Pendelhebeln aufgehängt sind. Die gesamte Lagerung des Gestänges erfolgt ausschließlich durch Kugellager. Hierdurch ist eine bemerkenswerte Leichtgängigkeit der Steuerung erreicht worden. Es ist ein Trimmausgleich sowohl in der Längslage als auch für seitliche Momente eingebaut. Die Trimmung geschieht durch Verstellung des Anstellwinkels der entsprechenden Ausgleichsflächen. Sie erfordert keinerlei Kraftaufwand und kann direkt vom Führersitz aus vorgenommen werden. Das nächste Lichtbild (Nr. 20) zeigt den für den Piloten bestimmten Teil des Kommandodecks. Man erkennt deutlich die beiden kleinen, seitlich angeordneten Handräder, welche zum Trimmen dienen. Das große, ebenfalls seitlich angeordnete Handrad

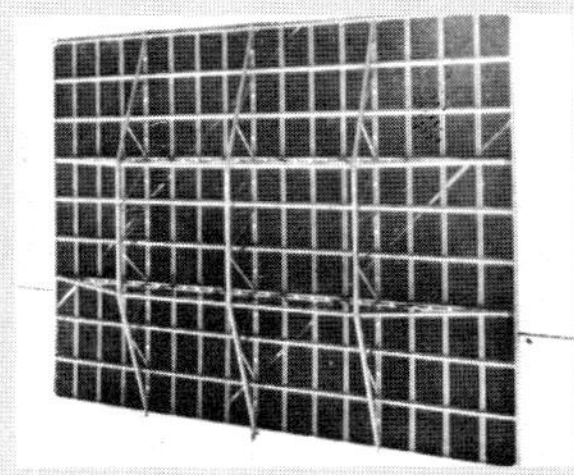

Abb. 11 Gerippe eines „Flügelhautfeldes" Abb. 12

Die Abbildung 13 zeigt den Bootskörper von der Seite gesehen. Der Hauptspantquerschnitt ohne Stummel hat einen Inhalt von 17,2 qm. Die Spantentfernung beträgt 0,7 m. Es sind insgesamt 58 Querspanten vorhanden. Eine wesentliche Neuerung ist ein 23,3 m langer, vom Bug bis zum Ende der Heckstufe gehender, an der höchsten Stelle 2,12 m hoher Kielträger (Abb. 14), der eine wesentliche Aussteifung des Bootes zur Folge hat. Rechts und links des Kielträgers sind in Abständen von 0,9 und 1,58 m je ein Kielschwein angeordnet. Es ist hierdurch im Verein mit den Querspanten eine außerordentlich wirksame Verbundwirkung erreicht. In dem Bereiche des Bootsbodens, der den Beanspruchungen des Seeganges direkt ausgesetzt ist, sind die ungewöhnlich starken Bodenbleche durch die sich kreuzenden Quer- und Längsspanten in Felder von zirka 0,63 qm abgeteilt.

Die Abbildung 15 zeigt das Boot schräg von vorn während des Baues. Auch bei den Querspanten war man bemüht, so weit als dies irgend mit Rücksicht auf die zur Verfügung stehenden Gewichte möglich war, gepreßte Profile zu verwenden. Die nächsten beiden Abbildungen (Nr. 16 und 17) geben einige Spanten wieder.

Einzelheiten über die Gewichte der Spanten, der Längsträger, der Bootshaut und dergleichen finden sich in dem eingangs erwähnten Vortrage.

In das Diagramm (Abb. 18) sind zum Vergleich die Gesamt- und Teilgewichte der Bootskörper verschiedener Dornier-Flugzeuge eingetragen als Funktion der entsprechenden Volumina. Die Tendenz der Kurven ist unverkennbar.

Es sei hier darauf hingewiesen, daß das für 1 cbm Bootsvolumen aufzuwendende Gewicht bei dem kleinen Flugboote „Libelle" 29,9 kg pro cbm beträgt, bei dem bekannten Hochseeflugboote „Wal" 26,2 kg pro cbm, während es bei dem Flugschiff Do X nurmehr 21,0 kg

Abb. 13. Bootskörper von der Seite gesehen

128

Abb. 14

Kielträger

Abb. 15

Boot schräg von vorne

9 129

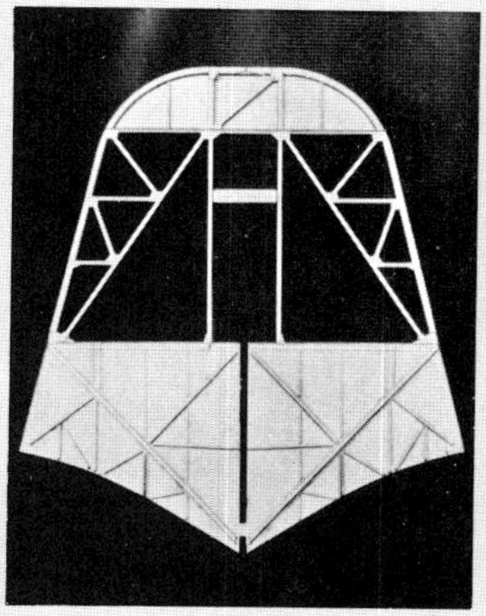

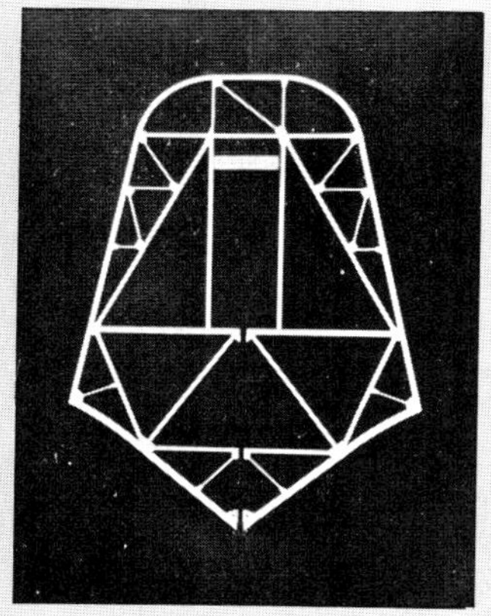

Abb. 16 und 17
Spanten

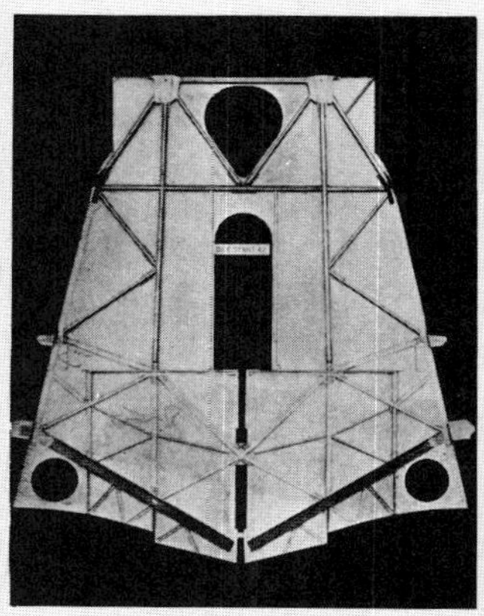

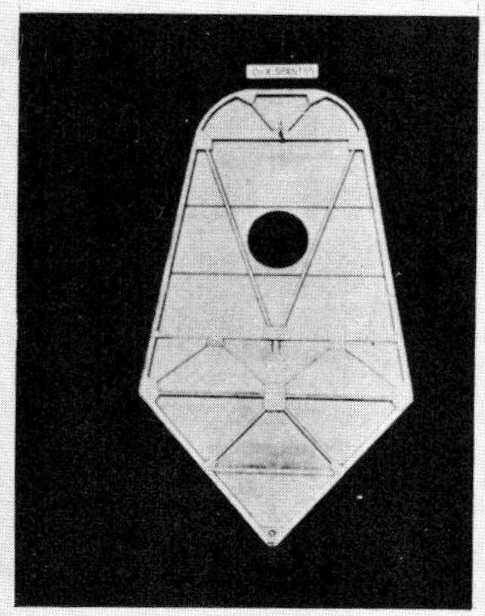

Gesamtabmessungen des Flugschiffes schon so bedeutend, daß man auch im Fluge beinahe alle Teile des Flügels begehen kann.

Oberflügel und Motorträger

Der Oberflügel dient zur gegenseitigen Versteifung der Motorträger und ist ganz in Metall ausgeführt. Er ist verhältnismäßig schwer ausgefallen, denn sein Eigengewicht beträgt 18 kg qm. Man hat hier in dem Bestreben, die Deformationen und etwaige Schwingungen auf ein Minimum herabzudrücken, zweifellos des Guten zuviel getan. In dem eingangs angegebenen Einheitsgewicht des Gesamtflügels von 15,5 kg qm ist das Gewicht des Oberflügels mitenthalten. Er beeinflußt also dieses Einheitsgewicht im ungünstigen Sinne. Um unzulässige Zusatzbeanspruchungen des Hauptsystemes auszuschalten, sind die Enden des Oberflügels zwischen den beiden äußeren Gondeln verschieblich an dem mittleren Teile angeschlossen.

Die Motorträger sind in Fachwerks-Konstruktionen ausgebildet und stromlinienförmig verkleidet. Sie besitzen zwecks leichterer Zugänglichkeit auf beiden Seiten große Türen.

Das Boot

Die Gesamtlänge des Bootes ist 40,05 m. Die Breite des Bootes über die Stummel gemessen 10,0 m. Die eigentliche Bootsbreite ist 3,5 m. Die größte Höhe beträgt 6,4 m. Der Tiefgang des Bootes ist leer 0,8 m, bei 50 t 1,05 m. Die metazentrische Höhe bei 50 t beträgt 4,58 m.

Das Boot hat einschließlich der Stummel ein Volumen von 400 cbm. Das Volumen des Superwalbootes beträgt 100 cbm. Das Flugboot Romar dürfte zirka 75 cbm Inhalt haben. Vergleicht man diese Zahlen miteinander, so erscheint es begreiflich, daß in Laienkreisen bezüglich des Flugschiffes Do X die Anschauung aufkommen konnte, es wäre besser, die Flügel abzunehmen und das Boot als Bodensee-Dampfer zu benutzen.

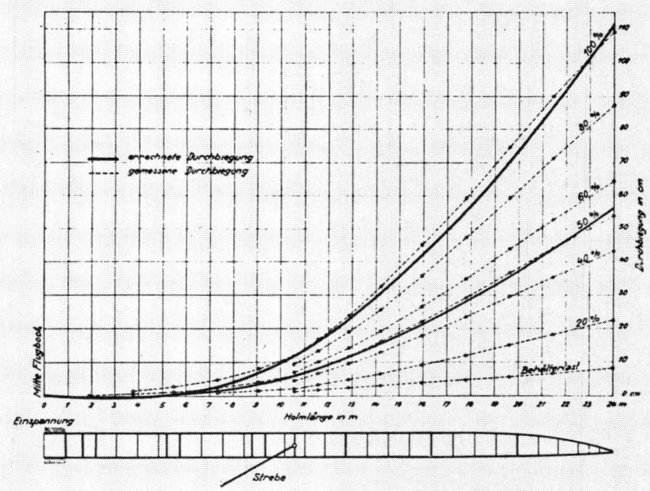

Abb. 10. Vergleich der gemessenen und berechneten Durchbiegung des Mittelholmes

Abb. 19. Leitwerk

dient zur Betätigung des Wasserruders. Die Sicht ist hervorragend. Es ist normale Radsteuerung zur Anwendung gebracht.

Kraftanlage

Auf den nächsten beiden Lichtbildern (Abb. 21 und 22) ist die Antriebsanlage dargestellt.

Bei der Ausbildung der Motor-Aufbauten für die bei dem ersten Flugschiff verwendeten, im Verhältnis 1 : 2 untersetzten Siemens-Jupiter-Motoren wurde mit ganz besonderer Sorgfalt vorgegangen. Die in Frage kommenden Konstruktionsteile sind ungewöhnlich stark dimensioniert. Besonders eingehende und zeitraubende Versuche waren erforderlich. Das Lichtbild Nr. 23 zeigt beispielsweise die Ermittlung der Materialspannungen in einem sogenannten „Motorbocke" unter dem Zusammenwirken von Schub-, Drehmoment und Motorgewicht.

Bei dem Flugschiffe Do X ist zum ersten Male in der Geschichte der Fliegerei den Flugzeugführern die Ueberwachung der Antriebsanlage abgenommen worden. Selbstverständlich ist dem Führer nach wie vor die volle Betätigungsmöglichkeit sämtlicher Motoren in die Hand gegeben. Dieselbe erfolgt durch zwei direkt nebeneinanderliegende Hebel, welche er mit einem Griffe gemeinschaftlich betätigen kann. Durch getrennte Handhabung eines der beiden Hebel ist die Möglichkeit geboten, einseitig auf Steuerbord oder Backbord zu drosseln, was besonders beim Manövrieren auf dem Wasser von Nutzen ist. Vom Führersitz aus können sämtliche Motoren gleichzeitig kurzgeschlossen werden.

Da unsere Flugzeugführer heute noch sehr an einem „wohlassortierten Instrumentenbrette" hängen, hat man Konzessionen gemacht und den sonst leeren Raum mit zwei Sammeltourenzählern sowie einem elektrischen Anzeigeapparat geschmückt. Dieser letztere Apparat enthält 12 Lämpchen, welche den einzelnen Motoren zugeordnet sind und aufflammen, falls ein Motor abgestellt wird.

Abb. 20. Führerraum

Abb. 21. Teil der Triebwerkanlage

Abb. 22. Gesamttriebwerkanlage

Auf Grund der bisher ausgeführten zahlreichen Flüge kann man heute schon sagen, daß die vollständige Trennung der Motorüberwachung vom Flugzeugführer nicht nur möglich, sondern außerordentlich zweckmäßig ist.

Das Anlassen, die Fernüberwachung und die normale Außerbetriebsetzung der Motoren erfolgt von dem auf dem nächsten Lichtbilde, Abbildung 24, wiedergegebenen „Schaltraume" aus. Auf die Instrumentierung im einzelnen einzugehen, verbietet die Zeit. Die Verbindung zwischen dem Schaltraum und den Motorgondeln geschieht durch einen durch den Flügel führenden Tunnel.

Das Anlassen der Motoren erfolgt durch Druckluft, welche mittels eines kleinen, durch einen Benzinmotor angetriebenen Kompressors erzeugt wird. Der zum Antrieb des Kompressors dienende Motor erzeugt gleichzeitig den gesamten Strom für das Flugschiff.

Abb. 23. Ermittlungen der Materialspannungen in einem Motorbock

Abb. 24

Schaltraum

Die Betriebsmittelanlage

Auch bei der Ausbildung der Brennstoffversorgung hat man sich an das in langen Jahren Erprobte gehalten. Es sind im Betriebsmitteldeck normalerweise vier zylindrische Behälter zu je 3000 l sowie vier weitere Behälter zu je 1000 l vorhanden, zusammen also 16 000 l. Die Behälter sind unmittelbar auf dem Bootsboden gelagert. Sie stehen mit einem sogenannten „Sammeltopf" in Verbindung, von welchem mittels Pumpen der Brennstoff zu zwei in der Flügelnase gelagerten Behältern von je 300 l Inhalt gedrückt wird. Um möglichst große Sicherheit in der Betriebsmittelversorgung zu haben, kann die Förderung des Benzins auf dreierlei Weise erfolgen, nämlich durch eine Pumpe mit Windradantrieb, durch eine elektrisch angetriebene Pumpe und durch eine von Hand zu betätigende Allweiler-Pumpe.

Von den Nasentanks wird das Benzin mittels A. M.-Pumpen den Vergasern zugeführt. Zuviel gefördertes Benzin fließt zurück in den Sammeltopf. Im Kommandodeck angeordnete Schaugläser gestatten die Kontrolle der Betriebsmittelversorgung. Das ganze Rohrleitungssystem ist in allen seinen Teilen auch während des Fluges zugänglich und wartbar.

Die Oelbehälter fassen insgesamt 1600 l. Sie sind im Flügel untergebracht.

Abb. 25

Ausnieten der Holme

Abb. 26

Beginn der Montage des Bootskörpers

II. Die Ausführung

Der Bau des Flugschiffes erfolgte in den Werkstätten der „Aktiengesellschaft für Dornier-Flugzeuge, Altenrhein". Es wurde mit den Ausführungsarbeiten am 19. Dezember 1927 begonnen. Der Stapellauf mit anschließendem ersten Fluge erfolgte am 12. Juli 1929. Es waren also insgesamt 570 Tage zur Erstellung des ersten Flugschiffes erforderlich. Größere Schwierigkeiten fabrikationstechnischer Natur sind während des Baues nicht aufgetreten, obwohl die gegenüber dem Bekannten außerordentlich gesteigerten Dimensionen eine große Zahl neuer Vorrichtungen bedingten.

Das Lichtbild Nr. 25 zeigt die Holme beim Ausnieten. Die Montage des Flügels erfolgte infolge der neuartigen Konstruktion in verhältnismäßig sehr kurzer Zeit.

Sehr zeitraubend war die Herstellung der Schablonen für den Bau der Bootsspanten. Der von der Heckstufe nach rückwärts liegende Teil des Bootes wurde getrennt vom Hauptbootskörper fertiggestellt. Die Abbildung 26 zeigt den Beginn der Bootsmontage. Der Kiel-

Abb. 27

Boot fertig zum Beplanken

Abb. 28. Montage des Oberflügels

träger, der sozusagen das Rückgrat des Ganzen bildet, ist auf einem eisernen Träger aufgestellt. Das Bootsende ist angestoßen. Das nächste Bild, Nr. 27, zeigt das Bootsgerippe kurz vor Beginn des Beplankens.

Der Oberflügel wurde komplett mit den Motorgondeln und deren Träger sowie den gesamten für die Betätigung der Motoren nötigen Gestängen einschließlich Einbaues der Motoren fertiggestellt und später als Ganzes auf den Flügel aufgesetzt (Lichtbild 28).

Die eigentliche Fertigmontage, d. h. der Zusammenbau von Flügel, Boot, Leitwerk und Kraftanlage einschließlich des Verlegens der Leitungen, erforderte 60 Tage (Abbildung 29).

IV. Die Erprobung

Die Erprobung begann am frühen Morgen des 12. Juli 1929. Auf Abbildung 30 sehen Sie das Flugschiff auf dem Wagen fertig zum Stapellauf. Das Lichtbild Nr. 31 zeigt das Zuwasserbringen des Flugschiffes, welches ohne Schwierigkeiten erfolgte. Es wurden zunächst längere Rollversuche auf dem Wasser vorgenommen. Die Abbildung 32 zeigt das Flugschiff auf dem Wasser von vorn gesehen. Auf dem nächsten Bilde (Abb. 33) sieht man das Flugschiff langsam rollend von der Seite.

Abb. 29. Fertigmontage

Die Abbildung 34 zeigt die Do X auf der Stufe laufend kurz vor dem Abheben. Bei den Versuchen, das Flugschiff mit Vollgas auf der Stufe laufen zu lassen, hob sich dasselbe ohne daß es beabsichtigt war, ab. Anschließend an diesen ersten unfreiwilligen Start wurden einige weitere kurze Sprünge ausgeführt. Am nächsten Tag erfolgten dann die ersten Flüge (Abb. 35 und 36). Bis heute sind insgesamt 54 Flüge ausgeführt worden.

Schon bei den ersten Flügen zeigte sich, daß die Oeltemperatur unzulässig hoch war. Auch die Temperaturen einiger Zylinder der hinteren Motoren waren zu hoch. Mit derartigen Schwierigkeiten hatte man von Anfang an gerechnet, da ähnliche Erscheinungen bisher bei allen neuen Typen am Anfang aufgetreten waren. Während es verhältnismäßig bald gelang, die Oeltemperaturen auf das zulässige Maß zu senken, bedurfte es einer großen Zahl von Flügen, um dasselbe Ziel bei den Zylindertemperaturen zu erreichen. Besonders störend bei den Versuchen, die Kühlung zu verbessern, war der Mangel an einwandfrei zeigenden Temperaturmeßgeräten.

Abb. 30. Auf dem Wagen

Unangenehm war es auch, daß mit Rücksicht auf die hinteren Motoren zunächst immer nur verhältnismäßig kurze Flüge gemacht werden konnten, wobei die Druckmotoren außerdem stark gedrosselt werden mußten.

Natürlich bemühte man sich bei jedem Fluge, so viel als möglich zu lernen. Es wurden mittels Tensometern die Spannungen in den wichtigsten Bauteilen des Flügels gemessen. Die im Boote und im Flügel herrschenden Druckverhältnisse wurden eingehend untersucht. Die Strömung um die Gondel und den Oberflügel wurde mit Pitotrohren aufgenommen. Die Strömung um den Hauptflügel wurde untersucht. Die Durchbiegungen der Holme wurden optisch gemessen. Besonders eingehend wurden die Stabilitätseigenschaften des Flugschiffes untersucht. Eine Reihe von Trimmversuchen wurde angestellt.

Abb. 31. Zuwasserbringen

Es würde zu weit führen, auch nur auszugsweise Einzelheiten dieser Untersuchungen zu besprechen. Ich beschränke mich darauf, im nachfolgenden in gedrängtester Form die wesentlichsten Feststellungen und Folgerungen aus der Erprobung des Flugschiffes zusammenzufassen:

Der Start ist überraschend gut, die Wasserarbeit während desselben einwandfrei. Das Boot kommt auch mit hohen Zuladungen in wenigen Sekunden auf Stufe. Die Stabilität auf dem Wasser entspricht den Erwartungen. Das Manövrieren ist sehr einfach. Schon in den ersten Tagen rollte das Boot unter eigener Kraft an die Boje. Die Sichtverhältnisse sind vorzüglich. Die Landung macht keine Schwierigkeiten.

Abb. 32. Schrägansicht

Abb. 33. Seitenansicht

Abb. 34. Auf der Stufe

Die Motorenanlage ist vibrationsfrei. Die Zeit, um sämtliche 12 Motoren in Gang zu setzen, beträgt durchschnittlich 4 bis 5 Minuten (beste Zeit 3 Minuten).

Die Flugeigenschaften sind normal. Das Flugschiff kann auch von Durchschnittsführern geflogen werden. Die Ruder sind leichtgängig und wirksam. Einbau von Hilfsmaschinen für die Betätigung der Ruder unnötig. Das Höhenruder ist zunächst überausgeglichen. Die Verwindung ist normalerweise leichtgängig, erfordert aber bei großen Ruderausschlägen zuviel Kraft. Ausgleich und Durchmesser der Handräder wurden deshalb vergrößert.

Die Zentralisierung der Triebwerksüberwachung und vollständige Trennung vom Führer bewährt sich.

Die gemessenen Durchbiegungen und Spannungen der Bauwerksteile stimmen durchweg gut mit den errechneten überein.

V. Die Ergebnisse

Meine Damen und Herren, das Projekt eines neuen Flugzeuges verkörpert unsere Hoffnungen. Es erscheint uns in dem Augenblick, wo wir an die Ausführung herangehen, immer als gut. Der Erfolg hängt davon ab, inwieweit die rauhe Wirklichkeit die Erwartungen, welche im Projekt aufgestellt wurden, erfüllt. Das Verhältnis dieser Erwartungen zu den tatsächlich erreichten Leistungen ist der Maßstab für den Erfolg.

Bei einem Unterfangen, wie es der Bau des Flugschiffes Do X war, das mehrere Jahre lang von der ganzen Fachwelt mit besonderem Interesse und mehr oder minder großer Skepsis verfolgt wurde, ist es besonders interessant, zu untersuchen, wie es mit dem Quotient „errechnet zu erreicht" aussieht.

Betrachten wir zunächst die Gewichtsverhältnisse:

Abb. 35 Im Fluge Abb. 36

Uebersicht über die Veränderung der Do X-Gewichte.

Lfd. Nr.	Baugruppe	Stand der Gewichte: im April 28 z. Zeit des Vortrages Spalte 1		gewogen am 31. 8. 29 Spalte 2		berichtigte Gew. entspr. dem Vortrag Spalte 3		Differenzen zwischen den Gewichten in Spalte 1 und 3: +		%		—		%	
1	Flügel mit Abstützung	7 475	8	7 559	4	7 559	4	83	6	1	1	.		.	
2	Leitwerk	728	7	878	2	878	2	149	5	20	6	.			
3	Steuerung	322	5	363	5	363	5	41	0	12	7	.			
4	Boot	7 235	3	8 314	0	8 314	0	1 078	7	14	9	.		.	
5	Motorgondel mit Gondelbock	1 072	7	1 147	2	1 147	2	·4	5	6	9	.		.	
6	Anstrich	350	0	350	0	350	0			.		.		.	
7	Motor	4 721	0	5 121	6	5 121	6	400	6	8	5	.		.	
8	Auspuffanlage	39	0	39	0	39	0	.		.		.		.	
9	Propeller mit Nabe	720	0	1 101	9	1 101	9	381	9	53	0			.	
10	Motorregulierung	350	0	226	9	226	9	.		.		123	1	35	3
11	Benzinanlage	919	0	1 236	4	1 002	1	83	4	9	1			.	
12	Oelanlage	274	5	359	6	300	5	26	0	9	5			.	
13	Oel u. Benzin in den Leitungen	120	0	120	0	120	0			.				.	
14	Triebwerküberwachung	130	0	278	2	109	5	.		.		20	5	15	8
15	Flugüberwachung	6	9	13	9	6	9	.		.		.		.	
16	Navigation	1	5	36	0	1	6			.		.		.	
17	Allgemeines Gerät	30	4	80	0	30	4	.		.		.			
18	Betriebshilfsgerät	194	8	417	5	188	0	.		.		6	8	0	35
19	Seeausrüstung	250	0	270	7	270	7	20	7	8	3	.			
		24 942	1	27 914	0	27 131	7	2 339	9	.		150	4	.	

Abb. 37

In dem schon eingangs erwähnten Londoner Vortrage vom Frühjahr 1928 habe ich Mitteilungen über die voraussichtlichen Gewichte des Flugschiffes Do X gemacht. In der ersten Spalte der Tabelle Abb. 37 sind diese Gewichte eingetragen. Die zweite Spalte enthält die tatsächlich gewogenen Gewichte nach dem Stande vom 31. Juli 1929. Die „Vortragsgewichte" waren seinerzeit, soweit sie sich auf die Betriebsmittelanlage und auf die Instrumentierung bezogen, auf eine gemeinschaftliche Basis reduziert worden, um gewisse Vergleiche mit anderen Flugzeugen anstellen zu können. In Spalte 3 ist eine entsprechende Rektifikation vorgenommen worden. Es ergibt sich eine Differenz der Totalgewichte von insgesamt 2189 kg oder 8,8% oder, falls man das Mehrgewicht der Motoren und Propeller von insgesamt 782 kg in Abzug bringt, ein Gesamtmehrgewicht von 1407 kg für die Zelle des Flugschiffes, entsprechend 5,6%. Es ist hier wegen Zeitmangels leider nicht möglich, im einzelnen auf die Ursachen der Verschiebungen in den Gewichten einzugehen.

Nachdem wir uns Rechenschaft über die Gewichtsverhältnisse des Flugschiffes abgelegt haben, komme ich auf die „Startleistungen" zu sprechen. Auf dem Schaubilde, Abbildung 38, sind in Abhängigkeit vom jeweiligen Fluggewichte die entsprechenden Startzeiten einer großen Zahl von Flügen eingetragen. Die sämtlichen Starts fanden auf dem Bodensee, also in über 400 m über Meereshöhe, statt. Auf normale Luftgewichte reduziert, würde sich die gestrichelt eingezeichnete Startkurve ergeben. Bei der Beurteilung der erzielten Start- und übrigens auch Flugleistungen ist besonders zu berücksichtigen, daß der normale Jupiter-Siemens-Motor mit Kompressionsverhältnis 1 : 5,3 Verwendung fand.

Die Drehzahlen im Momente des Abhebens liegen zwischen 1830 und 1870 U/Min. Dies entspricht einer Gesamtleistung von etwa 4800 PS oder etwa 76% der verfügbaren Gesamtleistung. Das größte bis heute herausgehobene Gewicht beträgt 51,3 Tonnen, entspricht also etwa 23,3 Tonnen Zuladung. Der Start mit dieser Zuladung erfolgte bei vollkommener Windstille und spiegelglattem Wasser.

Nach den im Jahre 1927 festgelegten vertraglichen Bedingungen für das Flugschiff war eine Zuladung von 20 t garantiert worden. Dies entspricht bei dem derzeitigen Baugewicht einem Abfluggewicht von 48 000 kg. Unser Schaubild zeigt, daß bei Windstille am Bodensee das Flugschiff zur Erfüllung dieser Bedingung 65 Sekunden benötigt. Auf Meereshöhe reduziert, würde der Start in 55 Sekunden erfolgen.

Die vertraglich festgesetzte Höchstgeschwindigkeit des Flugschiffes durfte mit einer Toleranz von 5% 200 km in der Stunde nicht unterschreiten. Gemessen wurde mit unverklei-

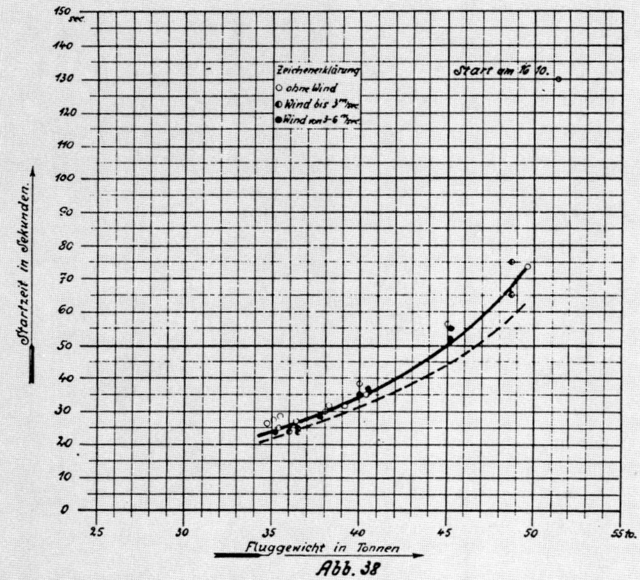

Abb. 38. Startkurve

deten Motoren in einer Höhe von 420 m 211 km pro Stunde. Auf Normalwichte reduziert ergibt dies 214 km Std. Es unterliegt keinem Zweifel, daß durch zweckmäßige Verkleidung der Motoren die Geschwindigkeit noch gesteigert werden kann. Sämtliche bisher ausgeführten Flüge erfolgten mit ein und demselben Satz von Holzpropellern. Durch die Verwendung anderer Schrauben und insbesondere von Metallpropellern wird eine weitere Steigerung der Geschwindigkeit möglich sein. Bei einer Drosselung der Motoren auf 1850 Touren beträgt die derzeitige Reisegeschwindigkeit in 420 m Höhe 175 km Std.

Die Zusammenhänge zwischen Reichweite und Nutzlast sind auf dem Diagramm Abbildung 39 wiedergegeben. Die Reichweiten des Flugschiffes Do X sind unter Zugrundelegung eines mittleren Betriebsmittelverbrauches (Benzin und Oel) von 270 g für die Pferdekraftstunde ermittelt, unter der Voraussetzung gleichmäßiger Drosselung aller Motoren. Als Abszissen des Diagramms sind die Entfernungen in Kilometern, als Ordinaten die Nutzlasten in Kilogrammen aufgetragen. Die eingezeichneten geneigten Linien entsprechen Abfluggewichten des Flugschiffes von 45 bis 52 t. Als Rüstgewicht wurde entsprechend der Tabelle (Abbildung 37 Spalte 2) 28 000 kg in Ansatz gebracht. Um die reine Nutzlast zu erhalten, sind noch zusätzliche seemännische Ausrüstung, Besatzung und die Ausstattung der Passagierräume in Abzug zu bringen. Auf dem Diagramm ist dies in der Weise geschehen, daß die zusätzliche seemännische Ausrüstung konstant mit 500 kg, das Gewicht der Besatzung konstant mit 1000 kg in Ansatz gebracht wurde (Parallele zur Abszissenachse im Abstande 500 bzw. 1500 kg). Für die Ausrüstung wurde angenommen, daß dieselbe bei kurzen Entfernungen mit Rücksicht auf die alsdann größere Anzahl der Passagiere bedeutend höher sein wird als bei Langstreckenflügen mit naturgemäß geringerer Passagierzahl. Im Diagramm ist die Ausrüstung durch eine Linie in Ansatz gebracht, welche bei der Entfernung Null 2000 kg entspricht, um bei 4000 km den Nullpunkt zu erreichen.

Die vertikalen Abstände zwischen der Ausstattungslinie und den den verschiedenen Belastungszuständen des Flugschiffes entsprechenden stark geneigten Linien ergeben die jeweils als Nutzlast zur Verfügung stehenden Gewichte. Man findet z. B. bei 1000 km Entfernung und einem Abfluggewicht von 45 t die Nutzlast zu 7600 kg, das sind 76 Personen, die Person zu 100 kg gerechnet. Will man mit dieser Nutzlast auf die oben angegebene Strecke von 1000 km eine Windreserve von 50% haben, so müßte man, wie aus dem Schaubilde ersichtlich, mit zirka 48 t starten.

Bei 2000 km ergeben sich, falls mit 48 000 kg gestartet wird, 4900 kg zahlende Last. Um hierbei noch 30% Windreserve zu haben, müßte mit 52 t gestartet werden.

Die größte, überhaupt im ununterbrochenen Fluge zurücklegbare Strecke ergibt sich aus dem Diagramm zu etwa 3600 km, falls für Besatzung und Ausrüstung 1500 kg mitgeführt werden.

Für ausgesprochene Langstreckenflüge müßte das Flugschiff mit sparsameren Motoren versehen werden.

Die Senkung des derzeitigen mittleren Betriebsmittelverbrauches von 270 g PS Std. auf 220 g PS Std. würde schon eine Steigerung der Reichweite von 3600 km auf 4400 km zur Folge haben.

Eine nicht unwesentliche Steigerung der Reichweite wird auch erzielt werden, sobald es gelingt, zwischen Propeller und Motor einen „Freilauf“ einzubauen. Man kann dann im Sparfluge einzelne Motoren ganz abstellen, ohne den erhöhten Widerstand bzw. Kraftverlust stehender oder den Motor im Leerlauf durchdrehender Propeller in Kauf nehmen zu müssen.

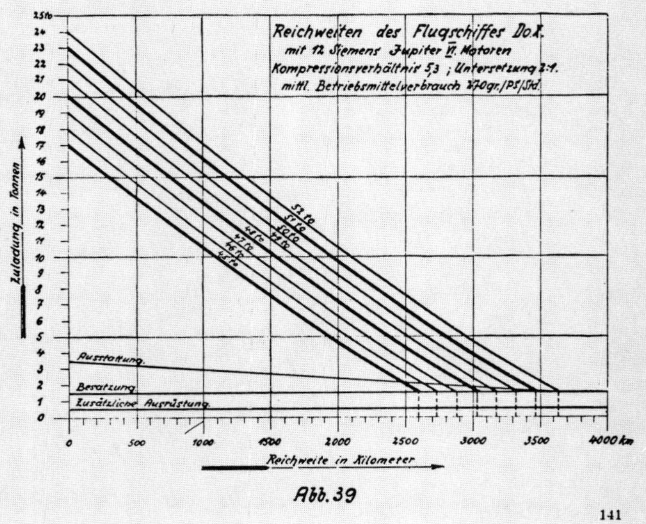

VI. Möglichkeiten der Verwendung, Wirtschaftlichkeit

Die Grenze der ohne Zwischenlandung mit der nötigen Betriebsmittel-Reserve zu bewältigenden Strecke, auf welche das Flugschiff in seiner heutigen Form unter günstigen meteorologischen Verhältnissen praktisch eingesetzt werden könnte, liegt bei etwa 2200 km. Bei dieser Entfernung würde sich bei 2000 kg zahlender Last und 30% Windreserve ein Abfluggewicht von ca. 50 000 kg, entsprechend etwa 65 Sekunden Startzeit ergeben.

Diese Reichweite von 2200 km sieht, verglichen mit dem derzeitigen Langstreckenrekorde, welcher heute beinahe 8000 km erreicht hat, recht bescheiden aus. Sie bedarf einer näheren Erläuterung.

Die hervorragenden Flugleistungen von Franco, Lindbergh, Köhl, Lacoste und vieler anderer, haben mit Recht die Bewunderung der ganzen Welt hervorgerufen. Sie haben auch ohne Zweifel dem Flugzeugbau neue Impulse erteilt. Man muß sich aber auch vergegenwärtigen, daß diese großen Leistungen nur möglich wurden durch eine Ueberlastung von Mensch und Material, die weit die Grenzen des normalerweise „Menschenmöglichen" überschreitet und ebenso weit über die Grenzen des technisch Zulässigen hinausgeht.

Wie weit die Spanne zwischen dem jeweiligen Stand des Langstreckenrekordes und den im praktischen Luftverkehr erreichten Leistungen ist, soll im nachfolgenden veranschaulicht werden:

Herr Joachim von Schroeder von der Deutschen Luft Hansa A. G. hat am 4. Oktober d. J. vor der Technisch-Literarischen Gesellschaft in Berlin einen Vortrag über „Erfahrungen aus den Postexpreßflügen nach Sibirien und Spanien" gehalten. In seinen sehr interessanten Mitteilungen führt Herr von Schroeder aus, daß bei dem heutigen Stande der Technik auf eine Entfernung zwischen Berlin und Sevilla bei einer Zwischenlandung in Marseille, also bei einer Reichweite von 1250 km, mit einer Zuladung von 150 kg, höchstens aber 200 kg gerechnet werden könne. Die Flüge, auf welche sich seine Angaben beziehen, wurden durchgeführt mit einem Landflugzeug modernster Konstruktion mit 500pferdigem Hornet-Motor und einer Reisegeschwindigkeit von 170 km Std.

Die Mitteilungen des Herrn von Schroeder besagen, daß die Grenze der derzeitigen praktischen Reichweite von Verkehrsflugzeugen bei etwa 1250 km liegt, denn eine noch geringere Nutzlast als 150 bis 200 kg würde wohl den Einsatz eines Flugzeuges nicht mehr lohnen.

Langstreckenrekord beinahe 8000 km! Größte im praktischen Luftverkehr, man müßte eigentlich noch beifügen „Postverkehr", versuchsweise beflogene Strecke 1250 km! Vergleicht man die Angaben des Herrn von Schroeder mit der vorher angegebenen Reichweite des Flugschiffes von 2200 km, so ergibt sich für die Do X eine Verdoppelung der „praktischen Reichweite" gegenüber dem, was bisher im Luftverkehr möglich war. Man muß sich dabei noch vergegenwärtigen, daß es sich in dem von Herrn Schroeder zitierten Falle um ein Landflugzeug handelt. Trotzdem verhalten sich bei doppelter Reichweite des Flugschiffes die Nutzlasten wie 10 : 1.

Meines Erachtens kann man das Flugschiff mit größter Aussicht auf Wirtschaftlichkeit auf Strecken von 1000 bis 1500 km einsetzen. In Sonderfällen ist sogar Wirtschaftlichkeit gegeben auf ganz kurzen Strecken im Pendelverkehr. Die Möglichkeiten der Anwendung auch in europäischen Gewässern sind ungemein vielseitige. Besonders interessant erscheint mir der Einsatz in Gegenden, wo häufig mit Nebeln zu rechnen ist. Die infolge der Abmessungen erheblich gesteigerte Sicherheit beim Rollen oder Treiben im Seegang gestattet dem Flugschiffe, bei starkem Nebel erforderlichenfalls viele Kilometer außerhalb des anzulaufenden Hafens niederzugehen, um entweder mit eigener Kraft oder mit Hilfe eines Schleppers in den Hafen einzulaufen.

In der Abbildung 40 ist eine kleine Auslese verschiedener für das Flugschiff in Frage kommender Strecken eingetragen, und zwar anfangend mit Entfernungen von wenigen 100 km und endigend bei Entfernungen von 2000 km. Das Schaubild enthält die den jeweiligen Strecken zugeordneten Flugzeiten und zahlenden Lasten, ferner die Anzahl der jeweils beförderbaren Personen, den Fluggast zu 100 kg gerechnet. Als obere Grenze der bequemerweise in dem Flugschiff unterzubringenden Personen sind 100 angenommen. Beträgt also die Nutzlast mehr als 10 000 kg, so müßte die Differenz in Fracht oder Post mitgenommen werden. Das Diagramm ist entworfen unter der Voraussetzung, daß das jeweilige Abfluggewicht ohne Windreserve 45 000 kg beträgt. In der Praxis würde sich also das Abfluggewicht noch um die als Reserve mitzunehmenden Betriebsmittelgewichte erhöhen. Bei 30% Reserve würde das bei 1800 km Reichweite zu etwa 49,5 t Abfluggewicht führen. **Bei kürzeren Entfernungen fällt natürlich die Betriebsmittelreserve viel weniger ins Gewicht.**

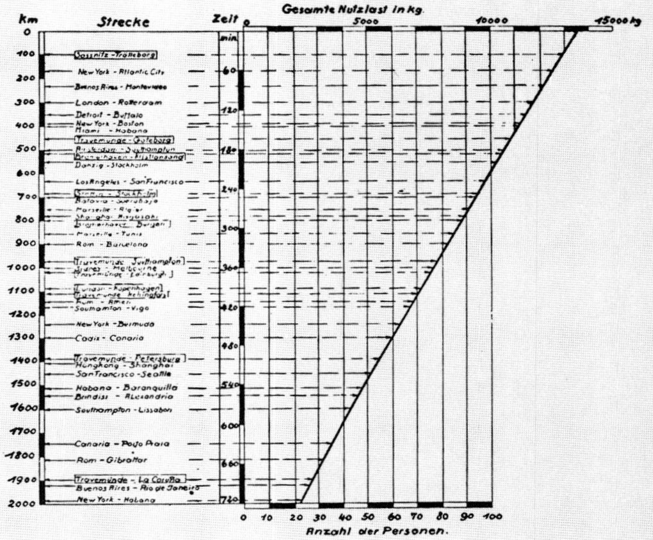

Abb. 40. Einsatzmöglichkeiten

Wir entnehmen der Darstellung beispielsweise, daß zwischen Buenos Aires und Montevideo 12 000 kg Nutzlast befördert werden können, entsprechend 100 Personen und 2000 kg Post oder Fracht. Zwischen Hamburg und Southampton oder Marseille und Algier können 9000 kg Nutzlast oder 90 Personen, zwischen Travemünde und Southampton 7,8 t Nutzlast befördert werden. Auf der Strecke Brindisi—Alexandria können 45 Fluggäste mitgenommen werden.

Wir haben eingehende Untersuchungen angestellt über die Unkosten, welche durch den Betrieb des Flugschiffes entstehen. Wir sind dabei ausgegangen von einer vollkommenen Abschreibung der Zelle nach 5000 Betriebsstunden und der Motoren nach 1000 Betriebsstunden. Die Betriebsmittelkosten (Benzin und Oel) wurden angenommen mit RM 0,49 für das Kilogramm, die Versicherungsprämie für ein Jahr mit 16% des Neuwertes. Unter Berücksichtigung aller sonstiger in Frage kommender Faktoren, jedoch ohne Verzinsung des Anlagekapitals, sind wir je nach der Länge der ohne Zwischenlandung zu befliegenden Strecke auf einen Kostenbetrag von 15 bis 18 RM für den Betriebskilometer des Flugschiffes Do X gekommen. Der Tonnenkilometer stellt sich bei einer Streckenlänge von 1000 km und einer jährlichen Flugleistung von 75 000 km auf etwa RM 2,—. Bei einer Strecke von 500 km und 55 000 km Jahresleistung sinkt der Tonnenkilometer auf RM 1,50.

VII. Ausblick

Auf dem Schaubilde (Abbildung 41) ist die Steigerung der Zuladefähigkeit von Flugzeugen innerhalb des Zeitraumes von 1916 bis 1929 dargestellt. Von 1918 bis 1928, also innerhalb von zehn Jahren, ist die Zuladung von 3700 kg auf 7500 kg gestiegen. Es hat also einer Zeit von zehn Jahren bedurft, um eine Steigerung von 100% gegenüber dem Jahre 1918 zu erreichen. Das Flugschiff Do X bringt die Zuladung mit einem Schlage von 7500 kg auf 22 000 kg, verdreifacht also die Höchstzuladung von 1928 im Jahre 1929.

Kann man angesichts dieses Diagramms Zweifel hegen, daß wir in weiteren zehn Jahren bei Zuladungen von 100 t oder noch mehr angelangt sein werden? Ich glaube nicht.

Das Luftmeer wird uns keine neuen unbekannten Schwierigkeiten entgegenstellen.

Durch den Bau des Flugschiffes Do X ist der Nachweis erbracht, daß die Vergrößerung der Abmessungen das Baugewicht nicht in dem ungünstigen Sinne beeinflußt, wie dies früher von vielen Autoren angenommen wurde. Die statischen Aufgaben und insbesondere die Dimensionierung der Bauglieder vereinfachen sich mit dem Wachsen der Kräfte. Alles wird handlicher, leichter zugänglich und billiger. Der Anteil von Ausrüstung, Instrumentierung, Reserveteilen, Besatzung, Bedienung und Sicherheitseinrichtungen am Gesamtgewicht der Zelle nimmt mit wachsenden Dimensionen rasch ab.

Allein die Entwicklung der Motoren scheint nicht Schritt zu halten mit den Fortschritten im Bau der Zellen.

Aber gerade hier, glaube ich, wird das Flugschiff einen neuen Impuls geben. Zunächst wird es im zivilen Luftverkehr vielleicht gar nicht immer möglich sein, die volle Zuladefähigkeit des neuen Verkehrsinstrumentes auszunützen. Lassen Sie uns aber doch einige Hunderte oder gegebenenfalls sogar Tausende von Kilogrammen unseres Ueberflusses an Zuladefähigkeit dazu benützen, das Gewicht der Motoren und damit ihre Betriebssicherheit zu erhöhen und ihren Verbrauch zu senken oder dem Bootskörper eine noch höhere Widerstands-

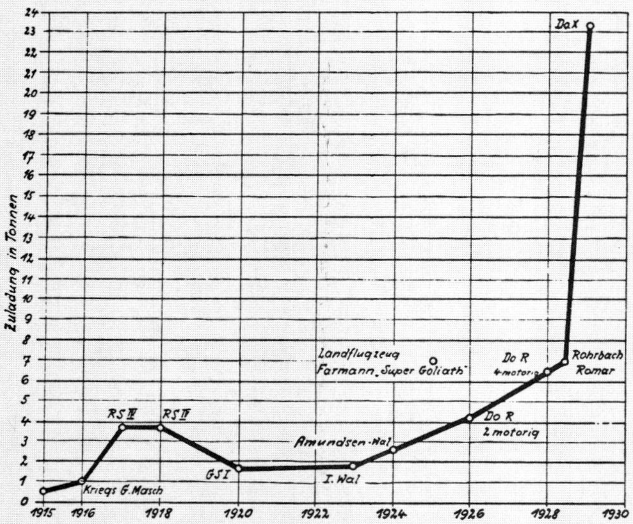

Abb. 41. Steigerung der Zuladung von 1916 bis 1929

fähigkeit zu verleihen! Wir tun damit scheinbar einen Schritt zurück, aber in Wirklichkeit machen wir den Anfang dazu, die zivile Luftfahrt zu einer seriösen Angelegenheit zu machen.

Die Luftfahrt leidet heute sehr darunter, daß man allgemein behauptet, weiter zu sein, als man es in Wirklichkeit ist. Wir gehen von Spitzenleistungen aus, verallgemeinern sie und verlangen von Zelle, Motoren und Menschen weit mehr, als sie vernünftigerweise hergeben können.

Hier muß eine rückläufige Entwicklung eintreten. Die Vergrößerung der Dimensionen gibt uns ein Mittel an die Hand, unsere Anforderungen an Menschen und Material herabzusetzen und doch noch im Bereich des Wirtschaftlichen zu bleiben.

Ich bin am Schluß meiner Ausführungen angelangt. Wenn ich heute zurückblicke auf die Schwierigkeiten, welche sich dem Unterfangen, das erste „Flugschiff" zu bauen, entgegenstellten, so muß ich bekennen, daß die technischen Hemmungen relativ klein waren im Vergleich mit den finanziellen und ganz besonders mit den moralischen Widerständen, die zu überwinden waren.

Das Schlagwort von dem „zu großen Sprunge" hat mir viel zu schaffen gemacht, und nachdem der Wurf gelang, taucht die neue Phrase auf, daß das Flugschiff der „Zeit und dem Bedürfnis" vorauseile.

Das Flugschiff Do X wäre selbstverständlich niemals gebaut worden, wenn ich nicht die absolute Ueberzeugung gehabt hätte, daß es sich um eine folgerichtige Weiterentwicklung handle, die, gestützt auf unsere 15jährigen Erfahrungen und die Hilfsmittel moderner Forschung und Wissenschaft, kein größeres Risiko in sich barg als jede andere bedeutende Ingenieur-Schöpfung.

Ich bin mir bewußt, daß noch ein weiter und dornenvoller Weg zu gehen ist, um dem neuen Verkehrsmittel seinen Platz an der Sonne zu sichern. Ich weiß aber, daß, nachdem die Tat vollbracht, heute schon das „Bedürfnis" entstanden ist. Nicht jenes, meist künstlich erzeugte und durch Subventionen zu Leben erhaltene, das wir heute Luftverkehr nennen, sondern das wahre, den Notwendigkeiten des Lebens entstammende Bedürfnis, das die Wirtschaftlichkeit implizite enthält.

Allem Anscheine nach wird wohl das Ausland zuerst die Früchte unserer Arbeit ernten, das verhindert aber nicht, daß in späteren Jahren auch unser liebes Vaterland Nutzen ziehen wird aus der Erbauung des ersten „Flugschiffes".

Umrüstung auf Curtiss-Motoren

Im Laufe der Flugversuche mit der Do X mit den luftgekühlten Siemens-Jupiter-Motoren zeigte sich, daß die Zylindertemperaturen der hinteren Motoren nicht immer zufriedenstellend waren und die erwartete Dauerleistung nicht ganz erreicht wurde. Man faßte deshalb den Entschluß, die Do X auf wassergekühlte Triebwerke umzustellen. Das amerikanische Curtiss-Conqueror-Triebwerk mit einer Startleistung von je 640 PS gegenüber 525 PS bei den Siemens-Motoren schien dafür am geeignetsten zu sein. Der Umbau wurde in der Zeit vom Februar bis August 1930 durchgeführt. Anstelle der verkleideten Motorgondel-Abstützungen wurde jetzt auf offene Träger übergegangen. Der Oberflügel entfiel, zwischen den Motorgondeln blieben jedoch Abstützstreben. Der erste Flug mit der umgerüsteten Do X fand am 4. August 1930 statt, und die Werkserprobung wurde nach 27 Flugstunden am 31. Oktober 1930 abgeschlossen. Werksintern wurde das Flugschiff nun Do X 1b genannt, die Bezeichnung mit den früheren Siemens-Motoren lautete Do X 1a.

Umbau der Do X auf die leistungsstärkeren, wassergekühlten Curtiss-Conqueror-Motoren mit je 640 PS.

Neue Motorträger und -gondeln mußten im Sommer 1930 gebaut werden.

Letzte Einstellarbeiten an den hinteren Motoren nach dem Umbau.

Probelauf der mittleren Triebwerkseinheiten.

Versuchsweise wurden die hinteren Motoren mit Zweiblatt-Propellern ausgerüstet.

Blick auf die zwei äußeren Motorgondeln mit Zusatzwasserkühlern.

Äußerer Backbord-Motor mit Aufstiegsleiter vom Flügel-Kriechgang zum Wartungsraum in der Gondel.

Mehrere Schlitze in den Gondelseitenwänden sorgten für den Kühlluft-Abfluß.

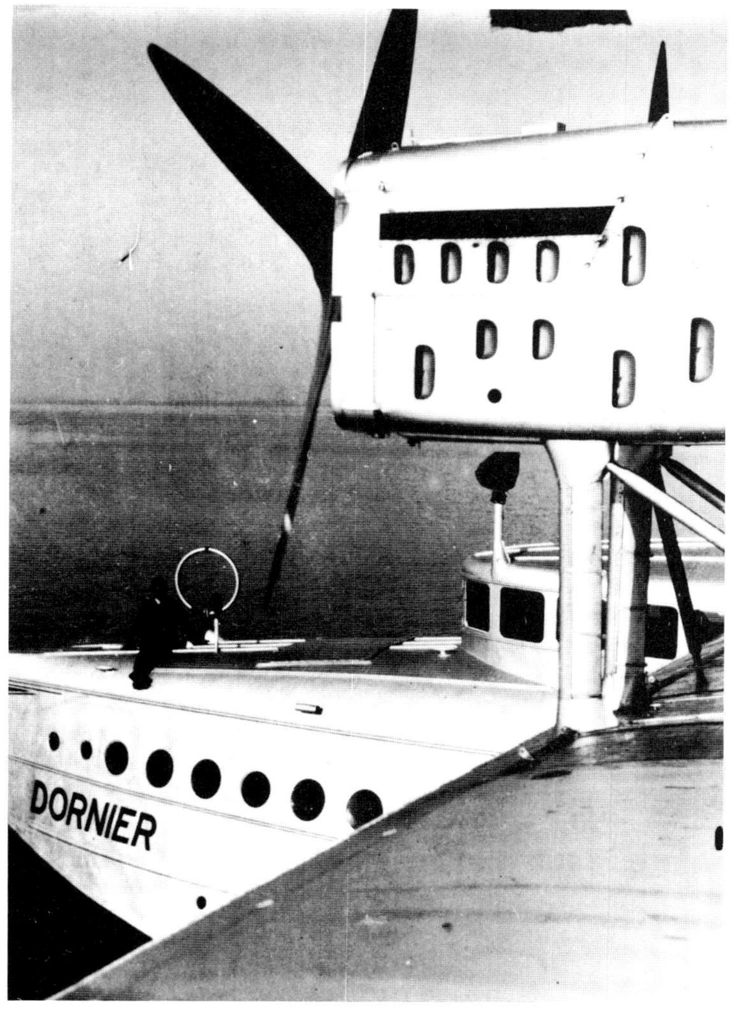

Blick über fünf Triebwerksgondeln.

Die Triebwerksstützen blieben beim Umbau auf die Curtiss-Motoren ohne die ursprüngliche Voll-Verkleidung, der Oberflügel wurde durch Versteifungsstreben ersetzt.

Die Do X wird nach dem Umbau auf Curtiss-Motoren aus der Halle gebracht.

Do X auf der Ablaufbahn (oben und unten).

Do X im Schlepp auf dem Bodensee.

Schaulustige auf Motorbooten umkreisen die Do X.

Vorne am Bug ist die Antenne des Telefunken-Peilgerätes zu sehen.

Rollversuche bei niedriger Fahrt.

Dieses Bild zeigt den scharfen Schiffsbug der Do X, links vorne der Anker.

Beim Rollen mit erhöhter Fahrt; die Zusatzkühler unter den Motorgondeln fehlen; zu beachten die Mechaniker unter den Motoren.

Kielwasserbildung beim Rollen auf dem Wasser.

Do X auf Stufe beim Start; der Lufthansa-Schriftzug wurde nur vorübergehend verwendet.

Kurz nach dem Abheben aus dem Wasser.

Wenige Meter über der Wasserfläche des Bodensees.

Der Blick von unten zeigt die typische Formgebung des Bootsbodens.

Wenige Sekunden vor dem Aufsetzen.

Am Seitenruder ist der Lufthansa-Kranich zu sehen.

Do X bei Verdrängungsfahrt mit deutlicher Bugwelle.

Seitenansicht der Do X an der Boje.

Prüflauf der beiden äußeren Motoren (zu beachten: Lufthansa-Schriftzug).

Flug über das Dornier-Werk (heute »Flug- und Fahrzeugwerke Altenrhein«).

Dreiseitenzeichnung der Do X 1 mit Bestuhlungsplan für 66, bzw. 72 Fluggäste.

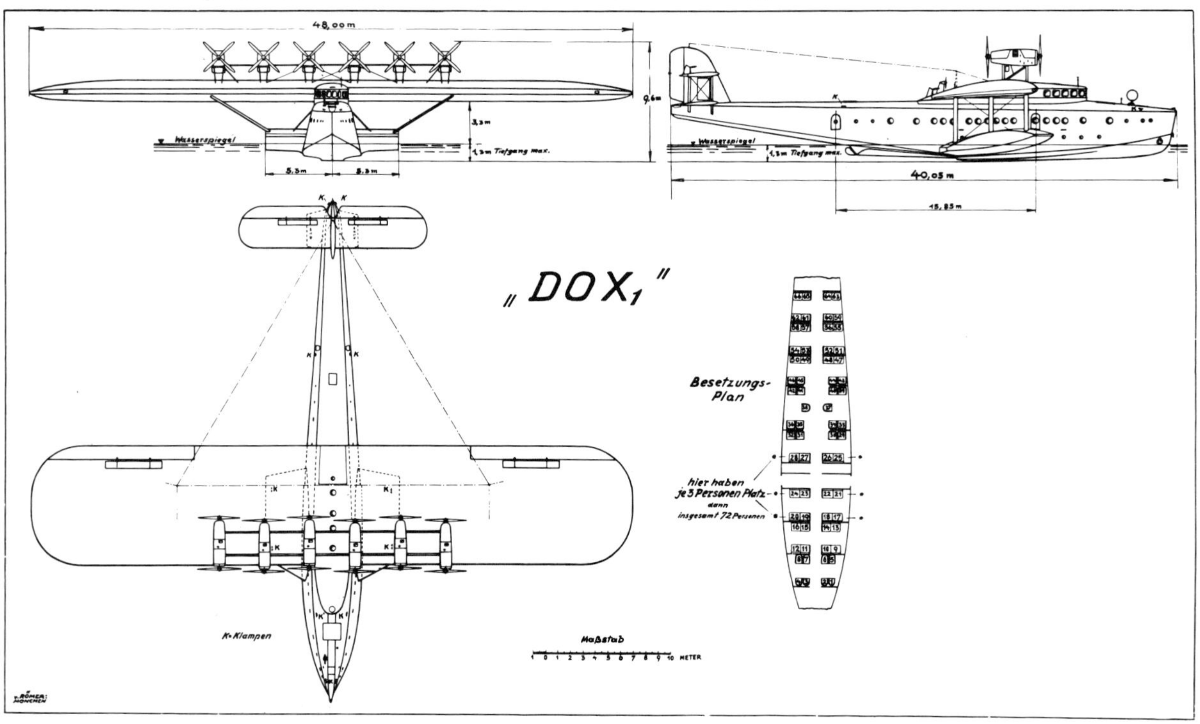

Das erste Flugschiff der Welt
Dornier Do X

ABMESSUNGEN

Spannweite	48 m
Gesamtlänge	40,05 m
Gesamtlänge (bei laufender Luftschraube)	10,25 m
Tiefgang bei 50 t Verdrängung	1,05 m
Gesamte Flügelfläche	486,2 m²
Flügeltiefe	9,5 m
Größte Breite des Schiffskörpers ohne Seitenflossen . . .	4,8 m
„ „ „ „ mit „ . . .	10,0 m
Gesamtlänge der für Fluggäste verfügbaren Räume . . .	23,5 m
Mittlere Breite der Fluggasträume . . . . ca.	3,2 m

Inhalt der Brennstoffbehälter:

4 Behälter à 3000 l im Schiffsraum	12000 l
4 weitere Behälter im Schiffsraum und Flügelnase insgesamt	4000 l
Brennstoffvorrat normal:	16000 l
Einbau von Zusatzbehältern im Schiffsraum vorgesehen:	
2 Behälter à 1700 l	3400 l
4 Behälter à 1300 l	5200 l
Maximaler Brennstoffvorrat:	24600 l

Inhalt der Oelbehälter:

6 Behälter in Motorgondeln à 100 l	600 l
1 Behälter im Schiffsraum	1300 l
Gesamter Oelvorrat:	1900 l

GEWICHTE

Reingewicht	28,2 t
Rüstgewicht	30 t
Abfluggewicht normal	46 t
Abfluggewicht maximal	54 t

Flugleistungen bei normalem Fluggewicht:

Höchstgeschwindigkeit je nach Wahl der Motoren	210—230 km/h
Reisegeschwindigkeit	170 km/h
Normale Betriebsstoffanlage für	12 h Reiseflug

Faksimile des Datenblattes der Do X (dritte Zeile bei Abmessungen muß richtig heißen: »Gesamthöhe...«).

Der Europaflug 1930

Nachdem die Flugerprobung der Do X auf dem Bodensee ohne nennenswerte Probleme erfolgreich abgeschlossen worden war, konnten die Vorbereitungen für größere Demonstrationsflüge getroffen werden. Die erste Tour, der Europaflug, sollte in sechs Etappen über Holland, England, Frankreich, Spanien nach Portugal führen. Vom 5. bis 28. November 1930 flog die Do X in einer Gesamtflugzeit von 29 h 16 min eine Strecke von 4148 km. Auf einigen der Etappen waren Industrievertreter, Luftwaffenoffiziere und Journalisten als Fluggäste an Bord und in den angeflogenen Häfen wurden Rundflüge und Besichtigungen durchgeführt. Dieser Europaflug erregte nicht nur in der Presse, sondern auch bei der Fachwelt großes Aufsehen, da das Flugschiff erstmals weitab von der heimatlichen Herstellerfirma seine Zuverlässigkeit und Sicherheit beweisen konnte.

DER EUROPAFLUG

Die Vorbereitungen

Das Einfliegen und die Erprobung des ersten Flugschiffes am Bodensee wurde durch die Musterprüfung und Zulassung zum Luftverkehr durch die Deutsche Versuchsanstalt für Luftfahrt, Berlin-Adlershof, zum Abschluß gebracht. Das Schiff erhielt die Zulassungsnummer D 1929 und war klar zur Erprobung auf See.
Es bedurfte naturgemäß einer bis ins kleinste gehenden Vorbereitung des Flugprogrammes.
Für das Schiff mußten Reserveteile, Ersatzmotoren, Luftschrauben usw. auf verschiedene Etappen vorausgesandt werden. Überall mußte für Ankerbojen, Motorboote, Tender für die Betriebsstoffübernahme gesorgt werden.
Die Durchflug- und Einflugerlaubnis der verschiedenen fremden Länder waren mit Hilfe des Auswärtigen Amtes einzuholen und Paßformalitäten der Besatzung zu erledigen.
Die Seekarten, nautischen Instrumente, Ferngläser wurden beschafft, selbst die Continentalschreibmaschine durfte nicht fehlen.
In großzügiger Weise hatte die Vacuum Oil Co., Neu-York, durch ihre Hamburger Niederlassung die Betriebsstoff-Depots für Benzin und Öl auf der ganzen Strecke angelegt und die Betriebsstoffe kostenlos geliefert.
Die Wetterberatung durch die Deutsche Seewarte, Hamburg wurde genau durchberaten, um allen Eventualitäten gewachsen zu sein.
Der Funkbetrieb mußte mit der »Debeg« vereinbart werden, damit Bauwerft und Wetterwarte stets in Verbindung mit dem Flugschiff bleiben konnten.
Proviant, Bekleidung, Getränke, Reservetrinkwasser, Küchengeschirr, Wäsche, kurz eine Ausrüstung wie für ein kleines seegehendes Schiff war zusammenzustellen und auszuwählen, und hier hat eine große Anzahl deutscher Firmen in vollem Verständnis der Wichtigkeit dieses Flugunternehmens der Firma Dornier in uneigennützigster Weise geholfen.
Nur durch solche minutiösen Vorbereitungen aller Punkte war die Schiffsleitung vor Überraschungen geschützt und konnte endlich am 5. November 1931 den Abflug vom Bodensee mit dem Gefühl antreten, nichts versäumt zu haben, was zum guten Gelingen notwendig war.

Von Altenrhein nach Lissabon

Am 5. November galt es für die Do X die Zweifler und Skeptiker der Welt zum zweitenmal zu besiegen. Als Dr. Dornier den kühnen Entschluß zum Bau des großen Flugschiffes faßte, erklärte eine halbe Wissenschaft, daß ein solcher Flugriese niemals fliegen werde.
Als dann das Schiff doch flog – und zwar vom ersten Tage an, da es zu Wasser gebracht wurde – behaupteten die gleichen, vom Vorurteil befangenen Fachleute und Laien, daß der Flugriese niemals den Bodensee verlassen werde.
So hatte denn endlich nach langem Warten die Stunde geschlagen, in der unser silberner Vogel gleich den Zugvögeln gen Süden der Sonne entgegen zur Wärme ziehen sollte. Am Bodensee hielt gerade der Winter seinen Einzug.
Der Morgennebel und spät eintreffende Wettermeldungen ließen einen frühen Start nicht möglich werden. Endlich waren die Streckenmeldungen beisammen. Wenn auch nicht rosig, ließen sie doch ein Gelingen des ersten Etappenfluges erhoffen. Zum letzten mal verließ das Flugschiff die Riesenhalle seiner Mutterwerft. Rasch war es im Wasser und schon rollten wir hinaus auf den See. Ein letztes Winken der wenigen am Ufer zurückgebliebenen Freunde.
Die Motoren wurden noch einmal gründlich durchkontrolliert, denn für die ersten Stunden gab es keine Landungsmöglichkeit. 11.30 Uhr donnerten die Motoren auf Vollgas, der Flug begann. Es war der schönste, den wir miterleben konnten. Diese Triumphfahrt eines Werkes modernster Technik, vorbei an den alten Städten und Denkmälern unserer Geschichte und Tradition, entlang dem Laufe des rebenbekränzten Rheines, wird uns allen unvergeßlich bleiben.
Um ja keine Zeit zu verlieren, wurden die großen Windungen des Flusses durch Überlandflüge abgeschnitten. Meistens hielten wir den Fluß zur linken Hand, über bunt leuchtende Wälder oder kahle Weinberge dahinziehend. Überall jubelnder Empfang, sei es durch die Begleitflugzeuge, deren erstes in Basel aufstieg, um sozusagen auf der ganzen Strecke immer wieder von einem neuen abgelöst zu werden, bis zum letzten, das mit uns auf der Zuidersee landete, sei es durch das Winken der Tausende und aber Tausende von Neugierigen, die sich auf den Plätzen der Dörfer und Städte, auf Kirchtürmen und Höhen angesammelt hatten, sei es durch die Sirenen der Rheinschiffe und der Fabriken, deren schrillen Ton wir zwar nicht hörten, aber deren Funktionieren wir am weißen Dampf erkennen konnten.
11.52 Uhr verließen wir den Bodensee. Durch den Morgennebel drang eben die Sonne. 12.40 Basel. 13.30 Straßburg mit seinem ehrwürdigen Münster. 14.25 die Nibelungenstadt Worms. 14.40 Mainz. 15.15 Andernach, die einstige Residenz der Merowingerkönige. 15.40 Köln mit dem ewigen Dom. 16.00 Duisburg, 16.30 die deutsch-holländische Grenze, 16.50 Uhr die Zuidersee bei Niykerck und 17.05 Uhr der Flughafen Schellingwoude bei Amsterdam. So legten wir in 5 Stunden und 5 Minuten mit einer Durchschnittsgeschwindigkeit von 154 Std./km die 786 km lange Strecke Bodensee-Zuidersee zurück. Die Sicht war keineswegs die beste. Zeitweise flogen wir durch Ne-

belbänke, die unten im Industriegebiet so dicht wurden, daß es um 16 Uhr schon dunkelte. Ein besonderes Schauspiel war das Erreichen der Zuidersee. Wir waren alle schon auf eine Nachtlandung gefaßt, als im letzten Moment der Himmel sich aufklärte und weit draußen die Sonne als rotglühender Ball ins Meer sank.

An Bord verlief alles so reibungslos, so störungslos und so selbstverständlich, daß uns der ganze Flug wie ein Märchen vorkam. Das Flugschiff hat in jeder Beziehung das gehalten, was wir von ihm erwartet hatten.

Amsterdam, das nordische Venedig, hielt uns vier volle Tage in seiner angenehmen, jedoch unsere Ungeduld steigernden Gefangenschaft. Bestimmt nicht, weil – wie die Presse vermutete – etwas am Flugzeug nicht in Ordnung war, sondern weil nicht weniger als 2000 Besucher aus allen Gegenden der Niederlande ihr Kommen angemeldet hatten. Diese Besucher, so lieb und so willkommen sie uns auch waren, haben uns sehr viel zu schaffen gemacht, ja, sie haben uns größere Sorge bereitet als die eine Erholung darstellenden Flüge. Welche Angst haben wir ausgestanden, wenn sie zu Dutzenden mit ihren Booten im Schnelltempo gegen unser Flugschiff herangebraust kamen. Die vielen Beulen und ziehharmonikaähnlichen Eindrücke an den Stummeln beweisen am besten die Berechtigung unserer Angst und unserer Vorsicht. Noch ein Rundflug über der Stadt mit dem Höchstkommandierenden der niederländischen Flotte, Admiral Quant, den Vertretern der holländischen Presse, die so begeistert über das Flugschiff schrieb, und weiter ging die Fahrt.

Am 10. November starteten wir mit 21 Passagieren nach Southampton. Bei mittlerem Seegang und einem Abfluggewicht von 45 Tonnen betrug die Startzeit 35 Sekunden. Kaum waren wir richtig in der Luft, als ein Träger eines außen an der Motorgondel angebrachten Ölkühlers riß. Landen, Reparieren und wieder Starten war eine Sache von 20 Minuten. Noch eine Abschiedskurve über Amsterdam und weiter ging der Flug entlang der sandigen Küste Hollands und Belgiens mit ihren weltberühmten Nordseebädern. Zwischen schweren Kumuluswolken, die phantastische Schatten auf das grünlich schimmernde, bewegte Meer warfen, drang die Sonne und ließ die Hunderte und Tausende von Glasdächern der weltberühmten holländischen Blumenkulturen silbern aufglitzern. Im Gegensatz zur ersten Etappe waren wir diesmal nicht allein. Die 21 Passagiere krabbelten in der Maschine herum wie die Bienen in ihrem Korb. Sie alle hatten das gleiche Gefühl einer unbegrenzten Sicherheit und einer wirklich mondänen Bequemlichkeit. Auch bei diesem Flug war über die Maschine nichts Außergewöhnliches zu berichten, als die Tatsache, daß alles wieder so einwandfrei und regelmäßig funktionierte, daß einem der Flug als selbstverständlich vorkam.

Hinter Zeebrügge verließen wir die Küste, um bei Dover England zu erreichen. Entlang den weißen Kreidefelsen ging es vorbei an Folkestone, Brighton, durch seinen riesigen Strand und seine eleganten Hotels schon von weitem als ein bedeutender Badeort erkennbar, gegen Portsmouth.

Hier wurde uns der erste Empfang der sportbegeisterten Engländer zuteil. Ein Begleitflugzeug kam auf uns zu, noch eins, und noch eins, bis zum Schluß unser stolzes Schiff begleitet von 15 Flugbooten über dem großen runden Turm der Seeflugstation Calshot kreiste, der vor wenigen Jahren Zeuge der Schneidercup gewesen war. Weich und glatt landeten wir wenige Meter vor der Ankerboje. Begrüßung durch die Behörden, Ausbooten der Passagiere, Sturm der Presse, alles Dinge, an die wir uns so langsam gewöhnen mußten.

Wir wollten so schnell wie möglich weiter, doch leider wollte es das Schicksal anders. Die auf Dienstag vorgesehene Besichtigung des Schiffes durch den englischen Thronfolger war von diesem auf Mittwoch verschoben worden. So ließen wir den Sturm der Besichtitung über uns ergehen und feierten – was von den Engländern mit besonderer Genugtuung registriert wurde – durch Setzen der Flagge auf Halbmast und zwei Minuten Ruhepause den 12. Jahrestag des Waffenstillstandes.

Es darf hervorgehoben werden, daß die Engländer das Schiff mit besonders kritischen Augen betrachtet haben. Kein Winkel blieb ihnen verborgen. Sie krochen in die Flügel, stiegen ins Betriebsstoffdeck hinunter, probierten das Spiel der Steuerung, kurz, man merkte, daß wir im Lande des Flugsportes und der Flugfachleute waren. Ihre Kritik war gut. Einzig die 12 Motoren wollten ihnen nicht gefallen. Sie fanden ihre Zahl etwas zu hoch. In der Tat geben 12 Motoren eine ungewöhnlich hohe Zahl von Störungsquellen. Bedenken wir 144 Kolben, die sich in der Minute 2000mal auf- und abwärtsbewegen, 288 Zündkerzen und 576 Ventile!

Um ein Schiff mit einem Totalgewicht von fast 54 Tonnen mit einer Geschwindigkeit von 200 Std./km durch die Luft zu ziehen, braucht es einen Kraftaufwand von rund 6000 PS. Gerne hätte der Konstrukteur weniger, aber dafür stärkere Motoren genommen. Aber wo soll er sie hernehmen? Wir besitzen heute noch keine Motoren von 800, 1000 oder gar 1500 PS mit der Betriebssicherheit, der leichten Gewichtseinheit und dem mäßigen Betriebsstoffverbrauch der heutigen 5–600 PS starken Maschinen. Die Motorentechnik hat leider mit der Entwicklung des Flugbootbaues nicht Schritt gehalten, und es ist ein ernstes Gebot der Zukunft, raschestens leistungsfähigere und betriebssicherere große Flugmotoren zu schaffen.

Ausgerechnet am 13. fand der Flug mit dem Prinzen von Wales statt. Alle Zeitungen haben ja registriert, daß er selbst am Steuer gesessen, daß er im Flug die Maschine, wie deren Funktionieren eingehend besichtigte und daß er befriedigt über die Leistungen der Do X war. Mit einer erstaunlich hohen Fachkenntnis stellte er seine Fragen und mit einer hinreißenden Liebenswürdigkeit unterhielt er sich mit fast allen Mitgliedern der

Besatzung. Nachdem er so das Flugschiff selbst ausprobiert hatte, wollte er noch einen Start von Land aus sehen. Hierbei präsentierte ihm Schildhauer die Meisterleistung eines Startes von 21 Sekunden.
Am nächsten Tag herrschte ein solcher Nebel, daß auch die Verkehrsflugzeuge nicht starteten.
Auch am 15. November war es ungewiß, ob die weiße Schicht der Sonne weichen würde. Als ich am Morgen mit den Passagieren zur Flugstation kam, war von unserer Do X, die nur 500 m vom Landesteg entfernt ankerte, nichts zu sehen. Erst gegen 11 Uhr lichtete der Nebel. Um 11.30 Uhr konnten wir das gastfreundliche Land der Sportflieger verlassen. Schon beim Start kündete sich der uns harrende sensationelle Tag an. Gerade als wir fast auf Stufe liefen, schoß ein Rennboot daher, hielt auf einem halben Meter Entfernung unsere Geschwindigkeit, und mit einem kühnen »Tellsprung«, der seinesgleichen sucht, sprang ein Mann auf den Stummel. Wir wollten ihn eben (alles in voller Fahrt) wieder in das Boot zurückspedieren, als der mitfliegende Gast Master of Sempill in ihm den bekannten eingeladenen englischen Flieger Captain Beard erkannte.
Reichlich spät starteten wir bei ziemlich bewegter See. Schnell war der Solent überquert und Kurs auf die normannischen Inseln genommen. Fast eine Stunde lang flogen wir über das Meer, um uns nichts als Himmel und Wasser, so weit das Auge reichte. Zwischen der Insel Aldernay und dem Cap de la Hague erhaschten wir einen kurzen Moment den Ausblick auf die felsigen, zerklüfteten Küsten, um gleich darauf wieder zwischen Himmel und Wasser zu schweben. Die Insel Guernsey rechts haltend, zog das Schiff seinen Weg zum Atlantischen Ozean. Wir hatten starken Gegenwind und kamen daher verhältnismäßig langsam vorwärts. Je mehr wir uns der Westspitze Frankreichs näherten, verschlechterte sich das Wetter. Die Küste blieb in respektabler Entfernung, so daß es uns nicht vergönnt war, die Schönheiten der Bretagne zu bewundern. Nach dreistündigem Flug erreichten wir bei der Insel Quessant den nordwestlichen Zipfel Frankreichs und den Atlantischen Ozean. Das Wetter hatte sich sehr verschlechtert. Alles war grau in grau. Gerade Kurs auf Bordeaux haltend, ließen wir die Küste weit links liegen. Einzig die Inseln Bel-Iles und Yeu zeigten uns besiedelte Landflächen. Die Dämmerung kam überraschend schnell. Oben auf der Kommandobrücke rechneten Kapitän Christiansen und Navigationsoffizier Niemann aus, daß kalendermäßig in Bordeaux bei klarem Wetter die Nacht um 17,40 Uhr herniedersinken müsse. Als wir die Insel Yeu erreichten, standen die Zeiger auf 16.45 Uhr. Es war also unmöglich, bei dem starken Gegenwind den noch 200 km entfernten Ankerplatz von Bordeaux in einer Stunde zu erreichen. Als wir eben, um einen geeigneten Ankerplatz vor Bordeaux zu finden, der Küste zuflogen, traf uns das Streufeuer des Leuchtturmes von Sables d'Olonne. Dann sank die Nacht hernieder, und auf offenem Meer in der Nähe der Insel Ré bei La Rochelle ging das Flugschiff zu Wasser. Die Nacht war hereingebrochen. Weit, weit am Horizont schimmerte ein kleines Lichtlein: La Rochelle. Um uns der Hugenottenstadt etwas zu nähern, rollte die Do X zwei Stunden lang über die bewegte See dahin. Eine bemerkenswerte Leistung für das Schiff und die Motoren. Wir hatten eben beschlossen, für die Passagiere die Betten herzurichten und das Abendessen zuzubereiten, als ein Dampfer auf uns zuhielt. Der gute Kapitän war sichtbar erschrocken ob des mystischen Ungeheuers, das mit seinen leuchtenden Bullaugen im Scheine des eigenen gegen die Tragfläche gedrehten starken Scheinwerfers wie ein vorsintflutliches Ungeheuer ausgesehen haben mag. Er kam gerade vom Fischfang und wußte noch nicht, daß unser fliegendes Schiff auf seiner Europareise war. Die Passagiere wurden nach La Rochelle gebracht, wohin auch die Do X am andern Morgen rollte. Für uns alle war diese improvisierte Nachtlandung auf hoher See ein schönes Erlebnis. Einzig der arme Funkoffizier Kiel hat sie verwünscht, denn zwei Stunden lang versuchte er vergeblich, im Schweiße seines Angesichtes eine Verbindung mit der Welt herzustellen, bis endlich der Dampfer Arizona sein »Punkt-Strich-Flehen« hörte. Am andern Tag ging es nach Bordeaux, wo uns kurz nach der Landung auf der Gironde die unangenehme Nachricht überbracht wurde, daß die avisierten Gäste aus Paris erst in zwei Tagen kommen werden, da sie nicht abgefahren seien, in der Meinung, der Do X sei ein Unglück bei La Rochelle zugestoßen. Also wieder zwei Tage warten und wieder Besucher, wieder der Sturm der Presse. Endlich fanden die Gäste doch den Weg nach Bordeaux, wir konnten unsere Rundflüge absolvieren. Ihnen folgte der versprochene Flug über die Stadt mit anschließendem Versuch, die Marinestation beim Lac d'Hourtin zu erreichen. Die Wolken, die bis auf 30 m herunterhingen, versperrten den Weg. Nach einstündigem Versuchen durchzukommen, kehrten wir zum alten Landungsplatz zurück. Doch welche Überraschung! Der Wind hatte umgeschlagen und stand genau entgegengesetzt der äußerst starken Strömung der Gironde. Das alte Lied der Wasserflieger hob an. Wie soll man unter solchen Umständen landen? Gegen den Strom oder gegen den Wind? Man entschließt sich, mit Rückenwind gegen den Strom zu wassern. Weich setzte die Maschine auf, als sie im gleichen Moment vom Rückenwind erfaßt vorne ins Wasser gedrückt wurde und im Bruchteil einer Sekunde einen rechtwinkligen Hackenschlag nach links machte. Die Wucht der Drehung verursachte eine kleine Unordnung. Die Maschine, oder besser gesagt das Boot, hat bei dieser außergewöhnlichen Kraftprobe einem ungeheuren Druck standhalten müssen. Die sofortige Kontrolle ergab, daß auch nicht das geringste am und im Boot gelitten hatte, außer unserem schönen Porzellan, das schaufelweise als Trümmer durch das kleine Bullauge der Küche in die gelben Fluten der Gironde flog.
Am denkwürdigsten bleibt uns allen der Flug über den Golf von

Biscaya vom 20. November. Anfänglich, als das Schiff der flachen Küste der »Landes« entlangflog, ging alles gut. Je mehr wir uns den Pyrenäen näherten, wuchs die Stärke des Windes. Bei Biarritz erhielten wir die ersten Backpfeifen. Der Wind wuchs zum Sturme an. Die See war sehr bewegt; so weit das Auge reichte, eine bleierne Fläche mit Tausenden und aber Tausenden von weißen Wellenkämmen. Die von den kalten Höhen der zum Teil schneebedeckten Pyrenäen gegen das warme Wasser stoßweise niedersteigenden Winde schüttelten gewaltig an unserem Schiff, so daß die Piloten zeitweilig das Verwindungssteuer auf seinen größten Ausschlag bringen mußten. Die Do X schaukelte ganz ordentlich, doch nicht wie wir es bisher im Flugzeug gewohnt waren mit kurzen, harten Schlägen, sondern in weichen, langsamen Bewegungen, wie ein Dampfer auf stürmischer See. Wir hatten schon Santander passiert, als die Berechnung ergab, daß Coruna erst mit der Dunkelheit erreicht werden könne. Die Tage sind eben Ende November sehr kurz, gegen 5 Uhr wird es schon Nacht. So entschloß sich Christiansen umzukehren und in der bei Südwind gefährlichen Bucht von Santander zu landen. Als die Maschine über dem wunderbaren königlichen Schloß zur Landung ansetzte und wir unten die zwei Meter hohen Wellen sahen, war es uns, offen gestanden, nicht gerade zum Singen zumute (nur einer sang auch in diesem Moment: unser Bordkanarienvogel, der sich vollständig an das Schiff gewöhnt hatte). Mit 90 km in diese Wellenbrecher hineinzujagen ist sicher keine Kleinigkeit. Ich überlasse es gerne den Mathematikern, die Wucht des Aufpralles zu berechnen; zu unserem größten Erstaunen zeigte uns ein weicher, dumpfer Schlag an, daß wir das Wasser berührten; ein zweiter, das Flugschiff sprang über die Wellen und setzte wirklich weich ins nasse Element ein. Die Verankerung war ein neues Problem, denn die Windstärke wuchs von Minute zu Minute. Kaum waren die Passagiere an Land, blies der scharfe Süd mit solcher Wucht, daß es nicht mehr möglich war, mit den großen Fischermotorbooten eine Verbindung zwischen dem Hafen und der 3 km draußen ankernden Do X herzustellen. Um die beiden faustdicken Ankertaue zu entlasten, mußten die ganze Nacht 4 Motoren laufen.

Wir dürfen wirklich feststellen, daß das Flugschiff in Santander seine Seeprüfung gut bestanden hat. Es hat sich im Sturm in der Luft wie auf dem Wasser bewährt.

Die nächsten zwei Tage brachten keine Besserung des Wetters. Endlich am 23. konnten wir den Flug nach Coruña entlang der wundervollen Küste Kantabriens fortsetzen. Landschaftlich war dies einer der schönsten Flüge. Die von den Höhen des Pico d'Europa gegen das Meer eilenden zahlreichen Flüsse schneiden am Ufer tiefe Fjorde in die steile felsige Küste und geben dem Land einen wildromantischen Charakter. Nach zweistündigem Flug erreichten wir Cap Ortugal, die Nordwestecke Spaniens, und verließen den Golf von Biscaya. Die Landung in Coruña war ein Kapitel für sich. Als wir wenige Meter hoch mitten über der Stadt zum Gleitflug ansetzten, schoßen die drei zu unserem Empfang herbeorderten Torpedoboote Salut. Die Sirenen der flaggengeschmückten Schiffe übertönten das Hurrageschrei der Tausende am Ufer wartenden Zuschauer und der Musikkapellen. Fürwahr, die Spanier verstehen es, Gäste zu empfangen. Unsere Ausbootung war der gefährlichste Moment des ganzen Europafluges. Wir mußten uns wehren, nicht von der Menge erdrückt zu werden. Dafür stellten die Spanier einen Besucherrekord auf. Bleich vor Schrecken erfuhren wir vom liebenswürdigen Bürgermeister, daß er in Anbetracht unseres etwas verspäteten Erscheinens »bloß« 2800 Personen zur Besichtigung des Schiffes eingeladen habe. Fürwahr genug Arbeit für die nächsten zwei Tage!

Am 27. November konnten wir endlich die letzte Etappe unter die Flügel nehmen. Entlang der zerklüfteten, reich besiedelten Westküste ging es dem 7. Land unserer Reise, Portugal, entgegen. Das Wetter war sehr schlecht. Tiefe Wolken hinderten die Aussicht. Bei Aveiro näherte sich das Schiff der Küste, uns Gelegenheit bietend, die sonderbare melancholische Landschaft Portugals zu bewundern. Die Erde ist blutrot. Darin die kleinen, quadratisch gebauten weißen Häuschen, umgeben von dunklen Zypressen.

Beim Felsenriff Farilhoes warfen wir einen flüchtigen Blick auf die gestrandete »Highland Hope«, um festzustellen, daß Werk von Menschenhand nie und nimmer der Gewalt der entfesselten Elemente trotzen kann. Dann kam Lissabon, jene Stadt, die vor 150 Jahren das schwere Erdbeben, das 30000 Menschenleben forderte, erlebte und es dank der Lebenslust der Menschen siegreich überstand. Noch eine Schleife über dem Palast des Präsidenten der Republik und dann wasserte unser Schiff auf den Wellen des Tejo.

Lissabon

Der offizielle Empfang am Ufer war durch den heftigen Regenguß vereitelt, und so konnte die Besatzung in Ruhe ihre Quartiere beziehen und die Vorbereitungen zum Weiterfluge nach Cadiz treffen, wo in der uns befreundeten Werft der Construcciones Aeronauticas S.A. alles zum zweiten Teile des Flugprogramms klargemacht werden sollte.

Der von Lissabon abwesende Präsident der Republik hatte sofort nach der Landung seinen Adjutanten zur Begrüßung und zu unserer Unterstützung an Bord gesandt. – Die Herren der Vacuum Oil Company warteten schon mit dem Betriebsstoff, und am anderen Morgen kam der Tank-Leichter längsseit, um Do X den angeforderten Betriebsstoff anzuliefern. Es wurde getankt und klar Schiff gemacht.

Am 29. mittags erhielt die Besatzung Landurlaub, um sich die Hauptstadt Portugals anzusehen. An Bord waren außer Wachoffizier Merz und zwei Monteuren noch Kapitän Christiansen, M. Dornier und Ingenieur Stagnet. Nach dem Mittagessen

stiegen die drei Letztgenannten in das Motorboot, um bei einer kleinen Rundfahrt um Do X eine Zigarette zu rauchen.
Kaum 100 m hinter dem Schiff angelangt, sah M. Dornier ein Feuer auf dem Mitteldeck, das kurz darauf von Monteur Brombeis bekämpft wurde. Mit Vollgas wurde Do X, dessen Backbordfläche in Rauch und Feuer gehüllt war, angesteuert, um zu Hilfe zu eilen. Da Explosionsgefahr bestand, wurde das Motorboot sofort weggeschickt mit dem Auftrag, von der gegenüberliegenden Marineflugstation Hilfe mit Feuerlöschern anzufordern. Kapitän Christiansen verschwand im Tankraum, um die Tanks unter Gasschutz zu setzen, während die anderen mit allen vorhandenen Feuerlöschern der Wache zu Hilfe eilten. Zum Glück kamen auch schon die wackeren Marineflieger mit ihren Schnellbooten an, brachten große Feuerlöscher mit und gaben sogar drei mutige Matrosen an Bord, während von den Booten aus von unten der Brand im Flügel bekämpft wurde.
Durch den Strom lag Do X quer zum Wind, der landeinwärts wehte und das Feuer vom Schiff gegen das Flächenende trieb. Es war nicht möglich, den Brand der Bespannung aufzuhalten, doch konnte das Feuer erfolgreich vom Schiffsrumpf, den Motorgondeln und den Benzintanks in der Flügelnase abgehalten werden. Zum Teil mußten die im Motorenlaufgang liegenden Sitzkissen der Monteure brennend mittels Bootshaken heruntergezogen werden.
Nach 20 Minuten aufregender, intensivster Tätigkeit war der Brand gelöscht und jede Gefahr vorüber. Dafür starrten die angebrannten Duralrippen zum Himmel, und wenn auch die Pressemeldungen – Do X sei abgebrannt – falsch waren, hieß es doch: Zähne zusammenbeißen – reparieren – warten – und – den Mut nicht verlieren.
Sofortige telefonische Beratung mit Friedrichshafen ergab die rasche Reparaturmöglichkeit, wenn der Transport der Ersatzmaterialien schnell vor sich gehen würde.
Es ist ein eigentümliches Verhängnis, daß der Do X, die die ganze 4000 km weite Reise ohne Störung zurückgelegt hatte, am Endpunkt eines Europafluges das Brandunglück zustoßen mußte. Kleine Ursachen haben oft große Wirkung.
Der Brand entstand nicht, wie man vielfach in der Presse lesen konnte, durch Kurzschluß, sondern auf folgende Weise:
Das Flugschiff lag an der Boje auf dem Tejo vor Lissabon. Es war getankt und klar zum Abfluge gemacht. An dem Tage herrschte ein starker Wind und ein Windstoß trieb eine zum Trocknen auf das Bootsdeck gelegte Segeltuchplane auf das Auspuffrohr des D.K.W.-Hilfmotors, der u.a. auch den Strom zum Generator zu liefern hat. Dieser Motor befand sich gerade in Tätigkeit, da die täglichen Wettermeldungen auf drahtlosem Wege eingeholt wurden. Die Plane entzündete sich an den heißen Abgasen, schwebende Stücke wurden vom Winde auf die Fläche getrieben, und ehe die Wache, welche den Vorgang verhältnismäßig rasch bemerkte, eingreifen konnte, brannte schon ein großer Teil des Flügels. Im Fluge wäre natürlich ein solcher Unfall nicht möglich gewesen.
Nur der leichten Auswechselbarkeit der Flügelabdeckung ist es zu verdanken, daß in verhältnismäßig sehr kurzer Zeit, im Freien und beinahe ohne jede Hilfsmittel, die Reparatur ausgeführt werden konnte.

Prof. Dornier im Gespräch mit Kapitän Friedrich Christiansen, dem Kommandanten der Do X.

Do X im Hafen von Schellingwoude bei Amsterdam.

Do X über dem Turm der Seeflugstation Calshot, begleitet von englischen Wasserflugzeugen.

Der Prince of Wales begibt sich an Bord zu einem Rundflug.

Gegenüberliegende Seite: Do X im Flug über Santander.

Start im spanischen Hafen La Coruna.

Vor dem Aufsetzen in La Coruna.

Do X am Liegeplatz in La Coruna.

Verfasser: Kapt.Frieur.Christiansen

- 11 -

Lissabon, den 30. November 1930.

Unfallbericht über den Flügelbrand Backbordseite auf dem Flugschiff "Do X" im Hafen von Lissabon.

a) Hergang und wahrscheinliche Ursache des Brandes.

Der Unfall ereignete sich am Samstag, den 29.11.30 nachmittags 1440 M.G.Zt.

Zur Zeit des Unfalles befanden sich zwei Damen als Besucher an Bord.

Das wachhabende Besatzungspersonal bestand aus: Flugkapitän Merz, Maschinisten Brombeis und Bautz. Der Kommandant Christiansen befand sich bei Ausbruch des Brandes zusammen mit Herrn Maurice Dornier und Kontrolleur Stangnet 50 m vom "Do X" entfernt auf einem Motorboot. Ca. 10 Minuten vor Ausbruch des Brandes wurde der D.K.W. Hilfsmotor zum Aufladen der Batterie für die erforderliche Notbeleuchtung in Betrieb gesetzt. Plötzlich wurde von Brombeis und den in den angelegten Booten befindlichen Marinesoldaten der Marineflugstation Feuer auf dem Flügel über dem Hilfsmaschinenraum gesehen. Herr Brombeis hat beobachtet, dass der Brand von der Segeltuchdecke ausging, welche zum Abdecken bei Nacht und Regen der auf dem Flügel montierten Apparate diente und bereits auf die Nachbarfelder des Flügelendes übergegriffen hatte. B. warf die Decke brennend über Bord ins Wasser. Mit den an Bord befindlichen Feuerlöschern wurde der Brand von Herrn Merz, Brombeis, Bautz und dem inzwischen herbeigeeilten Kommandanten Christiansen, Maurice Dornier, Stangnet sowie von den bereitliegenden Booten der Marineflugstation, welche weitere Feuerlöscher mit Matrosen an Bord gaben, ganz energisch bekämpft.

Kapitän Christiansen setzte die Tankräume sofort unter Feuerlöschgas. Mit den Feuerlöschern konnte das Übergreifen des Brandes auf die in der Flügelnase eingebauten Benzintanks und die Motorengondeln verhindert werden.

Die Entstehung des Brandes ist folgendermassen zu erklären:

Die bereits erwähnte Decke lag zum Trocknen ausgebreitet auf dem Flügel und wurde offenbar durch den z.Zt. herrschenden starken Ostwind über den Auspufftopf des D.K.W. Motors getrieben, von den Auspuffgasen angeschmort und durch den Wind zum Brennen gebracht. Das an die Bordwand anschliessende Flügelende wurde am meisten in Mitleidenschaft gezogen und bildete auch den Ausgangspunkt des Brandes über den ganzen Flügel.

Das Feuer lief auf dem Flügelende entlang bis an die Aussenkante und dem Winde entgegen, zurück über die Hautfelder zwischen den Holmen. Die Unterhautfelder wurden hauptsächlich durch herabfallende, brennende Teile von den Oberhautfeldern entzündet. Die Flügelnase bot einen guten Schutz gegen eine intensivere Auswirkung des Brandes, weil der Wind über dieselbe hinwegblies. Der Brand war stichflammenartig und dauerte etwa 10 Minuten.

- 12 -

b) Verursachter Schaden.

1.) Das ganze Flügelende vom Boot bis an die Aussenkante ist ausgeglüht und in der Nähe des Bootes zum Teil geschmolzen und stark deformiert.

2.) Die Ober- und Unterhautfelder zwischen den Holmen sind ebenfalls mehr oder weniger ausgeglüht, aber nicht deformiert.

3.) Die Feldverspannungsstäbe sind ausgeglüht, am meisten die unteren.

4.) Das Querruder ist ausgeglüht.

5.) Die Querrudergestänge haben gelitten, ebenso die Querruderstützen.

6.) Die Querriegel vom Flügelende sind ausgeglüht.

7.) Die Füllstäbe sämtlicher Holme vom Querriegel zehn ab haben gelitten. Die obigen Positionen 1-7 müssen vorbehaltlich weiterer Teile, welche sich im Verlauf der weiteren Untersuchung als beschädigt herausstellen, durch neue ersetzt werden.

- - - - - - -

Faksimile des Unfallberichts über den Flügelbrand in Lissabon von Kapitän Christiansen.

Gegenüberliegende Seite:
Über dem Turm von Belem, dem Wahrzeichen Lissabons.

Brand der linken Flügelhälfte.

Zerstörte Flügelbehäutung, die tragende Struktur blieb intakt.

Blick unter dem zerstörten Flügel zum Belem.

Reparaturarbeiten nach dem Brand.

Nahezu ohne Hilfsmittel wurde der linke Flügel wieder hergestellt.

Luftaufnahme der Do X im Hafen von Belem/Lissabon vor dem Einsetzen neuer Hautfelder.

DIE ERFAHRUNGEN DES EUROPAFLUGES

Der Zweck des Fluges war, in Etappen über die Häfen Amsterdam, Southampton (Calshot), Bordeaux, La Coruña nach Lissabon zu fliegen. An eine bestimmte Zeitdauer sollten diese Etappenflüge nicht gebunden sein, sondern vor allem sollte das Flugschiff bei diesen Flügen eingehend auf seine Eigenschaften und Leistungen in der Luft und auf dem Wasser durchprobiert und geprüft werden. Ferner war beabsichtigt, nach zufriedenstellenden Leistungen das Flugschiff in Lissabon einer eingehenden technischen Nachprüfung zu unterziehen und alsdann den Flug in Etappen über den Ozean fortzusetzen. Der früher beabsichtigte Weg: Lissabon, Azoren, Tankschiff 600 Meilen östlich Bermudas, Bermudas, New York wurde wegen vorgerückter Jahreszeit fallengelassen und statt dessen in Aussicht genommen, über die Kanarischen Inseln, Cap-Verdischen Inseln, Fernando Noronha, Natal, Habana, Florida nach New York zu fliegen. In den verschiedenen Etappenländern sollte gleichzeitig das Flugschiff sachverständigen Interessenten und dem großen Publikum vorgeführt werden.

Wenn wir – Dr. Dornier, die Schiffsleitung und Besatzung der Do X, sowie die mitgeflogenen Flugsachverständigen – uns jetzt nach Ablauf des ersten Programmteiles ehrlich fragen: Hat das Flugschiff Do X das erfüllt, was wir von ihm erwartet haben, und ist es in vollem Maße fähig, den Flug über den Ozean fortzusetzen, so gibt es nur eine klare Antwort, und zwar ein überzeugungsvolles Ja! Die Erwartungen des Konstrukteurs und der Besatzung sowie der sachverständigen Gäste wurden voll erfüllt, wenn nicht sogar übertroffen.

Die reine Flugzeit in der Luft betrug bis Lissabon rund 26 Stunden und die Durchschnittsgeschwindigkeit 151 Kilometer oder 81 Seemeilen, wobei zu berücksichtigen ist, daß z. T. sehr erhebliche Gegenwinde herrschten (Sturmfahrt über dem Golf von Biscaya). Die Motoren arbeiteten einwandfrei und in jeder Beziehung zufriedenstellend. Es ist nie ein Start verschoben worden wegen unklarer Maschine, sondern die längeren Liegezeiten in den Häfen sind zurückzuführen auf eingelegte Besichtigungstage und Vorführungsflüge z. T. auch auf Startbehinderung durch starken Nebel. Das Schiff ist bei denkbar schlechtestem Wetter, Regen, böigem Wetter, Fallböen unter Steilküsten usw. mit Windstärken bis 9 und 10 (rund 70–80 Stundenkilometer Windgeschwindigkeit) geflogen worden.

Insbesondere ergab sich die Gelegenheit, die Seefähigkeit des Flugschiffes zu erproben. Beim Start in Amsterdam herrschte z. B. Windstärke 4–5 bei Seegang 3–4. Die Startdauer betrug nur 35 Sekunden bei einem Abfluggewicht von 46 t. Sehr bemerkenswert war auch die Landung vor Santander auf offener Bucht, welche bei einer Windstärke von 6–7 und Seegang 5–6 erfolgte und die Eignung des Flugschiffes für rauhe See bewies.

Die Flugeigenschaften sind bei jedem Wetter gut, wovon sich viele namhafte internationale Flieger überzeugen konnten. Das weiche Einsetzen des Schiffes in hohem Seegang ist weiterhin sehr bemerkenswert und nach Ansicht der erfahrenen Seeflieger der Do X-Besatzung mit keinem andern Seeflugzeug zu vergleichen. Die Stabilität auf dem Wasser und das Manövrieren sind gut. In Santander wurde ein zehnstündiger Sturm vor Anker geritten bei Windstärken bis zu 88 Stundenkilometern. Zur Entlastung der Ankertrossen mußten zeitweise Motoren laufen.

Die Höchstbelastung auf den Flügen war rund 48,6 t mit einer Startzeit von 55 Sekunden. Das mittlere Abfluggewicht auf den verschiedenen Flügen betrug 47,4 t. (Das für den Ozean-Flug zugelassene Abfluggewicht ist 54 t.)

Die Schiffsleitung ist sich absolut darin einig, daß nach den bisherigen Erfahrungen unsere ursprüngliche Absicht, eine Zwischenlandung bei einem Tankschiff auf freiem Ozean vorzunehmen, ohne großes Risiko hätte durchgeführt werden können, wenn der Flug in einer besseren Wetterperiode angetreten worden wäre.

Die mitfliegenden Gäste haben sich bei den an Bord vorhandenen Bequemlichkeiten immer sehr wohl gefühlt; die Besatzung war stets frisch und in bester Form. Am anstrengendsten waren die Besichtigungsprogramme; ich schätze, daß etwa 8000 Besucher im Schiff gewesen sind, die immer mit Booten herangebracht wurden.

Es ist selbstverständlich, daß auf diesen Flügen mit dem ersten Flugschiff reiche praktische Erfahrungen gesammelt wurden, die für den Weiterflug nutzbringend ausgewertet werden können. Jedoch sind die gegebenenfalls noch vorzunehmenden kleinen Änderungen so nebensächlicher Natur, daß man den abgeschlossenen Europaflug mit Recht als einen vollen Erfolg buchen kann.

Erfahrungsbericht von Kapitän Christiansen

Bei 0° Zeigerstellung im
Führerraum :

Querruderausgl. ‖ Flügeloberseite
Höhenruderausgl. ‖ H.Flossenobers.
Seitenruderausgl. ‖ S.Flossenobers.

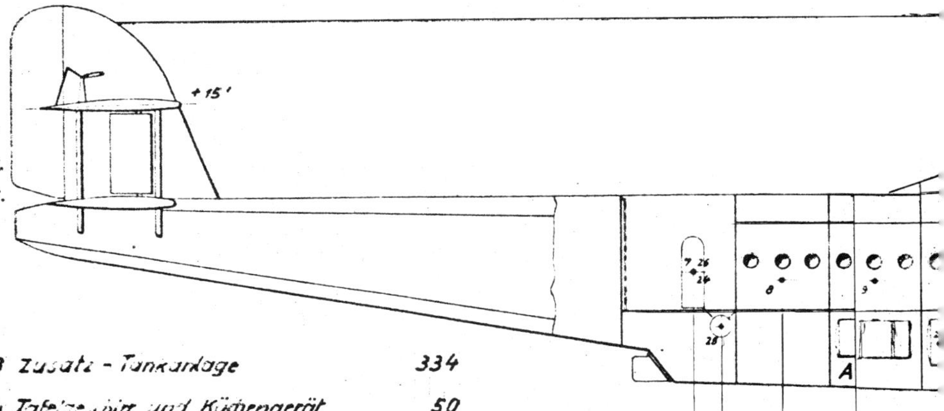

23	Zusatz - Tankanlage	334	
24	Tafelgeschirr und Küchengerät	50	
25	Trink - und Waschwasser	100	
26	Verbrauchsproviant	100	
1	2 Führer	160	
2	1 Kapitän , 1 Navigationsoffizier	160	
3	1 Fahringenieur	80	
4	1 Funker	80	
5	1 Brennstoffwart	80	
6	6 Monteure	480	
7	1 Steward	80	
8	8 Fluggäste	600	
9	8 Fluggäste	600	
10	8 Fluggäste	600	
11	10 Fluggäste	750	
12	8 Fluggäste	600	
13	8 Fluggäste	600	
14	8 Fluggäste	600	
15	8 Fluggäste	600	
16	Gepäck für 66 Fluggäste	660	
17	Brennstoff Flügeltanks G	400	
18	Brennstoff Trimmtank F	950	
19	Brennstoff Haupttanks C	1791	900
20	Brennstoff Haupttanks D	4200	2100
21	Schmierstoff Gondeltanks	300	
22	Schmierstoff Haupttank	370	
	Zuladung	15325 Kg	
	Abfluggewicht	48000 Kg	

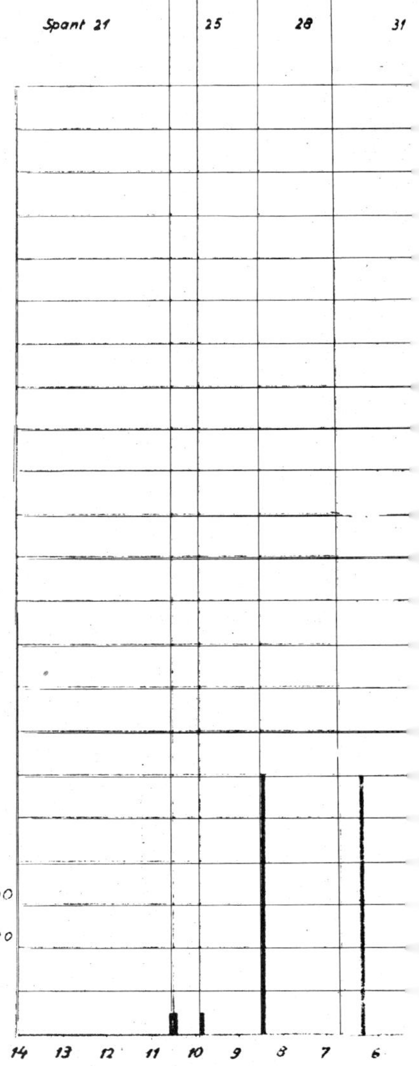

normale Tankanlage

Tank	Stück	Luftvolum gesamt ltr	Kraftstoffvol gesamt ltr
A	2	2652	2530
B	2	3480	3306
C	2	6000	5700
D	2	6000	5700
E	2	3480	3306
F	1	1326	1265
G	2	660	627
		23598	22434

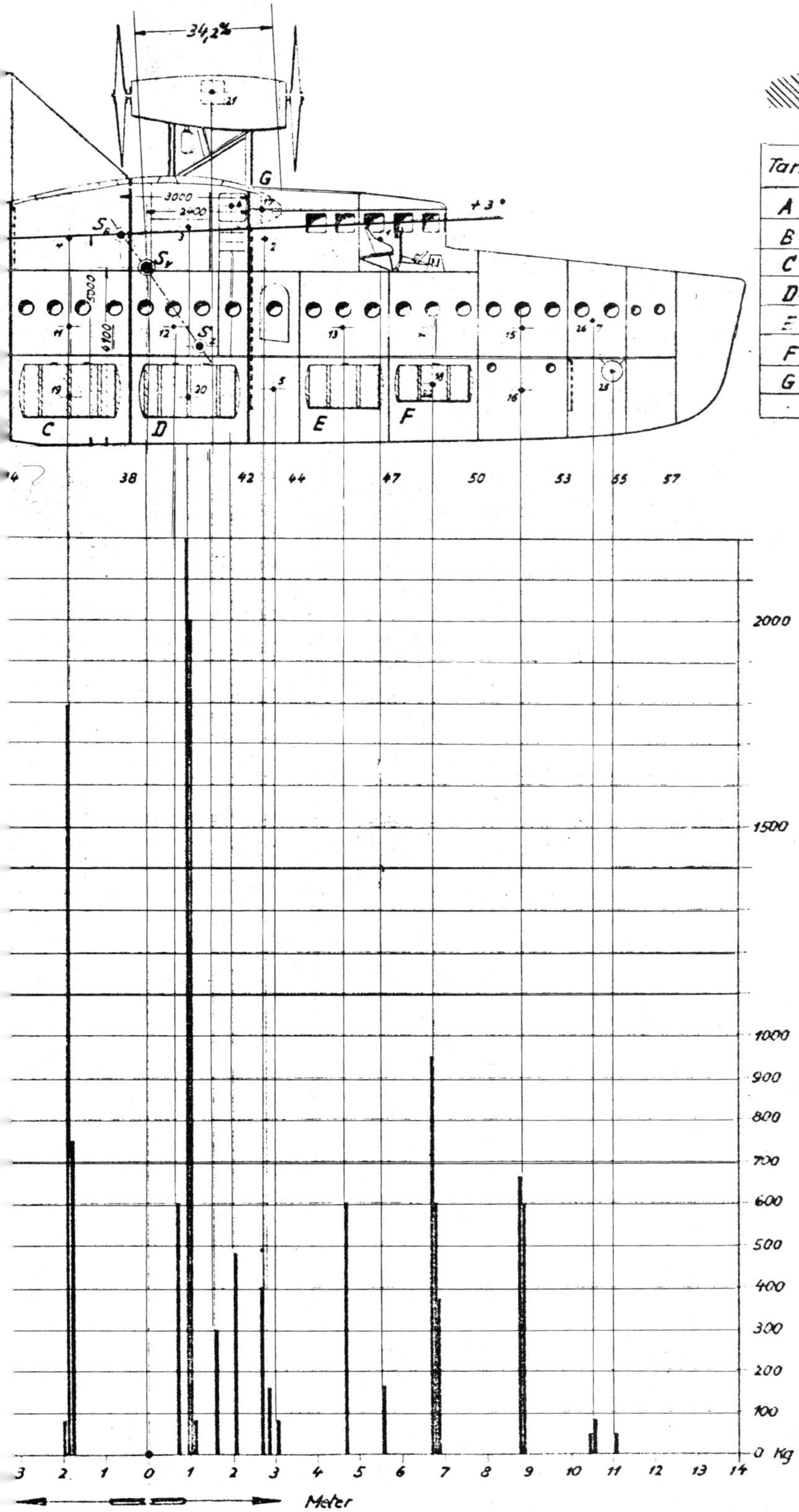

16

FR.21.11.30

Ladeplan Do.X, 21759 D

Der Atlantikflug 1931 bis 1932

Die spektakulärste Reise des Flugschiffes Do X führte von Lissabon über Afrika, Süd- und Nordamerika zurück über den Nordatlantik nach Berlin. Vom 31. Januar 1931 bis zum 24. Mai 1932 wurde in einer reinen Flugzeit von 181 h 53 min eine Gesamtflugstrecke von 31137 km zurückgelegt. Außer einer Bootsbeschädigung bei einem Startversuch vor Teneriffa sind auch auf dieser langen, durch verschiedene Klimazonen führenden Demonstrationsreise keine ungewöhnlichen technischen Probleme an der Do X aufgetreten. Obwohl Langstrecken- und Atlantikflüge damals noch keineswegs zu den Selbstverständlichkeiten des Luftverkehrs gehörten, zeigte die Do X eine erstaunliche Betriebssicherheit auch unter vielfach sehr schwierigen Bedingungen. Seit dem Verlassen des Bodensees bis zur Wasserung in Berlin waren auf dem Europa- und Atlantikflug eineinhalb Jahre vergangen. Als technische Meisterleistung wurde die Do X überall während dieser langen Reise begeistert gefeiert.

Lissabon nach Las Palmas.

Nachdem am 20. Januar 1931 die Reparaturarbeiten der abgebrannten Flächenbespannung beendet waren, wurde das Flugschiff mit Schlepperhilfe nach der Bucht von Alfeite gebracht, um dort am Strande eine Bodenreinigung vorzunehmen. Die dortige deutsche Baustelle unter Direktor Herzog des Marinearsenals unterstützte uns in bester Weise und so konnte DoX am 21.1. bei Hochwasser auf den Sandstrand gesetzt werden. Er lag bei Ebbe vollkommen trocken und die Bodenreinigung konnte ohne Schwierigkeit schiffsmaessig vorgenommen werden. Dazu wurde das Schiff zunächst nach einer Seite gekrängt, um ganz unter den Boden zu gelangen. Am 22.1. wurde in derselben Weise die andere Seite vorgenommen.

Am 24./25.1. wurde das Flugschiff eingeflogen, Brennstoffverbrauchs-, Funkpeilversuchsflüge gemacht und die Kompasse auf dem Wasser und in der Luft kontrolliert.

Am 26.1. startete DoX zu einem Rundflug mit den Spitzen der Militär- und Civilbehörden Lissabons. An diesem Fluge nahm auch die deutsche Gesandtschaft teil. Das Flugschiff wurde von 8 verschiedenen Armee- und Marinefliegern geflogen, welche sich äusserst anerkennend über das Schiff und dessen Eigenschaften äusserten.

Diesem Fluge folgten am 27./28.1. Belastungs-Startversuche, und zwar zunächst mit einem Abfluggewicht von 52 tons, 84 Sekunden, und abschliessend mit einem Abfluggewicht von 54.17 tons, 112 Sekunden Startzeit. Diese Ergebnisse kann man als recht gute bezeichnen, zumal die Versuche bei fast Windstille und gegen einen Strom von 4 sm Geschwindigkeit gemacht wurden.

Am 29./30.1. wurde das Schiff bis in alle Einzelheiten überholt und für die erste Übersee-Etappe Lissabon-Las Palmas flugklar gemacht. Um mit einem schweren Schiff Flugerfahrungen zu sammeln, wurde ein Abfluggewicht von ca. 51 tons gewählt. Hierin waren enthalten 6 Passagiere und 250 kg Post. Unter den Passagieren befand sich als Gast der portugiesische Admiral Gago Coutinho, welcher mit grösstem Interesse die ganzen Flüge verfolgt hatte. Wie auf den vorangegangenen Etappenflügen bediente uns auch jetzt die deutsche Seewarte in vorbildlicher Weise mit Wetternachrichten, und konnte nach der zu erwartenden Wetterlage der Start nach Las Palmas auf den 31.1. festgesetzt werden. Morgens 8 Uhr 05 erfolgte ein glatter Start von 65 Sekunden

auf dem Tejo-Fluss vor Lissabon.

Um über die Navigationsmöglichkeit weitere Erfahrungen zu sammeln, war beschlossen, zunächst Kap Vincente quer zu fliegen und alsdann Las Palmas direkt anzusteuern. Trotz des durchweg etwas dunstigen und recht böigen Wetters steuerte das Schiff sehr gut. Es konnten alle navigatorischen Methoden mit grosser Genauigkeit einwandfrei durchgeführt werden, und Las Palmas kam nach einem ca. 6 Stunden dauernden Überseeflug rechts voraus in Sicht. Admiral Coutinho beteiligte sich laufend nach seiner eigenen Methode an der Navigation. Die Peilungen mit dem Telefunken-Peilgerät stimmten mit den astronomischen Beobachtungen überein. Die Flughöhe betrug durchweg zwischen 150-200 m und die Höhenmessungen der Sonne, durch Wolkenlücken, wurden teils über den natürlichen Horizont, teils mit dem Libellen-Sextanten gemacht, wozu der geräumige Navigationsraum alle Möglichkeiten gab. Die Bord-FT-Station von Lorenz arbeitete gut mit Land- und Schiffs-Stationen. Alle Meldungen von und nach dem Flugschiff konnten ohne Störungen gegeben und empfangen werden.

Die Landung in Las Palmas erfolgte 15.15 im neuen Hafen, wo an der Boje festgemacht wurde. Für den Weiterflug nach den Kap-Verdischen Inseln wurden am selben Tage aus einem Leichter 15 000 Liter Benzin und 200 Liter Öl an Bord genommen. Die Tankvorrichtung hat sich bestens bewährt. Mit der an Bord befindlichen Allweiler-Pumpe und Schlauchleitung können per Stunde 7000 Liter getankt werden. Der Antrieb der Pumpe wird dabei durch 2 Mann betätigt.

Da in der Bucht von La Luz bei der eingetretenen ungünstigen Wetterlage die Startmöglichkeiten schlecht geworden waren, wurde am 2.2. nach der ca. 13 sm entfernten Gando-Bucht gerollt. Trotz der hohen Querdünung und Seegang in Küstennähe, ein Manöver, welches bis dahin unter denselben Umständen noch nicht erprobt war, benahm sich das Flugschiff sehr gut und zuverlässig im Manövrieren. Der am 3.2.1931 angesetzte Start zum Weiterflug musste wegen Beschädigung der Hauptspanten durch eine kurze Querdünung kurz vor dem Abheben vom Wasser aufgegeben werden. Wegen anhaltender steifer nördlicher Winde mit hohem Seegang konnte das Flugschiff erst am 8. Februar nach La Luz zurückgeführt werden, wo es am 26.2. auf einem hergerichteten Slip auf Land gezogen wurde.

Die Reparatur wird ca. am 11.April beendet sein und es wird damit gerechnet, dass der Flug Mitte April fortgesetzt werden kann. Am 15. Februar besuchte der italienische Luftfahrtminister Balbo mit seinen Fliegeroffizieren, von Südamerika heimkehrend das Flugschiff und sprach sich sehr anerkennend über die bisher durchgeführten Flüge aus.

Do X in Alfeite
bei Lissabon an
Land gesetzt für
Überholungsarbei-
ten vor dem Wei-
terflug nach Afrika.

Untersuchung des Bootsbodens in Alfeite.

Start der Do X in Lissabon.

Navigationskarte der Flugstrecke Lissabon – Las Palmas.

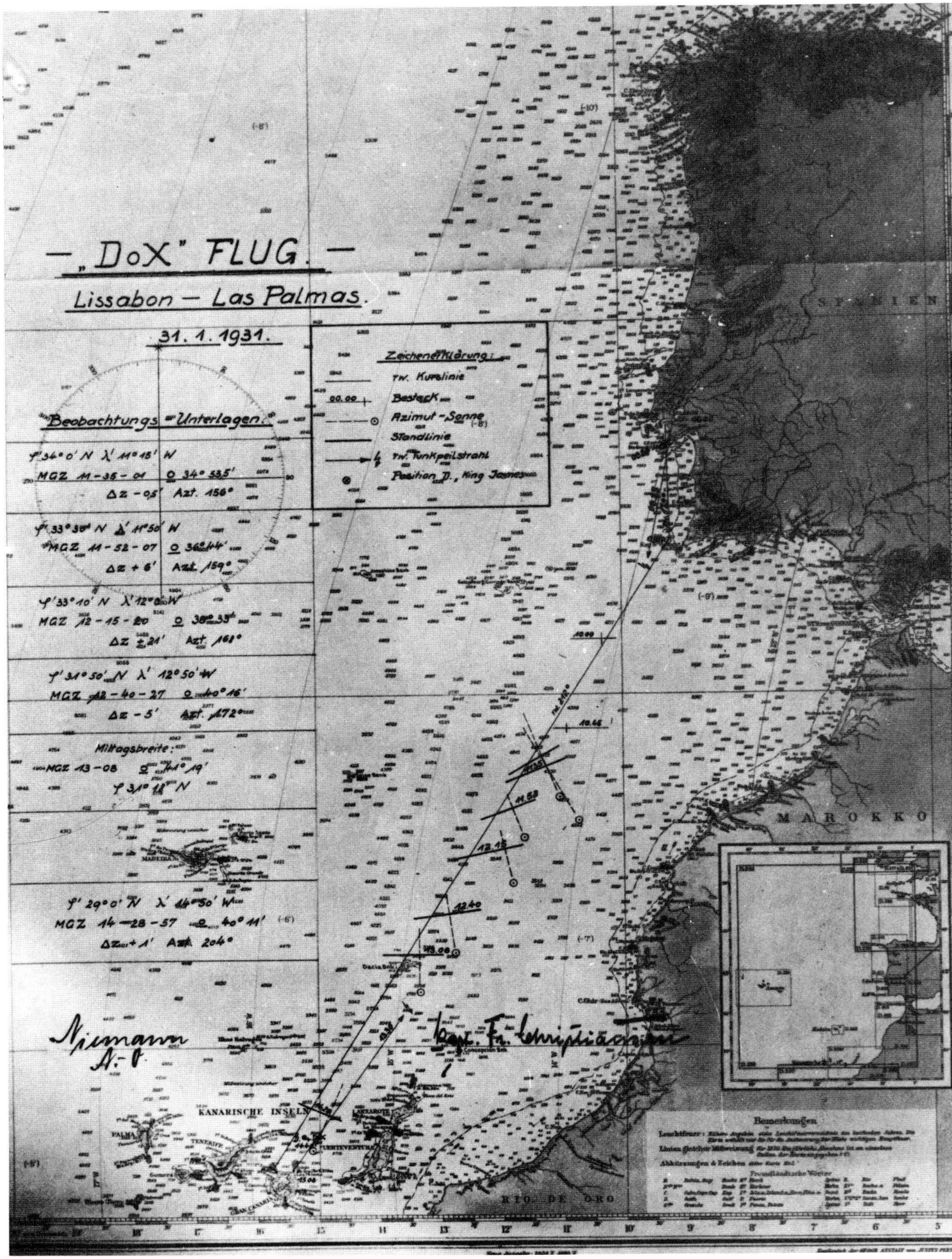

Ankunft über Las Palmas.

Do X in der Gando-Bucht von Las Palmas.

Der italienische General Balbo (links) mit seinen Fliegeroffizieren, von Südamerika heimkehrend, an Bord der Do X in Las Palmas am 15. Februar 1931.

Do X-Besatzung mit Cramer von Clausbruch (3. v. r.), der das Flugschiff von Las Palmas über Afrika, Südamerika nach New York führte.

Auszug aus dem Schiffstagebuch ueber den Flug

Lissabon bis Las Palmas.

Sonnabend den 31.Jan.31

0755 Ab Bofe mit 6 Passagieren

Ruestgewicht	32,0 tons
Brennstoff	16,0 tons (0,73)
Oel	0,6 tons
Wasser	0,3 tons
Bentzung	1,4 tons
Passagiere	0,7 tons
Fluggewicht	51,0 tons

Wind N 2-3, Seegang 2, 7/10 bedeckt, Wolkenhoehe ca. 400 m, dunstig.

0805 Start - 65 Sek.
0815 Fort Bougio
0824 Cap Espichel ---- 120 m

Stark dunstig.

Rechtw. Kurs	179 Grad
Ortsmissweisg.	16 "
Kompasskurs	195 "

Wind N 3-4, Seegang 3, 7/10 bedeckt, Wolkenhoehe ca. 400 m

0843 Funkpeilung Monsanto 10 Grad rechtw., Leicht dunstig.
0850

Rechtw. Kurs	212 Grad
Ortsmissweisung +	16 "
Missweis. Kurs	228 "
Deviation -	1 "
Kompasskurs	227 "
Abdrift +	6 "
Zu steuernder K.	233 "

0910 Cap St.Vincent quer.
1000 Besteck : 35 Grad 45 Min. N und 10 Grad 20 Min. West.
Wind NO 4. Seegang 3-4, Duenung N 3, 10/10 bedeckt, Wolkenhoehe 500 m
Sicht 15 Seemeilen.
1045 Besteck : 34 Grad 31 Min N 10 Grad 51 Min W.
1100 227 Grad per Kompass.
Chronometerstand = -8 Sek.
1116 - 29 Sonnenunterrand 32 Grad 58 Min. Flughoehe 130 m
Standort 34 Grad 18 Min N und 11 Grad 20 Min W.
11-35-09 Sonnenunterrand 34 Grad 53,5 Min. Flughoehe 180 m.
Standort 33 Grad 48 Min N und 11 Grad 48 Min W.
11-52-15 Sonnenunterrand 36 Grad 44 Min Flughoehe 180 m.
Standort 33 Grad 8 Min.N und 12 Grad 0 Min. W.
12-15-28 Sonnenunterrand 38 Grad 33 Min. Flughoehe 180 m.
Standort 32 Grad 40 Min. N und 12 Grad 16 Min W.
12-40-35 Sonnenunterrand 40 Grad 16 Min. Flughoehe 180 m.
Standort 31 Grad 45 Min N 13 Grad 0 Min W.
1308 Meridianbreite : Sonnenunterrand 41 Grad 19 Min Flughoehe 200 m

Rechtw. Kurs	212 Grad
Ortsmissweis.	+16 "
Missw. Kurs	228 "
Deviation	-1 "
Kompasskurs	227 "
Abdrift	-4 "
Zu steuernd.	223 "

Wind OnO 4-5, Seegang 4, sonst unveraendert,

1330 Funkpeilung Las Palmas 3 Grad an Steuerbord.
1350 Kompasskurs 227 Grad

Wind NO 5 , Seegang 4-5, Wolkenhoehe ca. 500 m, Stark dunstig. Flughoehe 280 m.

Kompasskurs	227 Grad
Abdrift	+3 "
Zu steuernd.K.	230 "

14-29-05 Sonnenunterrand 40 Grad 11 Min. Flughoehe 250 m.
Standort 28 Grad 58 Min. N und 14 Grad 50 Min. W.
1440 Treffen Dampfer King James mit Besteck: 28 Grad 38 N 15 Grad 13 W.
Unser Standort 28 Grad 37 Min. N und 15 Grad 12 Min W.
1503 Las Palmas, Fliegen Runde .
1515 Landung in den neuen Hafen hinein.
Flugzeit 6 Stunden 58 Minuten
Gesamtdistanz 720 Seemeilen
Durchschnittsfahrt 103 Seemeilen
1545 Post an Bofe im neuen Hafen
1555 Behoerden und Agentur an Bord, die fuer die Kanaren und Madeira bestimmte Post wird der Agentur uebergeben.
1730 bis 2200 nehmen 15000 Liter Brennstoff (0,725) und 200 Liter Oel aus Leichtern an Bord .

Nachtwache H.-O. Niemann, Monteure Brombeis, Marquardt.

Ankerlampen nach Vorschrift, Pumpen lenz.

Las Palmas, den 5. Februar 31.

Niemann N.-O. Kapt. Fr. [illegible]

Flug: Las Palmas - Villa Cisneros
1. Mai 1931.

Bei herrlichem Sonnenschein stehen wir Alle vor unserem Hotel versammelt und warten schon seit 5 Uhr auf unsere Autos, die uns nach der eine Stunde Fahrt entfernten Gandobucht, wo Do X vor Anker liegt, bringen sollen.

Heute ist der erste Mai, den die neue spanische Republik mit besonderem Gepräge feiern will und der gesamte Verkehr, einschliesslich Post und Telegraph, ist bis nach dem Umzuge eingestellt. Zum Glück haben wir uns gestern bei dem liebenswürdigen Gouverneur Zirkulations-Erlaubnisscheine besorgt, trotzdem bedarf es einiger Überredungskunst unserer Las Palmas-Freunde, um die Fahrer von deren Gültigkeit zu überzeugen.

Gegen 8 Uhr kommen wir, unterwegs noch durch eine Autopanne aufgehalten, endlich in der Bucht an, wo uns Kapitän Christiansen, der an Bord geschlafen hat, schon ungeduldig erwartet. Nach raschem Abschied von unseren Freunden, unter denen Konsul Sauermann, Herr Vogel der Woermann-Linie und die Herren der Hafenbauwerft der "Coppa" so viel Mühe mit uns gehabt haben, booten wir uns ein und werfen um 10.50 Uhr los.

Zum Anwärmen unserer Motoren rollen wir unsere Startbahn ab und um 11.25 Uhr starten wir zwischen die Hügel nordwärts, gerade über die Köpfe unserer winkenden Freunde hinweg.

11.53 Uhr nehmen wir Kurs auf Villa Cisneros und haben bald die Küste aus den Augen verloren.

Bis zum afrikanischen Festlande sahen wir ausser einigen kleinen Fischdampfern, die unter uns herumschlingerten, nur einen Segler, über dessen rote Segel der Schatten unseres Flugschiffes dahinglitt. Gegen zwei Uhr kommen die Umrisse der afrikanischen Küste in Sicht, aber je näher wir heranfliegen, desto grösser ist die Enttäuschung derjenigen, welche sich Afrika mit Palmenstrand und blühender Vegetation vorgestellt hatten. Eine steil abfallende Küste mit starker Brandung (nicht umsonst côte de fer genannt) und landeinwärts, soweit das Auge reicht, flaches, leicht gewelltes Wüstenland. Sand, Steine, Sand! Kein Baum, kein Strauch nur Sand! Trotzdem entdecken wir in zwei kleinen, etwas geschützten Buchten Fischkutter vor Anker, suchen aber vergeblich an Land nach irgend einer Ansiedlung oder einem Lebewesen. - In 500 bis 1000 m Abstand fliegen wir die Küste entlang, bis wir um

14.30 Uhr die grosse Bucht von Rio de Oro vor uns sehen. Die schmale Landzunge wird niedrig überflogen und wir holen in weiter Kurve aus, um die Landemöglichkeiten erst von oben anzusehen. Da ablaufendes Wasser ist, lässt sich jede Sandbank und Untiefe genau feststellen und

14.46 Uhr landen wir neben dem Segelboote der Militärstation, das uns Rauchbomben ausgelegt hat. Sofort kommt Fliegerhauptmann Nunez, der Chef der Flugstation Villa Cisneros an Bord geklettert und begrüsst uns auf das Herzlichste. Wir werfen unseren Anker, da keine Boje ausliegt und besorgen uns einen Hilfsanker von Land, denn der Wind frischt ständig weiter auf.- Das ablaufende Wasser macht auch das Ausbooten schwierig und die letzte Strecke müssen wir uns von den Mauren an Land tragen lassen. Richtig trocken kam nur der Admiral Cago Coutinho an Land und zwar mit einem ganz kleinen lustigen Kanu, welches zwei Seitenstummel hat wie unser Do.X und der Bootsform des Dornier Wal Flugbootes, das die Spanier ja seit langen Jahren benützen, nachgebildet ist. Das kleine Boot, das sehr stabil ist und nur einige Zentimeter Tiefgang hat, wird von den Eingeborenen bis aufs Trockene geschoben. - Am Strande begrüsst uns der Gouverneur mit den hier stationierten 5 Fliegeroffizieren und sofort wird die Brennstoffübernahme, zu der uns auch der Flugleiter der Aeropostale, Herr Chabbez, seine Hilfe anbietet, in Angriff genommen, denn wir wollen ja am 2. Mai weiterfliegen. - Leider ist diese Arbeit wegen des ablaufenden Wassers, das zuletzt jeden Bootsverkehr mit Do X unmöglich macht, und des starken Windes, welcher das Segelmanoever des Schleppbootes unserer Benzinleichter erschwert, nicht ganz einfach. Bei einbrechender Dunkelheit, als sich auch noch ein Schleppkahn losreisst und nur mit Mühe vom Flugschiff abgehalten werden kann, beschliesst Kapitän Christiansen schweren Herzens, das Tanken auf den nächsten Tag zu verschieben. - Es bedarf denn auch aller Anstrengung, um am

2. Mai vor der Ebbe den ganzen Brennstoff an Bord zu nehmen und die spanischen Offiziere, die uns mit ihren Leuten wacker geholfen haben, gestehen uns abends ein, dass sie nie geglaubt hätten, uns so schnell fertig werden zu sehen.

Der Transport des Brennstoffes war äusserst interessant. Ein von drei Mauren bedientes Segelboot schleppte ein anderes Fischerboot, dessen Mast wir umgelegt hatten, mit ein oder zwei Schlägen bis etwa 100 m vor Do.X, zog die Segel ein und liess beide Boote rückwärts mit der Strömung gegen das Flugschiff treiben, bis die Entfernung etwa den auf den beiden Booten befindlichen Leinenlängen entsprach. Das Segelboot warf dann Anker und liess den Schlepper langsam längsseits von Do.X treiben, wo er von unseren Leuten herangeholt und festgemacht wurde. Bei dem starken Seegang und Wind sah das Manoever manchmal so gefährlich aus, dass wir meinten, von beiden Booten gerammt zu werden. Die Geschicklichkeit der maurischen Bootsleute, vereint mit den Anstrengungen der Besatzung, wurde aber auch dieser Schwierigkeiten Meister. - Es war die schwierigste Brennstoffübernahme bisher, weswegen sie auch so ausführlich geschildert wird.

Abends waren wir Gäste von Commandante Rigueral, des Gouverneurs von Rio de Oro und der Fliegeroffiziere Nunez, Conejos, Medina und Presa; der Flugleiter der Aeropostale, Chabbez war ebenfalls zugegen. Nach dem Essen sahen wir uns die sehr eindrucksvolle Nachtlandung des Postflugzeuges Dakar-Casablanca an. Es kam bei völliger Dunkelheit in die Scheinwerfer hereingelandet, der Pilot übergab seine Post, wechselte die Maschine und war 20 Minuten später bereits wieder in der Nacht verschwunden, um am nächsten Morgen Casablanca zu erreichen.

Diese einmotorigen Postflugzeuge haben einen Piloten. einen Funker und, statt des Bordmonteurs einen eingeborenen Dolmetscher an Bord, damit die Besatzung bei Notlandungen mit den der Zivilisation feindlichen Mauren-Stämmen wegen Lösegeld verhandeln und bis zur Auslösung ein einigermassen erträgliches Dasein fristen kann.

Der Flugplatz hat eine ganz moderne Nachtbeleuchtung, die unser Freund, Commandante A. Mas, ein alter Dornier Wal-Flieger, eingerichtet hat. Der Funkmast bleibt als Richtungszeichen erleuchtet, bis das ankommende Flugzeug meldet, dass es die Antenne einzieht, dann wird der grosse Scheinwerfer eingestellt. Der Flugplatz selbst ist durch rote Standlichter abgegrenzt.

Capitän Nunez, der als alter Dornier Wal-Flieger für unseren Flug vollstes Verständnis aufbrachte, war unermüdlich, uns Alles zum Weiterfluge vorbereiten zu helfen, sodass wir, als wir endlich abends 11 Uhr an Bord zurückfahren konnten, mit aufrichtigen Dankesworten von diesen prächtigen Menschen schieden.

Flug: Villa Cisneros-Bolama, portug. Guinea

3. Mai 1931.

Mit einem Abfluggewicht von 50 Tonnen starten wir am 3. Mai, morgens um

9.03 Uhr. Ein früherer Start war nicht möglich, weil das ablaufende Wasser in der Nacht unsere Do.X auf Grund gesetzt hatte.

Während der ersten Flugstunden zeigt die Küste, der wir folgen, die gleiche Eintönigkeit wie vor Rio de Oro. Erst bei Cabo Blanco sahen wir die erste Vegetation, erst spärlich auf flachem welligem Gelände, dann allmählich in niederen Busch übergehend. Kurz vor St. Luis-Senegal geht die mit Flussläufen durchzogene Baumsteppe in üppige tropische Vegetation über, die mit vielen kleinen Negerdörfern besiedelt ist.

St. Luis ist sehr hübsch angelegt mit seinen grossen Faktoreien und den luftig gebauten Bungalows. Wir passieren die Stadt um

13.48 Uhr und nehmen Kurs auf Dakar. Gegen 10 Uhr hatte wir etwas Regen, jetzt fliegen wir in herrlicher Sonne und bester Sicht in 100 m Höhe bis Dakar, das wir nach Überfliegen des Leuchtturmes um

14.55 Uhr in Sicht bekommen. Wir haben Funkverbindung mit Dampfer "Antonio Delfino" und wechseln Grüsse. Kurz darauf,

16.27 Uhr sind wir an der Grenze von port. Guinea angelangt,

17.20 Uhr überfliegen wir den Handelsplatz Bissau und landen

17.45 Uhr vor der Hauptstadt Bolama, nach einer Flugzeit von 8 Stunden 42 Minuten, für die Entfernung von 1500 Kilometern.

Eine Motorbarkasse mit der Residentenflagge kommt längsseits und die Herren begrüssen den Admiral, teilen ihm aber gleichzeitig mit, dass sie vor wenigen Tagen die rechtmässige Regierung abgesetzt, den Gouverneur und seine Beamten zwangsweise nach Lissabon gesandt und eine provisorische Revolutionsregierung errichtet haben. - Wir haben uns nicht um Politik zu bekümmern und werden auch von den neuen Herren auf das Beste aufgenommen.

Der Admiral und zwei unserer Herren finden im Palaste Unterkunft und Verpflegung, die Anderen werden in dem einzigen Hotel, das einem Portugiesen gehört, untergebracht. Kapitän Christiansen wohnt, wie gewöhnlich an Bord, es ist auch erheblich kühler als an Land, wo wir Tag und Nacht schwitzen. - Der deutsche Konsul Seifert geht uns in der Betriebsstoffübernahme zur Hand und bald ist Alles zur Vorbereitung für den Weiterflug im Gange.

Da wir uns die Insel-Gruppe des Bissago-Archipels nach günstigeren Startplätzen ansehen wollen, erhalten wir für 12 Uhr Nachts die Regierungs-Motorbarkasse gestellt. Leider ist der Steuermann zwar ein sehr höflicher Portugiese, scheint aber nachts noch nie zwischen den Inseln gefahren zu haben, denn, nachdem er uns drei Stunden in weiten Kreisen um einen gestrandeten holl. Dampfer herumgesteuert hat, fährt er sein Boot gegen 3 einhalb Uhr hoffnungslos auf einer Sandbank, die jetzt bei ablaufendem Wasser immer mehr auftaucht, fest. - Es bleibt uns nichts übrig, als zu schlafen und auflaufendes Wasser abzuwarten statt wie beabsichtigt um 6 Uhr die Wasser- und Windverhältnisse draussen beobachten zu können. Bei aufgehender Sonne liegen wir mit unserem Boote 1/2 Meter hoch und zwar genau auf dem höchsten Punkte auf einer mehr als einen Kilometer langen und 500 Meter breiten Sandbank und können im Wattenmeer spazieren gehen. Um 8 Uhr erst werden wir wieder flott, kommen um 10 Uhr zu der Insel Bubaque, wo eine portugiesisch-deutsche Pflanzungsgesellschaft eine Fabrik zur Verwertung der Oelfrüchte von den wilden Oelpalmenbeständen der Inseln errichtet hat. Wir werden von Herrn Pflanzer Habich freundlichst aufgenommen und finden in ihm einen Mann, der für unsere Pläne grösstes Verständnis zeigt und uns in der Folge noch im Einvernehmen mit seinem Chef, dem Pflanzungsleiter Gerboth zum unermüdlichen Mitarbeiter wurde.

Rasch haben wir uns überzeugt, dass hier die Verhältnisse in jeder Beziehung günstiger sind als in Bolama und schon kurz nach 11 Uhr fahren wir wieder zurück, mit dem Entschluss, sobald unsere Motorüberprüfung beendet sein wird, nach hier zu kommen.

War Rio de Oro Sand und Steine und trockene, aber gesunde Hitze, so ist Bolama und das ganze Bissago-Archipel richtiges Tropenland und hat schwüle, drückende Hitze mit üppiger Vegetation, Palmen, riesigen Kapokbäumen, vielen Schlangen, Affen, Vögeln und noch unverfälschtem Negerleben, das das Entzücken unserer Besatzung auslöst, die unzählige Neger, Männlein und Weiblein auf die Platten bannt.

Wir müssen für Alle Tropenhelme einkaufen, um Sonnenstiche zu vermeiden. Nur der Kapitän behält sein dünnes Seglermützchen auf und behauptet, sein Schädel wäre hart genug, um auch der Tropensonne Stand zu halten.

Am 7. Mai sind die Überholungsarbeiten beendet und wir lichten 12.30 Uhr Anker und rollen nach der Insel Bubaque. Pflanzer Habich ist inzwischen mit einem Segelboot nach Bolama gekommen und wir haben seinen schwarzen Steuermann, der hier jede Sandbank kennt, als Lotsen mit an Bord genommen, denn die Karten sind sehr ungenau. Er ist der erste Schwarze auf dem Do.X und der Bengel kennt sich vor Stolz gar nicht mehr. - In einer gut geschützten Bucht zwischen den Inseln Ruban und Bubaque finden wir einen guten Ankerplatz in nächster Nähe der Fabrik und treffen unsere letzten Vorbereitungen zum Start nach Südamerika. -

Am 9. Mai 3.30 Uhr morgens ist Tagwache und um 4 Uhr lichten wir den Anker, aber erst kurz vor 6 Uhr ist es hell genug, um den Start ansetzen zu können. Leider ist die warme, feuchte Jahreszeit, wir stehen kurz vor der grossen Regenzeit, schon zu weit vorgeschritten und alle unsere, in den nächsten Wochen ständig wiederholten Versuche mit dem für den Atlantikflug nötigen Abfluggewicht zu starten, misslingen. - Es ist dies nicht das erste Mal, denn schon der italienische Flieger de Pinedo hatte, trotzdem er zu günstigerer Jahreszeit hier war, ähnliche Schwierigkeiten und musste sich schliesslich, wie wir es zuletzt auch machten, dazu entschliessen, mit weniger Zuladung nach Cap Verden zu fliegen, um von dort aus Natal zu erreichen.

Luftfeuchtigkeit, welche wir sorgfältig registrierten, verbunden mit der grossen Hitze, bringen eine verminderte Tragfähigkeit der Luft, welche mit der aus gleichen Gründen geringeren Motorleistung einen so starken Gesamtleistungsabfall für ein Flugzeug bewirkt, dass ein Start mit stark belasteter Maschine ohne kräftigen Wind einfach unmöglich wird. -

Es dürfte das erste Mal sein, dass zu dieser Jahreszeit mit Flugzeugen bei ähnlichen Temperaturen und Luftfeuchtigkeitsgraden so eingehende Versuche gemacht wurden.

In diesen Gewässern wächst der Bootsboden sehr schnell an und zweimal mussten wir mit unserem Do.X auf den Strand rollen zur Bodenreinigung. Dass dies bei einem Schiff solcher Ausmasse ohne jede fremde Hilfe und ohne Schwierigkeiten möglich ist, bedeutet einen grossen Vorteil dieser Bauart.

Kurz soll hier auch erzählt werden, welchen anderen Schwierigkeiten während unseres Bubaque-Aufenthaltes noch zu begegnen war. Dass die ungewohnte Hitze manchen Seufzer entlockte, ist verstähdlich und das Chinin schmeckte auch nicht besonders gut, - am schwierigsten war jedoch die Verpflegungsfrage. -

Wir waren auf diese Insel mit zwei Tage frischem und unserem Notproviant gekommen und nun lagen wir 17 Mann drei Wochen in einem abgelegenen Gebiete, das durch die Revolution seit zwei Monaten keinen Verpflegungsdampfer mehr gesehen hatte und auf einer Insel, deren wenige Weisse selbst nur das Notwendigste noch hatten. - Der Übersicht des Pflanzungsleiters, Herrn Gerboht und der unermüdlichen Mithilfe seiner Gattin haben wir die gute Lösung dieses schwierigen Problemes zu verdanken. Ein Teil von uns wurde bei den 5 verschiedenen Angestellten der Gesellschaft untergebracht, während für das technische Personal ein moskitosicheres Haus vollständig zur Verfügung gestellt wurde. Für die Bordwache und die ganze übrige Besatzung kochte Frau Gerboht abwechselnd mit der Gattin von Herrn Habich drei Wochen lang Mittag- und Abendessen, das immer schmackhaft und immer reichlich ausfiel. Es liegt eine erstaunliche Arbeitsleistung in dieser Verpflegungsaktion, was nur richtig beurteilen kann, wer die Verhältnisse dort kennt und, wenn wir Alle diese Zeit gut durchhalten konnten, haben wir es diesen echt deutschen Familien zu verdanken. - Freilich war Herr Gerboht als alter Kameruner am besten in der Lage, solch schwierige Verhältnisse zu meistern. Der Admiral und Major Brenta waren im Hause des portugiesischen Buchhalters, Herrn Leiton, einquartiert und fühlten sich dort sehr wohl.

Als wir am 30. Mai endlich nach den Cap Verden starteten, schieden wir mit dem Bewusstsein, auf Bubaque wirkliche Freunde gefunden zu haben, die uns eine in jeder Beziehung tatkräftige Hilfe angedeihen liessen.

Bubaque - diesen Namen wird wohl keiner der ganzen Do.X - Besatzung je in seinem Leben wieder vergessen. Es würde zu weit führen, alle Einzelheiten berichten zu wollen. aber es stellt der Besatzung ein glänzendes Zeugnis aus, dass trotz Hitze, Misserfolgen und Widerwärtigkeiten aller Art, immer der Glaube an einen guten Ausgang des Unternehmens unerschütterlich festgehalten wurde und wenn auch oft Tag und Nacht gearbeitet werden musste, so sah man doch nie einen unserer famosen Leute missmutig. Immer waren sie mit Feuereifer bei ihrer Arbeit und stets hat jeder sein Bestes gegeben für den Do.X. - Man muss bedenken, dass unsere Erprobungsflüge Anfang November 1929 begonnen haben und die technische Besatzung seit dieser Zeit ununterbrochen unterwegs mit dem Flugschiff ist, dann erst wird man verstehen können, wie sehr Do.X allen diesen Männern ans Herz gewachsen ist und wie stolz sie sind, allem Missgeschicke zum Trotz unseren stolzen grossen Vogel immer weiter über Meere und Länder zu führen.

Gerade in dieser Zeit in Bubaque haben wir unsere Leute richtig schätzen gelernt. Jeden Tag machten wir einen Startversuch, jeden Tag wurde überlegt, um was die Maschine erleichtert werden könnte und selbst als es hiess, dass zwei unserer tüchtigsten alten Meister zurückbleiben müssten, fügten sie sich zwar ungern, aber doch mit vollem Verständnis für das Gelingen unserer grossen Aufgabe.

Nur wer diese täglichen Kämpfe mit der Materie dort miterlebt hat, bekommt ein richtiges Bild der ganzen Lage. Immer wieder wurde durchgerechnet, wieviel Brennstoff, wieviel Oel, wieviel Besatzungsgewicht, wieviel Reserveteile vorhanden waren und jeden Tag entschloss man sich zu einer neuen Erleichterung, so dass sich zuletzt im Magazine der "Agrifa", Bubaque ein ganzer Stapel Do.X - Teile, Gepäck etc. ansammelte. Alle diese Sachen wurden mit dem endlich einlaufenden Dampfer Lili Woermann nach Las Palmas geschickt, um dann nach Rio de Janeiro weitergeleitet zu werden.

Es war ein typisches Bild, beim Bodenreinigen den Kapitän neben seinen Offizieren unterm Schiff herumkriechen zu sehen, den Farbpinsel in der Hand und trotz Sonnenbrandgefahr nur mit Hose oder Badeanzug bekleidet. Mit gleichem Eifer waren Alle bei der Sache und dieser Geist hat auch nur diese lange schwere Zeit überwinden können, wo man zuhause natürlich nur mutmassen konnte, warum wir nicht weiter kamen und regelmässiger Post- oder Funk-Verkehr wegen der politischen Unruhen in portugiesisch Guinea nicht möglich war.

Do X in Babuque an der afrikanischen Westküste.

Eingeborene und Besatzungsmitglieder am Strand von Babuque.

Flug: Bubaque - Porto Praia, Cap Verden.

30. Mai 1931.

Im Einvernehmen mit Friedrichshafen haben wir nun den Flug nach Cap Verden angesetzt, da wir dort sehr wahrscheinlich um diese Jahreszeit günstigere Startverhältnisse, sicher aber stärkere Winde vorfinden werden als hier in der Guinee.

Um 4 Uhr ist Tagwache. Alles wird klar gemacht und um 6.40 Uhr starten wir in dem Kanal zwischen den Inseln Ruban und Bubaque hindurch, wo vor 4 Jahren schon der portugiesische Fliegermajor Sarmento de Beires mit Dornier-Wal seinen Abflug nach Südamerika ausführte. Zwischen den Inseln fliegen wir in niedriger Höhe, haben um

8.20 Uhr den Atlantik erreicht und nehmen Kurs der Küste entlang gegen Dakar, da wir hier fast völlige Windstille haben, während weiter draussen Gegenwind herrscht. Ganz niedrig fliegen wir mit 170-180 km Geschwindigkeit, höchstens 5 Meter nur sind es und es ist ein eigenartiges Gefühl, mit diesem grossen Schiff so nahe am Wasser zu fliegen. Das Gefühl der Geschwindigkeit, das in grösseren Höhen fehlt, ist jetzt ähnlich wie in einem Rennwagen oder Rennboote.

Um 10.15 Uhr sind wir in Höhe von Dakar und nehmen 300 Grad Kurs auf Kap Verden. Trotzdem der Wind in 8-10 Meter Stärke aus Nord, Nord-Ost kommt, machen wir gute Fahrt und die starke Dünung dicht unter uns lässt so recht die Eigengeschwindigkeit empfinden.

In der Höhe von Dakar fliegt uns eine Möve in den Propeller des Backbord Motores 2 vorn und bleibt in der Nähe der Nabe am Kühler hängen. Wir müssen sie also bis Cap Verden mitnehmen.

Gegen 14.00 Uhr kommt die erste Insel von Cap Verden, die Insel Maio in Sicht. - Wir steigen langsam auf 200 Meter, passieren sie um

14.00 Uhr und nehmen Kurs auf die Insel Sao Thiago, welche wir

14.30 Uhr erreichen. Vor Porto Praia steht eine stark Dünung, Wind kommt aus Nord, Nord-Ost, trotzdem ist die Landung vorbildlich weich und ohne Stösse. Wir rollen an die für uns vorbereitete Boje, bleiben jedoch nicht dort liegen, da sie direkt in den von den Felsen herunter kommenden Fallböen liegt, sondern rollen mit eigener Kraft etwas näher an Land und lassen uns einen Hilfsanker von 150 kg. besorgen.

Morgen wollen wir auftanken und uns längs der Insel nach einem günstigen Startplatz umsehen. Motorboote werden uns hierfür von der Aeropostale und vom Gouverneur angeboten.

Schon um 5.30 Uhr beginnt am 31.Mai die Bootsfahrt die Insel entlang, nach zwei Stunden aber nimmt der Seegang derart zu,dass das Motorboot nicht mehr vorwärts kommt. Wir müssen daher umkehren und nach Sao Martinho, der Funkstation der Aeropostale zurückkehren und zwar zu unserem Glück, denn gerade in der Hafeneinfahrt wird das Boot durch Defekt an der Kardan-Kuppelung manövrierunfähig.

Wir müssen durch Boten ein Auto aus der Stadt bestellen, denn Telefonverbindung besteht nicht und kommen erst gegen Mittag wieder zurück. Der Gouverneur, dessen Gast Admiral Coutinho ist, hat uns zum Diner eingeladen und versichert uns bei dieser Gelegenheit, dass er uns in jeder Hinsicht behilflich sein wolle und uns den am 3. Mai eintreffenden Hochseeschlepper "Infante Enrique" zu unserem Starte oder zum Abfahren der Insel zur Verfügung stellen würde.

Am 1. Juni 1931 wird eine neue Erkundungsexpedition längs der Inseln nach der Bucht Ribeiro da Barca durchgeführt, doch liegen die Startverhältnisse auch hier nicht günstiger als vor der französischen Funkstation. - Es handelt sich also jetzt darum, früh aus dem Hafen auszulaufen und draussen günstige Startverhältnisse abzuwarten. Diese treten ein kurz vor dem Windwechsel im Laufe des Vormittags oder gegen Mittag. Dünung und Seegang sind zu dieser Zeit am schwächsten, während doch schon ein sehr kräftiger Wind aufkommt. Motoren und das ganze Flugschiff werden nochmals peinlichst überprüft, um jederzeit startklar zu sein.

Am 3.Juni 1931 waren jedoch die Startverhältnisse nicht so günstig wie wir sie gewünscht hätten, weshalb auch nur kurze Startversuche gemacht wurden um festzustellen, wieviel Geschwindigkeit die Maschine aufnimmt.

Am 4.Juni 5.30 Gmt. morgens ist Alles an Bord. Berner, M.Dornier, Meister Fischer und Marquardt, die leider zurückbleiben müssen, gehen an Bord des Hochseeschleppers. Es besteht Funkverbindung mit Do X und so ist jederzeit eine einwandfreie Verständigung möglich. Um 7.15 Gmt. wird der erste Start versucht, der jedoch wegen aufkommenden Rückenwindes und starkem Seegang abgebrochen wird. Do X stellt darauf seine Motoren ab um günstigeren Wind abzuwarten. Der Schlepper fährt inzwischen Richtung Bucht Ribeira de Baroe um dort die Möglichkeiten zu untersuchen. Gegen 11.00 Gmt. kommt guter Startwind auf, was vom Schlepper sofort an Do X gemeldet wird.

Um 12.20 Gmt. macht Do X klar und rollt nördlicher gegen die Station Sao Martinho, um kurz darauf um 12.52 Gmt. am Schlepper vorbei zu starten. Das Flugschiff geht sofort nach dem Start trotz Rückenwind in 5 Meter Flughöhe auf Kurs und kann noch 5 Minuten lang im Fluge beobachtet werden, dann verschwindet es am Horizont. Dieses Niedrigfliegen gab auch Veranlassung zu der von dem portug. Frachtdampfer "Maria Christina" ausgegebenen Falschmeldung: " Do X sei ins Wasser gestürzt." Der Wachhabende verfolgte den Abflug von der Brücke aus, bis die Maschine am Horizont verschwand und glaubte sie wäre abgestürzt. - Leider kam diese Meldung vor der ersten Bordmeldung nach Europa und hat dort nicht wenig Schrecken verursacht.

Do X setzte aber trotz allen Falschmeldungen seinen Flug glänzend fort, überflog in der Kalmenzone, 1500 km vor Noronha die französischen Dampfer "Marsilia" und "Lutetia", um nach einem Fluge von 13 1/2 Stunden bei Mondschein nachts 2.10 Uhr bei der Insel Fernando Noronha zu landen.

Der Flug war in jeder Beziehung zufriedenstellend verlaufen und Do.X setzte am gleichen Tage, nach neuer Brennstoffübernahme, seinen Flug nach dem brasilianischen Festlande fort und wurde in Natal begeistert empfangen.-War es doch das erste "Flugschiff" und das erste "schwerer als die Luft", welches Post und Passagiere von Europa nach Südamerika brachte.

Während es der englischen Funkstation auf Sao Thiago nicht möglich war, die Bord-Funkstation auf Do.X zu hören, oder Verbindung zu halten, haben die Herren der Aeropostale-Funkstation bis nachts 1/2 2 Uhr, also 1/2 Stunde vor der Landung in Noronha fast stündlich die Bordmeldungen aufgefangen. Das Fehlen einer Telefonverbindung mit Porto Praia machte eine sofortige Weitergabe dieser Funksprüche nach Europa leider nicht möglich.

Vom Dampfer Lutetia aus im Südantlantik gesichtet: die Do X, nur wenige Meter über dem Wasser den Bodeneffekt nutzend, auf dem Flug von Porto Praia nach Fernando Noronha.

Flug: Porto Praia-Fernando Noronha.

4.Juni 1931.

aus dem Flugbericht des Kommandanten,Kapitän Christiansen.

Am 4.Juni,12.52 Gmt,wurde eine frische südliche Seebrise mit leicht bewegter See und Dünung für den Start benutzt.Das Abfluggewicht betrug 52 000 kg.Gleich nach dem Start setzte ein leichter NO-Passat ein,welcher bis ungefähr 4° nördlicher Breite anhielt.Die sogenannte Regen oder Kalmenzone wurde unter sehr günstigen Umständen durchflogen und in einen frischen SO-Wind hinüber gewechselt.

Die fliegerischen Eigenschaften des Flugschiffes waren bei jeder Wetterlage und hoher Zuladung ausgezeichnet und die Durchführung des Nachtfluges,auch ohne Mondlicht,machte keine Schwierigkeiten.Der Flug von Porto Praia bis Einbruch der Dunkelheit wurde naturgemäss in niedriger Höhe durchgeführt,während der Nachtflug in einer Durchschnittshöhe von 50 - 80 Metern erfolgte. Die Navigation konnte rein schiffsmässig durchgeführt werden.Die astronomischen Beobachtungen aus Sonne,Sternen und Mond stimmten ganz genau und das Blinkfeuer von Noronha kam rechts voraus in Sicht.

Die Motoren liefen während des ganzen Fluges ohne Störung,irgend welche Havarien kamen nicht vor.

Am 5.Juni, 2.10 Gmt.wurde nach einer Flugzeit von 13.Stunden 15 Minuten bei Mondschein in der geschützten Bucht von Fernando Noronha glatt gelandet.Die durchflogene Entfernung betrug 1255 sm oder 2325 km,gleich einer Durchschnittsgeschwindigkeit von 95 Knoten oder 177 km.

Nach Übernahme von Betriebsstoff,welcher mit Ruderbooten längsseits gebracht wurde,konnte der Flug am selben Tage nach dem brasilianischen Festlande weitergeführt werden und wurde die letzte, 372 km lange Strecke nach Natal in 2 Stunden zurückgelegt.

Durch die vorhergegangenen harten Erprobungen des Flugschiffes und seine hervorragenden fliegerisch-technischen Eigenschaften,sowie bei der vorbildlichen Zusammenarbeit der ganzen Besatzung bestanden von vornherein keine Bedenken,den Atlantikflug,bei ganzer Auswertung der von der deutschen Seewarte gegebenen Wetterübersicht,durchzuführen.

Die Nachrichtenübermittlung durch drahtlose Telegraphie machte keine Schwierigkeiten.Das Flugschiff konnte während des ganzen Fluges Wetternachrichten erhalten und Positions-und sonstige Meldungen abgeben.Nur während einer kurzen Zeit im Bereiche der Kalmenzone war es schwer,durchzudringen,teils wegen atmosphärischer Störungen,teils wegen der vielen Schiffsanrufe.

Mit der guten Unterstützung der Funkstelle der Aeropostale in Porto Praia,der Funkstelle der auf der Strecke liegenden Schiffe MACILIA und LUTETIA,sowie durch die Aufmerksamkeit der Funkstellen des Condor-Syndikates und der Aeropostale in Natal wurde während des ganzen Fluges die Verbindung mit dem Festlande, wenn auch teilweise nur einseitig aufrechterhalten.Ganz ausgefallen sind nur die Hafenfunkstellen in Porto Praia und in Fernando Noronha. Zu dem Versagen dieser Funkstellen hat jedoch auch das undisziplinierte Anrufen vieler Schiffe kurz nach dem Start und kurz vor der Landung beigetragen.

Das Flugschiff Do X ins Meer gestürzt?

Inkrafttreten der Krisensteuer am 1. Juli. – Zollerhöhungen schon in den nächsten Tagen. – Harry Domelas Nachahmer.

100 Kilometer von Porto Praia niedergegangen

Ein neuer Unfall des Do X?

Porto Praia, 4. Juni. (Durch United Preß.) Der Do X, der um 10 Uhr 50 nach mehreren Startversuchen (vergl. Seite 3) zum **Flug nach Brasilien** aufgestiegen war, soll 100 Kilometer vom Standort entfernt, zu einer **Notlandung** gezwungen worden sein. Nach den neueren Feststellungen scheint es sich um einen Unfall der Do X zu handeln. Ueber das Schicksal des Flugschiffes und der Besatzung ist im Augenblick noch nichts bekannt.

„Wir fallen ins Meer".

Lissabon, 4. Juni. (Durch United Preß.) Die Nachricht von einem Absturz des Do X wurde nach Funkmeldungen aus Porto Praia **vom Do X selbst** dort empfangen. Es lief nur eine kurze Meldung ein, die wörtlich lautete: „**Wir fallen ins Meer**." Der Funkstation von Porto Praia ist es seither trotz andauernder Bemühungen nicht möglich gewesen, ein weiteres Lebenszeichen vom Do X zu erhalten. **Mehrere Schleppdampfer** sind bereits **unter Volldampf ausgelaufen**, um Nachsuche nach dem verunglückten Flugschiff zu halten.

Vorstehende Meldungen [...]en im wesentlichen durch Telegramme der Agenturen Havas und Reuter bestätigt. Alle Meldungen scheinen aber auf **eine** Quelle zurückzugehen, vermutlich auf portugiesische Telegramme von Porto Praia. Es ist also möglich, daß doch eine irrtümliche Verschlimmerung der Meldungen über die vergeblichen Startversuche des Do X vorliegt. Zum mindesten braucht **nicht** gleich an einen katastrophalen **Absturz** gedacht zu werden, da in diesem Falle der Bordfunker **kaum Zeit gehabt** hätte, noch **zu telegraphieren**, um so mehr, als das schwer belastete Schiff sicher sehr niedrig flog. Vielleicht handelt es sich nur um eine neue Notlandung.

Herabsetzung der Kohlenpreise?

□ **Berlin**, 4. Juni. (Drahtbericht unseres Büros.)

Wie wir von unterrichteter Seite erfahren, ist in dem Notverordnungsabschnitt, der sich mit der Arbeitslosenversicherung beschäftigt, eine Ermächtigung für die Reichsregierung enthalten, einzelne Gewerbszweige **von der Beitragspflicht zur Arbeitslosenversicherung unter gewissen Bedingungen zu befreien**, bei gleichzeitiger Aufrechterhaltung der Versicherungsleistungen an die betreffenden Arbeiter und Angestellten. Diese Maßnahme dürfte zunächst für den **Steinkohlenbergbau** zur Anwendung kommen, um eine **Kohlenpreisherabsetzung um 6 bis 7 Prozent** und damit eine Produktionsbelebung herbeizuführen.

Flug: Bahia - Natal.
6. August 1931

Nachdem wir von morgens 4 Uhr ab unsere Passagiere und die Besatzung aus den verschiedenen Hotels und Pensionen zusammengeholt haben, können wir uns um 5.30 Uhr einbooten, legen um 6.10 Uhr von der Boje ab und um 6.43 Uhr wird gestartet. Das Wetter ist gut, die Sicht ausgezeichnet. Unsere vier neuen Passagiere, deren Erstlingsflug der heutige ist, verhalten sich still in ihrer Ecke bis sie den ersten Eindruck überwunden haben.

Nach einer Ehrenrunde über der Stadt nehmen wir Kurs auf Maceio, unserem heutigen Zwischentankplatz. Das Land unter uns wird flach, leicht gewellt, der Flugsand bezuckert die Küste streckenweise kilometerweit landeinwärts mit weissem Überzug und oft schauen nur die grünen Bäume der Hügelkuppen noch heraus. Das Hinterland, soweit das Auge reicht, ist leicht hügeliges Waldland, manchmal sehen wir Rinderherden oder Pferde, die durch das Brausen unserer Motoren zu wilden Sprüngen veranlasst werden. In 3-4 Meter fliegen wir etwa einen Kilometer von der Küste und passieren kurz nach sieben Uhr eine dicke, schwarze, Regenwolke, aus der ein prächtiger Regenbogen zur Erde niedergeht und seine Farben in unseren Fenstern spiegelt.

Manchmal mutet die Landschaft durchaus afrikanisch an. Es gibt da an den Flussmündungen kleine Ansiedlungen mit Palmen, Sandstrand, kleinen braunen, mit Palmblättern gedeckten Häuslein, die so absolut tropisch wirken, dass es schwer fällt, sich vorzustellen, dass da unten weisse Menschen wohnen.-Es ist immer wieder dasselbe Bild wenn uns die Leute hören. Die Erwachsenen stehen am Strande und winken, die kleinen Kinder und die Hunde versuchen jedesmal einen Wettlauf mit uns, um das grosse Ding ja so lange wie möglich zu sehen.

9.47 Uhr, also nach etwas über drei Stunden Flug, landen wir auf dem See hinter dem Städtchen Maceio. Von oben gesehen, erschein

"Infante" den Anker und nimmt Kurs St. Vincente, wo wir morgens 2 Uhr einlaufen. Sofort sind unsere Freunde von der Firma Schwarz an Bord, um uns abzuholen, doch wir haben die vergangene Nacht so wenig geschlafen, dass wir uns auf Vormittags 9 Uhr verabreden.

8. Juni 1931. Wir haben vergeblich die Dampferlisten nachgesehen, die nächsten 8 Tage läuft kein Südamerikaschiff hier ein. In unserer Verzweiflung fangen wir an, die erreichbaren Schiffe anzufunken und haben das Glück, den deutschen Frachtdampfer " Argentina", der Hamburg-Süd, 40 Meilen ab St. Vincente zu erwischen, der sich bereit erklärt, uns abzuholen und nach Pernambuco mitzunehmen. Besser hätten wir es gar nicht treffen können und um 4 Uhr sind wir mit unserem Gepäck, der Ärztin, den Konsulen, welche unsere Visa an Bord bestätigen müssen, und den Agenten der Linie am Hafen und schauen nach dem Ausguck auf dem Berge über der Hafeneinfahrt, da von dort die in Sicht kommenden Schiffe signalisiert werden.-Wir stehen noch keine 10 Minuten, da geht das Zeichen hoch und um die Felsenecke schiebt sich kurz darauf ein schöner deutscher Passagier-Dampfer, der "Monte Sarmiento", der nach Rio fährt, hier aber nicht anläuft. Fast werden wir schwach und überlegen, ob wir nicht den Montedampfer abstoppen und unseren Frachtdampfer fahren lassen sollen.-Wir laufen noch einmal zur Funkstation, um beim "Monte Sarmiento" anzufragen, ob die Argentina auch sicher kommt, um uns mitzunehmen. Auf die zustimmende Antwort wandern wir befriedigt zum Hafen zurück, steigen in den kleinen Schlepper der Agentur und sind 5.30 Uhr an Bord, der kurz nach dem Monte Sarmiento in Sicht kommenden "Argentina". Die Argentina war früher ein Auswandererschiff, nimmt heute aber keine Passagiere mehr. Der überaus entgegenkommende Kapitän Feddersen räumte Herrn Berner die unbesetzte Doktorkabine und mir sein eigenes Kartenzimmer als Wohnraum ein. Fischer und Marquardt bekamen zusammen eine gute Kabine neben dem Speisesaal. Wir werden ordentlich verwöhnt hier an Bord, erholen uns und haben wundervoll Zeit, uns die letzten Wochen nochmals durchzudenken und Berichte aufzusetzen, die bis sie nach Hause kommen

Links: Voreilige Falschmeldung der Tagespresse über einen angeblichen Unfall der Do X.

werden-,an Aktualität eingebüsst haben werden.

Ein Tag ist schöner als der andere und mit Ausnahme eines Abends in der Kalmenzone,wo wir so heftigen Regen passierten, dass das Schiff wegen der schlechten Sicht auf langsame Fahrt ging, war das Meer ständig so,dass man mit Do.X hätte überall ohne jedes Risiko landen,treiben und wieder starten können.-Uns zuliebe hält der Kapitän dicht an der Insel Fernando Noronha vorbei,sodass wir ohne Fernglas genau die Bojen bei der Aeropostale-Funkstation und den Liegeplatz von Do.X,bei dem gestrandeten griechischen Dampfer in Augenschein nehmen konnten.Auch hier hätte man an diesem Tage mit jedem Seeflugzeuge starten und landen können.

Vor Pernambuco bekommen wir nochmals schlechteres Wetter, das uns zwingt,die Einfahrt in den Hafen auf den nächsten Morgen zu verschieben,da kein Lotsenboot mehr ausläuft.

Wir sind guten Mutes,denn wir haben Nachricht,dass auf Do.X alles klar ist und wir zum Weiterfluge nach Rio erwartet werden.

Flug über der Küste in der Nähe von Rio de Janeiro.

Rechts oben: Zur Bootsreinigung wurde die Do X in Natal auf den Strand gesetzt.

Rechts: Vor dem Zuckerhut von Rio de Janeiro.

DORNIER
D-192

1929
D-1929

Flug: Natal - Rio de Janeiro .

Am 16. Juni Morgens läuft unser schöner Frachtdampfer Argentina, Kapitän Feddersen, wo Alle es uns so gemütlich wie möglich zu machen versucht hatten, in Pernambuco ein.-Wir sind kaum im Hafen, da steht schon der Vertreter des Condor-Syndikates, Herr Breitenbach, ein lebhafter, kleiner Herr vor uns, erzählt uns, dass Herr Sauer, der Betriebsleiter des Condor-Syndikates am Kai auf uns wartet, um uns nachmittags mit einer Junkers W 34 nach Natal zu fliegen. Die Formalitäten sind dank des landeskundigen Breitenbach sehr schnell erledigt, unser Gepäck geht an Land, Herr Sauer und Pilot Dreyer, ein früherer Marineoffizier, kommen mit einigen anderen deutschen Herren zu unserer Begrüssung und zu dem seltenen Genuss eines Glases deutschen Bieres an Bord und nach herzlichem Abschiede von unserem Kapitän und seinen Offizieren fahren wir in die Stadt, wo uns nach kurzer Rundfahrt Herr von Steinen, der deutsche Konsul, in einem sehr guten Restaurant zum Essen erwartet.-Um 13 Uhr fahren wir nach dem Hafen, wohin Dreyer pünktlich aus dem entfernten Flughafen, dessen tiefer Wasserstand zur Zeit einen Start mit Zuladung verbietet, kommt. Er stellt die Junkers mit laufendem Propeller gegen den Strom, wir steigen rasch in das bereitstehende Ruderboot und klettern in die W 34, die wir mit unserem Gepäck, wir sind mit Besatzung 7 Personen, bis zum Rande füllen. Nach überraschend kurzem Start und einer kurzen Kurve über die Stadt nehmen wir Richtung Natal, das wir mit Rückenwind und gutem Wetter um 15 Uhr erreichen. Von weitem sehen wir schon unsere braven Do.X auf dem Fluss verankert und begrüssen ihn freudig, als wir in niederer Kurve darüber hinziehen. Die tadellose Landung bringt uns ganz nahe an die Flughalle des Condor-Syndikates, wo wir die ganze Do.X-Besatzung versammelt sehen. Die Begrüssung ist herzlich aber kurz, denn wir wollen ja keine Zeit verlieren, um morgen den Weiterflug nach Rio antreten zu können.

Natal ist von einer tropischen Hitze, die uns ständig den Schweiss aus den Poren treibt und so bleiben wir denn auch nicht lange am Hafen stehen, um unsere Fluggäste Admiral Cago Coutinho und Major Brenta zu begrüssen, sondern fahren schnell einmal zu Do.X hinüber, um auch ihm guten Tag zu sagen. Alles ist wohlgemut, denn die Maschine ist in Ordnung, die Kabine wieder eingebaut und die Besatzung hat sich von den Strapazen der letzten Wochen ganz gut erholt. Nur Navigationsoffizier Niemann, der alte Seefahrer, der einzige, der sich Malaria geholt hatte, ist noch etwas schlapp, doch das werden wir in Rio schnell auskuriert haben.-Alle freuen sich, aus Natal, das weder hervorragende Hotels, noch ein sehr angenehmes Klima hat, fortzukommen und Schildhauer, der schon seit Wochen hier auf Do.X wartet, freut sich am meisten.

Heute war das Wetter noch gut, für morgen soll es allerdings weniger angenehm werden, doch wir setzen den Start für Tagesgrauen an und legen uns frühzeitig schlafen.

17. Juni 1931. Wir sind heute zu früh aufgestanden, denn als wir bei Tagesgrauen mit unserer schwer beladenen Maschine starten wollten, war es uns bei der regenschweren, feuchtwarmen Luft nicht möglich, die nötige Startgeschwindigkeit auf dem knappen zur Verfügung stehenden Platz zu erreichen und wir brachen den Start ab, um etwas auszutanken und den Tag zu einer Bodenreinigung zu benützen, da Do.X sich wieder einen ordentlichen Bart zugelegt hatte, der zum Start nicht gerade förderlich war.

Rasch war eine günstige Stelle am Strand ausgesucht, wo flacher Sandstrand leichtes Auflaufen mit eigener Kraft ermöglichte und die noch stehende Flut benützend, waren wir eine halbe Stunde später an Land, konnten sofort die nötigen Negerlein anstellen und mit dem fallenden Wasser unsere Do.X unten schön sauber bürsten. Mit der wiederkehrenden Flut war alles fertig und wir konnten nun sicher mit gutem Abkommen für den 18. rechnen.

Mit Tagesgrauen wird am 18. Juni von Clausbruch ein tadelloser Start durchgeführt und in weiter Kurve ausholend, nehmen wir unseren Kurs nach Bahia, unserem heutigen Ziele auf. Wir haben den Agenten des Condor-Syndikates, Herrn Lueck, von der deutschen Firma

Gurgel und Lueck,als Gast mit.Herr Lueck ist schon 25 Jahre im Land und war seit etwa 20 Jahren nicht mehr in Rio.Man kann sich also seine Freude,die Hauptstadt wiederzusehen,die sich laut und ehrlich äussert und ihn ständig zurück nach unserer Bar führt, wohl vorstellen.Herr Sauer hat ausserdem noch einen Monteur des Condor-Syndikates,Kleinert,mitgenommen,der sich überall nützlich macht.In Maceio,einer Baumwollstadt von ca.70 000 Einwohnern landen wir um nachzutanken auf dem hinter der Stadt gelegenen See,der immer geschützt und gerade tief genug für unser Schiff ist. Hunderte von Booten staaken sofort heran,zu unserer Freude auch unser Benzinboot.In einer Stunde ist die Arbeit getan und Clausbruch führt Do.X in elegantem Start über die Landzunge,an der Stadt vorbei auf Kurs.Pernambuco konnten wir nur überfliegen und einige Kurven über dieser so bedeutenden Stadt machen,da die Landeverhältnisse für Seeflugzeuge dort zu ungünstig sind; selbst die kleinen Junkersmaschinen haben dort oft Startschwierigkeiten.

Die Küste ist flach,mit Palmen oder Busch bewachsen und,da wir in nur etwa 5 Meter Höhe den Strand entlang fliegen, können wir die Landschaft mit Musse betrachten.Alles was Beine hat kommt ans Ufer gesprungen.Die Erwachsenen winken und schauen und die Kinder und die Hunde versuchen stets mit uns einen Wettlauf aufzunehmen.-Programmässig überfliegen wir in weiter Kurve Bahia um bei unserer Boje zu landen.

Herzliche Begrüssung seitens der mit Motorbooten herbeigeeilten Deutschen,mit einer Einladung in den deutschen Club Germania für abends und rasche Erledigung unserer verschiedenen Wünsche für unseren morgigen Weiterflug geben uns frohe Stimmung, die auch nicht getrübt wird,als uns die Damen Bahias sehr kampflustig erklärten,wir würden überhaupt nichts zum Essen erhalten, wenn wir am nächsten Tage nicht einige Rundflüge mit ihnen machen würden.Schliesslich gelingt es aber,sie trotz ihrer Flugbegeisterung von der Notwendigkeit unseres Weiterfluges zu überzeugen,und der Friede wird wieder hergestellt.

Wir verleben einen ganz reizenden Abend im Club Germania,wo wir auch unseren alten Bekannten von der"Argentina" Kapitän Peddersen wiederfinden und kommen erst in früher Morgenstunde zurück in unser Hotel,wo wir um 4 Uhr schon wieder geweckt werden.

Flug: Bahia - Rio de Janeiro.

19. Juni 1931.

Heute haben wir mehr Fluggäste an Bord. Journalisten aus Rio und Herren vom dortigen Verkehrsministerium, sowie Herrn Stadthagen, den Flugleiter der CS. in Bahia. Weitere Journalisten, welche sich angesagt hatten, sollen noch im Laufe des Tages in Caravellas, unserem Zwischen-Tankplatz dazusteigen.

Das Wetter ist gut, die Stimmung ebenfalls und wir nehmen nach kurzem Start und einer Runde über der in der aufgehenden Sonne noch schlafenden Stadt unseren Kurs gegen Rio, das wir aber heute nicht mehr anfliegen wollen, um die vorgesehenen Empfangsvorbereitungen für Samstag nicht zu stören.

In dem Meeresarm von Caravellas landen wir zum Tanken und erst hier werden unsere etwas übernächtigen Passagiere wieder richtig munter. Herr Stadthagen ist unermüdlich und sorgt für jeden und für alles, hat für jeden ein nettes Wort oder einen Witz und fühlt sich offenbar auf Do.X schon ganz zuhause. Die Herren vom Verkehrsministerium sitzen abwechselnd neben unseren Piloten am Doppelsteuer und sind restlos begeistert. Die Zeitungsleute haben sich gemütlich eingerichtet und schicken Telegramme, soviel Funker Kiel nur los werden kann.

Wir halten etwas landeinwärts auf das herrlich gelegene Victoria zu, Klein-Rio genannt, wegen seiner wunderschönen Bucht, fliegen dann bei guter Sicht wieder der Küste entlang um gegen 4 Uhr bei Cabo Frio in einer entzückenden Lagune zu landen. Es ist wohl das stimmungsvollste Bild, das wir auf dem ganzen Fluge angetroffen haben. Ein weiter, stiller See mit bewaldeten Hügeln umgeben. Weisse Häuslein und ein Kirchlein am Strande, kein Boot, kein Geräusch, nur Frieden und Stille. Allmählich erst wird den Dörflern klar, was da angekommen ist und nun bricht das südländische Temperament durch. Kanonenschläge werden abgefeuert zu unserer Begrüssung. Christiansen antwortet ebenso und, da tatsächlich kein Boot in der Nähe zu sein scheint, beginnt ein Mann zu uns herauszuschwimmen, denn wir wollen wegen des niedrigen Wassers nicht näher an Land. Nach einer halben Stunde endlich kommt aus einer anderen Bucht ein Ruderboot und der Verkehr mit dem Land ist hergestellt.

Die Journalisten und ein Teil der Besatzung gehen an Land, um die Gegend zu betrachten. Wir bleiben in dem tiefen Frieden zurück und werden durch einen märchenhaft schönen Sonnenuntergang belohnt. Erst gelb, dann rot, dann blauviolett strahlt unsere Lagune und die Hügel, und noch nach Eintritt der Dunkelheit sitzen wir lange stumm, bis uns die Stimmen der von Land Zurückkehrenden daran erinnern, dass es Zeit zum Abendessen ist. Da man uns wohl am Land Unterkunft angeboten hat, wir es aber an Bord bedeutend schöner finden, richtet sich jeder sein Nachtlager her und bald herrscht wieder tiefe Stille, nur unterbrochen von dem leisen Plätschern der Wellen an die Bordwand.

Flug nach Rio.

20. Juni 1931. Mit der Sonne ist alles schon auf und freut sich auf den Morgenkaffee. Von Rio haben wir Nachricht, dass die von uns erwarteten Journalisten gestern irrtümlich nach Victoria weitergeflogen sind und heute vormittag bei uns eintreffen wollen. Auch zwei Savoia-Flugboote der Marine sind unterwegs hierher, um uns zu eskortieren.

Wir haben unsere Ankunft in Rio auf 13 Uhr gemeldet und starten daher erst gegen 11.00 Uhr. Nun geht es langsam steigend von der kleinen Junkers, welche unsere verspäteten Gäste an Bord brachte, und den "Savoia" begleitet, Rio zu. Die Berge steigen immer mehr an, die Landschaft wird imposanter und genau zur angegebenen Zeit biegen wir in die herrliche Rio-Bucht ein und überfliegen als erstes den französischen Dampfer "Lutetia", denselben, welcher so gute Aufnahmen von Do.X mitten auf dem Atlantik machte und nach Rio brachte.

Von allen Seiten kommen nun die Begrüssungsflugzeuge auf uns zu, sie begleiten uns auf unserer weiten Runde über die

Stadt,bis zur Marineflugstation und zurück in die Botafogobucht.

Punkt 13.00 Uhr landen wir an der uns ausgelegten Boje,machen fest und erwarten die offiziellen Besucher,welche in den zahlreichen Motorbooten warten.Es ist ein ganz grosser Empfang,von ehrlicher Begeisterung getragen und wir bedauern alle, dass Dr.Dornier,der so viel um Do.X kämpfen musste,diesen Tag nicht miterleben kann.

Die ganze Hafenmauer ist dichtgedrängt von Menschen und als wir nach der Begrüssung durch den Präfekten und die Regierungsvertreter,denen sich unser Gesandter Knippig mit seinen Herren angeschlossen hat,an Land fahren,ist es schwer,sich Platz zu machen um in die Wagen zu steigen.

Ein wirkungsvoller Empfang beim Aussenminister,mit ganz offiziellem Gepräge,wobei jedoch weder die Zigarette noch die Tasse Kaffee fehlt,ein herzlicher Empfang in der deutschen Gesandtschaft und wir können nach unserem Hotel "Paysandu" fahren.Der zur Zeit abwesende Präsident liess uns informieren,dass er uns nach seiner Rückkehr sehen würde.Die Stadtverwaltung,Innenminister, Marineminister,Verkehrsminister,kurz alle wichtigen Stellen,bemühten sich um uns und am Sonntag konnten wir bereits einen Teil der Freundlichkeiten durch zwei wohlgelungene Rundflüge mit prominenten Gästen erwidern.

Wir richteten darauf eine Besichtigung des Schiffes ein, zu der das Syndicato Condor die Karten ausgab und die Organisation übernahm,da wir ja vorerst niemand kannten.Bis wir Do.X nach der Schiffswerft von Caneco nach "Caju" brachten,war der Besuch sehr rege und wir hatten etwa 4-5000 Besucher,während der Strand ständig schwarz von Menschen war.Es gibt kaum etwas,was mehr Interesse für das grosse Publikum hat wie Do.X und es wird schwer sein,irgend jemand in den Küstenstädten Brasiliens oder all den Häfen,welche wir angeflogen haben,zu treffen,der nicht genau Bescheid über unser Flugschiff weiss.

Nachdem uns das schlechte Wetter gezwungen hatte,den für den brasilianischen Präsidenten,Dr.Getulio Varga,vorgesehenen Rundflug immer wieder zu verschieben,freute sich Alles,als endlich dieser wichtige Flug bei schönstem Sonnenschein gemacht werden konnte.Der Präsident war mit Frau und Töchtern und seinen ganzen Ministern erschienen.Verkehrs-,Kriegs-,Marine-,Finanzminister mit Referenten waren erschienen und wurden durch unseren Gesandten Knippig begrüsst.Der Flug verlief zur vollsten Zufriedenheit der Teilnehmer,die über der Stadt auch unseren guten Do.X-Cocktail nicht verschmähten.

Nachmittags flogen wir zu der Marineflugstation,legten Do.X vor Anker,um den Offizieren und Mannschaften eine eingehende Besichtigung zu ermöglichen.Auf dem Heimflug nahmen wir alle Fliegeroffiziere,welche sich frei machen konnten,an Bord,ebenso den neuernannten Kommandanten des Marineflugwesens.

Am 4.August wurde alles für unseren Abflug vorbereitet und abends konnten wir mit bestem Gewissen erklären,dass nichts versäumt worden war,um in bestem Einvernehmen mit allen offiziellen und inoffiziellen Stellen von Rio zu scheiden.

Die Wetterberichte lauten nun auch für die Nordstrecke wieder günstiger und der Einzige,der unseren Abschiedsbesuch wehmütig aufnimmt,ist unser alter Flugbegleiter Admiral Cago Coutinho,der zu gerne noch weiter mitgeflogen wäre,wenn es seine Zeit gestattet hätte.

Do X über Rio de Janeiro, begleitet von einem brasilianischen Flugzeug.

Nach der Wasserung in der Bucht von Rio.

Demonstrationsflug vor dem Zuckerhut.

Flug: Rio de Janeiro- Bahia.

5. August 1931.

Unser Rio-Aufenthalt ist beendet und trotz der frühen Morgenstunde hat sich ein Häuflein Getreuer eingefunden, um uns noch einmal die Hand zu drücken und uns die besten und herzlichsten Wünsche mit auf den Weg zu geben. Dass auch unser alter Fluggenosse Admiral Cago Coutinho sich eingefunden hat, freut uns sehr. Die Abfertigung unserer Passagiere durch die Hafenpolizei hat sich etwas verzögert und so wird es 6.35 Uhr bis wir starten können.

Von Land her kriecht langsam dicker Bodennebel heran, wir aber starten hinaus in die wundervolle Rio-Bucht, gerade hinein in die aufgehende Sonne. Es ist als wollte uns Rio zum Abschied noch seine ganze landschaftliche Pracht enthüllen und stumm ergriffen sitzen unsere Passagiere und schauen und können sich nicht satt sehen, bis unser Bordsteward, der unermüdliche Krause, sie mit duftendem Kaffee in die prosaische Wirklichkeit zurückruft.

Drei Damen haben wir heute an Bord. Die Amerikanerin Mrs. Adams, welche schon im Luftschiff Graf Zeppelin ihre Aequatortaufe in der Luft erlebte. Dann Frau Dorit von Clausbruch, die junge Gattin unseres ersten Piloten und Frau Wachsmut aus Rio.

Während die flugbegeisterte Amerikanerin vorige Woche von den Vereinigten Staaten von Amerika mit einem Streckenflugzeug nach Rio kam, um den Do.X-Flug mitzumachen, hat auch Frau von Clausbruch einen gewissen Anspruch darauf, mitzufliegen, da sie ihren Gatten, seit er auf Do.X ist, sonst gar zu selten zu Gesicht bekommen würde. Als wir damals im April des Jahres von Friedrichshafen aus an v. Clausbruch nach Rio kabelten, ob er Zeit und Lust hätte, als Pilot für Do.X nach Las Palmas zu kommen, wussten wir nicht, dass er zur selben Zeit seine Braut erwartete, die nach Südamerika unterwegs war und er selbst eigentlich seinen wohlverdienten Urlaub antreten wollte. Trotzdem siegte der alte Fliegergeist und umgehend kam seine Zusage. Seine Braut soll nicht wenig über die stürmischen Fliegersitten gestaunt haben, die ihr nach der Ankunft in Rio eben Zeit liessen, Toilette zu machen, um noch am selben Tage aufs Standesamt zur Trauung und schon am nächsten Tage wieder auf See, Richtung Las Palmas zu gehen. Sehr betrübt zog die junge Frau von den Canarischen Inseln dann allein heimwärts, um sofort nach Ankunft des Flugschiffes in Brasilien erneut die Ausreise anzutreten. -Um diesem Wanderleben ein Ende zu bereiten, wurde Frau Dorit nun von der Schiffsleitung zur Teilnahme an dem jetzigen Fluge eingeladen und kann nun aus eigenem Erleben heraus den interessanten Beruf ihres Gatten richtig beurteilen lernen.

Mit vielem Verständnis und Humor haben sich unsere Damen sofort dem Bordleben angepasst und öfters können wir die tüchtige Frau von Clausbruch sehen, wie sie unserem Steward zur Hand geht, damit ja die hungrigen Mägen nicht zu lange auf das Essen warten müssen.

Heute sind wir sehr früh aufgestanden und so lassen sich die Damen bald die Ruhebetten aufschlagen und eine halbe Stunde später finde ich bei meinem Rundgang alle in tiefem Schlummer.

Wir fliegen in ca. 2-300 Meter Höhe der Küste entlang. Die Berge treten mehr und mehr zurück, um erst kurz vor Victoria, das wir um 9.40 Uhr passieren, an die Küste heranzurücken. Victoria, das Klein-Rio genannt, liegt in einer entzückenden Bucht, halb am Berghang hinaufgebaut und ins Grüne gebettet, sieht so hübsch aus, dass alle Photoapparate in Tätigkeit treten. Kurz hinter Victoria bekommen wir den ersten Regen, es sind aber nur kurze Regenschauer mit mässigen Böen, die rasch durchflogen sind.

Um 11.30 Uhr landen wir in dem Meeresarm von Caravellas einer kleinen alten Stadt, die sich vom Ankerplatz aus nur als eine einzige Reihe längs des Strandes stehender Häuser präsentiert. Der Bürgermeister, welcher gleichzeitig der Agent des Syndicato Condor, d. uns befreundeten Luftverkehrsgesellschaft, die bis Natal die Bodenorganisation unseres Fluges übernommen hat, ist, macht einen famosen Eindruck und hat unseren Brennstoff sofort zur Stelle.

Schon um 12.58 Uhr können wir nach Bahia weiter starten. Den Regen scheinen wir hinter uns gelassen zu haben und bis zur Landung in Bahia um 15.59 Uhr begleitet uns schönster Sonnenschein, der denn auch die weite Schleife, die unser Do.X bei der Ankunft über der Stadt zieht, besonders eindrucksvoll macht.

Zwei Berufsjournalisten fliegen mit uns bis New-York. Der eine davon, Herr Aspinal schreibt für Hearst. Er ist zwar Brasilianer, aber von englischer Mutter. Ein stets vergnügter Mann, der nur auf Herrn Wilkens, den Sekretär Herrn Hammers nicht gut zu sprechen ist, weil dieser ihm angeraten hat, möglichst wenig Gepäck mitzunehmen und nun schwitzt Aspinal in seinem dicken Anzuge unendliche Schweissbächlein. Dass seine Arbeitskraft darunter nicht leidet, beweisen die ca. 1000 Worte, die er täglich weiterkabelt.

Der zweite Reporter, Herr Lourival de Almeida vom Journal do Brasil, ist ebenfalls ein weitgereister, gebildeter Mann, der perfekt englisch und französisch spricht. Er ist glänzend über sein Heimatland orientiert, versteht etwas vom Flugwesen, und ist Spezialberichterstatter für alle fliegerischen Ereignisse seiner Heimat. Er macht fleissig Aufnahmen und hat sich längst auf Do.X eingelebt, da er schon auf dem Fluge Bahia-Rio seinerzeit mit uns war.

Lourival mit seinem schmalen Mongolengesicht und der Hornbrille und sein Kollege Aspinal mit dem breiten Schädel und der beginnenden Glatze, die so gut zu seinem gemütlichen Gesichte passt, bilden nicht nur innerlich eine famose Ergänzung.

Treibstoffübernahme in Carabella.

Wir lernen in ihm einen klugen, gebildeten Mann kennen, der sofort unsere Sympathien gewinnt. Da es zum Weiterfluge nach Para zu spät geworden ist, machen wir ihm gegen Abend einen Gegenbesuch in seiner Residenz, einem wundervollen alten Kastell. Er führt uns durch die mit viel Geschmack eingerichteten Säle des Palastes auf eine grosse Terrasse mit freiem Blick auf Stadt und Hafen und bewirtet uns mit einer Tasse ausgezeichneten Kaffees. Da uns der deutsche Konsul zum Essen in der Pension Bender erwartet, nehmen wir bald Abschied von dem liebenswürdigen Manne, der uns seine Unterstützung für die Dauer unseres hiesigen Aufenthaltes in jeder Weise zusagt.

St. Luiz hat etwa 60 000 Einwohner und macht auf uns alle einen tiefen Eindruck, da die Stadt ganz den alten Charakter aus der Portugiesenzeit bewahrt hat. Lebhaft werden wir an Porto Praia erinnert.

Flug: St. Luiz – Belem do Para

8. August 1931.

Wegen des niedrigen Wasserstandes am Morgen und auch um unseren Passagieren etwas Ruhe zu gönnen, wurde der Start erst auf 10 Uhr festgesetzt.

Um 10.30 werfen wir los und rollen die Startbahn ab. Wir gehen ziemlich weit in die Dünung hinaus, da im Hafen selbst zwei grosse Sandbänke sind, die morgens vollkommen über Wasser liegen. Wir starten längs der Dünung und gerade vor dem Abheben lassen zwei Motore, deren Benzinpumpen nicht arbeiten, nach, sodass wir an die Boje zurückmüssen, um die Pumpen nachzusehen. Wir behalten die Passagiere an Bord und servieren ein Mittagessen, das allgemeinen Beifall findet. Es gibt Hühnerbraten mit Erbsen, Kartoffeln, Karotten, Fruchtsalat und Kaffee.

Um 14.12 Uhr starten wir und nehmen Kurs auf Para. Die neuen Passagiere fühlen sich an Bord wie zu Hause. Es sind 7 Damen mit ihren Gatten und Kindern und bald entwickelt sich ein behagliche Leben in den Passagierräumen. Die Damen jagen nach Autogrammen der Besatzung und sind sofort hinter jedem von uns her, der sich unten sehen lässt. Die Kinder werden von den Papas immer wieder zum Steward nach einem neuen Do.X-Cocktail geschickt und bald herrscht eine sehr vergnügte Stimmung; als auch noch unser Bordgrammophon aufgezogen wird, wäre bald ein Tänzchen zustande gekommen.

Der Landstrich, den wir jetzt durchfliegen, scheint mehr Wasser wie Land zu haben. Immer grössere Flussdeltas tauchen auf und kurz nach 17.30 Uhr biegen wir in die Mündung des Rio Para ein, um bald darauf nach einer Schleife über Belem, in der Nähe der für uns ausgelegten Boje zu landen. Sofort kommt ein schnelles Motorboot der Pan-Air und ist uns beim Festmachen behilflich. Die Passagiere verabschieden sich hochbefriedigt und fahren am gleichen Abend per Dampfer nach St. Luiz zurück und wir können unsere tägliche Beschäftigung nach jedem Fluge, das Auftanken des Brennstoffes vorbereiten.

Das Tanken nimmt bei Nacht mehr Zeit in Anspruch, obwohl Herr Neufeld aus Rio,welcher den Herren der hiesigen Vacuum Oil Co.hier beisteht,uns bestens unterstützt und selbst bis nachts 11 Uhr an Bord bleibt.

Als ich gegen 12 Uhr nachts nach der Stadt zurückfahre, fangen die Herren Hammer und Berner,welche heute zusammen mit dem technischen Personal an Bord schlafen wollen,eben an,sich draussen auf dem Stummel die wohlverdiente Dusche geben zu lassen.

Im Grande Hotel Belem ist noch Leben als ich ankomme ja man will mich sogar noch in den deutschen Club verschleppen,doch ich bin wirklich zu müde und falle ins Bett,denn um 4 Uhr ist Wecken angesetzt,zum Weiterfluge nach Paramaribo.

Flug: Belem - Para.

9.August 1931.

Gestern abend haben wir bis nachts um halb zwölf Uhr getankt und unser Flugschiff für den beabsichtigten Flug nach Paramaribo klar gemacht.Da wir in aller Frühe starten wollten,kamen sogar noch abends 11 Uhr Besucher mit ihren Damen an Bord und es wurde bei Tangomusik sogar ein angeregtes Plauderstündchen.

Das Grande-Hotel,in dem Passagiere und der Rest der Besatzung,welcher nicht an Bord blieb,untergebracht sind,ist gut eingerichtet und hatte reichlich Platz für uns alle,denn seit der Gummikrise ist dieser früher so bedeutende Ort wie ausgestorben.Der Gummipreis ist ja heute so niedrig,dass er nicht einmal die Zapf- und Transportkosten bezahlt und die Kastanienernte,wie die Paranüsse hier genannt werden,die immer noch etwas abwirft,ist vorüber. Kakao, Felle,Reis,Reptilienhäute,Hölzer bilden die übrige Ausfuhr.

Para mit seinen 200 000 Einwohnern ist eine schöne,breit angelegte Stadt,die Hauptstrasse mit ihren Doppelalleen von Mangobäumen macht einen freundlichen Eindruck und der mitten in der Stadt gelegene Naturschutzpark mit zoologischem Garten,der schöne Theaterbau,der leider geschlossen ist und viele prächtige Bauten von Behörden und Privatleuten geben Zeugnis von den vergangenen guten Zeiten.

Im Staate Para hat Henry Ford einen grossen Landkomplex für Gummibau unter Kultur genommen und mit vielen finanziellen Opfern und zähem Fleiss mitten im Urwald Elektrizitätswerk,Sägewerk,Wasserturm,Beamten-und Arbeiterhäuser,Hospital etc.geschaffen.Ein Werk auf lange Sicht.

Auch eine vorzüglich durchdachte und organisierte japanische Grossiedelung ist auf einem im Staate Para gelegenen Konzessionsgebiete entstanden.Die Japaner haben hier gezeigt,wie man tropische Siedlung betreiben muss.Das Gebiet wurde vor Ankunft der Siedler aufgeteilt.Häusergruppen zur vorläufigen Unterkunft,Magazine mit Lebensmitteln, Geräten etc. geschaffen und der ankommende Siedler kam sofort in ein geordnetes Gemeinwesen mit Verwaltung, Arzt und Kreditanstalt. Es soll auf dieser Siedlung eine starke Organisation herrschen, die Siedler sind gut ausgesucht und man hört hie und da von den Einheimischen die Äusserung, dass der Staat Para in 50 Jahren wohl japanisch sein könnte, wenn diese Siedlungspolitik weitergetrieben würde.

Den Amazonas hinauf verkehren eine Reihe kleiner Flussdampfer, deren Führung nur ganz erfahrenen Kapitänen anvertraut wird, da die vielen Untiefen und Sandbänke eine äusserst genaue Kenntnis des Fahrwassers bedingen. Zu diesen Gefahren kommen noch die vielen treibenden Baumstämme, die häufigen schweren Gewitter, die Stromschnellen und nicht zuletzt die ständige Veränderung des Fahrwassers. So sind im Juli des Jahres plötzlich im Strome Felsen an einer Stelle aufgetaucht, wo die Schiffe viele Jahre lang genügend Wassertiefe vorgefunden hatten.

Klimatisch ist der Aufenthalt für uns erträglich, denn wenn auch tagsüber grosse Hitze herrscht, so kühlt es doch abends und nachts so angenehm ab, dass man morgens erfrischt wieder an die Arbeit gehen kann.

Das Interesse für unser Flugschiff ist hier wie überall gleich gross und Behörden, Handelsherren, die deutsche Kolonie und die hier ansässigen Ausländer zeigen sich immer wieder aufs höchste beeindruckt von den gewaltigen Ausmassen. Jeder der lesen kann, kennt unsere Do.X ja schon lange aus der Presse und für uns ist es immer wieder eine richtige grosse Freude, festzustellen, dass die ungeteilte Achtung die dem Flugschiffe und seiner Besatzung entgegengebracht wird, sich unmittelbar auf die Arbeit und das Ansehen unserer deutschen Landsleute hier draussen im günstigsten Sinne auswirkt. Eine praktische Auslandspropaganda wie sie nicht wirksamer sein könnte. Das Flugschiff wird ja auch überall nicht als Firmensache Dorniers, sondern als deutsche Kundgebung angesehen, so etwa wie die Kreuzer-Besuche und wie oft haben wir es erlebt, dass den Auslandsdeutschen von den Einheimischen mit Achtung erklärt wurde: "Heute habt Ihr Deutschen hier Euren grossen Tag, wie müsst Ihr stolz sein, dass Euer Vaterland, trotz verlorenem Krieg und aller Unterdrückung so etwas leisten kann."

Schade, dass es uns nicht vergönnt war, einen Vertreter unserer Regierung auf diesem Fluge mit uns zu haben, damit diese Eindrücke von berufenerer Seite zu Hause vorgebracht werden könnten. All die vielen Tausende von Besuchern, welchen wir Do.X bisher zeigten verlassen unser Flugschiff mit der Überzeugung, dass hier etwas Grosses, Nützliches und Völkerbindendes geschaffen wurde, das dem Weltverkehrswesen neue Wege weist und deutsche Tüchtigkeit zum Ausdruck bringt.

Unsere Ankunft gestern abend über der Stadt muss überaus stimmungsvoll gewesen sein und nicht nur Deutsche haben uns versichert, dass sie Tränen in den Augen hatten vor Freude und Begeisterung.

Leider wurde aus unserem Weiterfluge am Sonntag morgen nichts, denn kurz nach dem Start um 6.30 Uhr fiel die Tourenzahl eines Motors ab und der Motor blieb stehen. Eine sofortige Kontrolle ergab Kurbelwellenbruch, was einen Motorwechsel bedeutet.

Obwohl wir ohne Bedenken mit 11 Motoren hätten weiterfliegen können, machte sich unter unseren Presseleuten, denen wir diesen Entschluss mitteilten, doch sofort eine starke Abneigung, ohne Ersatzmotor weiterzufliegen, bemerkbar; und da wir uns vor der Tropenregion mit ihren in dieser Jahreszeit häufigen und schweren Stürmen, den Hurrikans befinden, musste sich die Schiffsleitung, wenn auch schweren Herzens dazu entschliessen, den Ersatzmotor aus Natal abzuwarten.

Um aber die absolute Lufttüchtigkeit von Do.X mit 11 Motoren zu beweisen, wurde sofort ein kurzer Probeflug durchgeführt, der absolut zufriedenstellend verlief.

Wenn diese neue Verzögerung uns Allen auch schwere Sorgen macht, lassen wir trotzdem den Kopf nicht hängen, sondern bereiten sofort alles zum Ausbau des beschädigten und Einbau des neuen Motors vor. Es wird ein kleiner Kranaufbau aus Stahlrohren hergestellt, um die Motoren aus dem und in das an der Boje liegende Flugschiff zu heben;die anderen Motoren werden nachgesehen,das ganze Schiff sauber gemacht,kurz Do.X wird für den Weiterflug vorbereitet.

Wir alle wissen,dass,wenn uns auch jetzt scheinbar auf diesem Erprobungsfluge des ersten Flugschiffes auf so grosser Fahrt über die verschiedensten Länder und Meere,in den verschiedensten Klimaten und Jahreszeiten,nichts an Unannehmlichkeiten erspart bleiben soll,gerade diese Erfahrungen dazu beitragen werden,die Wege zu ebnen für den Flugschiffgedanken und den regelmässigen Einsatz so grosser Flugeinheiten.

Es ist das erste Mal,dass Erprobungsflüge in diesem Ausmasse überhaupt unternommen werden und die Art und Weise,wie das Unternehmen,trotz mancherlei Rückschlägen,die jedoch in keiner Weise mit der Konstruktion des Do.X zusammenhängen,mit jäher Energie weiter durchgeführt wird,findet hier draussen in der Welt vollstes Verständnis.

Die hiesige Werft der Pan-American-Airways,mit welcher wir ab hier zusammen arbeiten,ist vorzüglich organisiert.Die "Pan-Air" stellt uns von hier bis Miami ihre Bodenorganisation,Funk-und Wetterdienst etc.zur Verfügung und erhält dafür wie vorher das Syndicato Condor,einen Anteil aus den für Post und Passagiere anlaufenden Einnahmen.

Durch unseren unfreiwilligen Aufenthalt bekommen wir Musse,uns etwas in der Stadt umzusehen und unsere Passagiere unter Führung von Mrs.Adams sind ständig unterwegs auf der Suche nach neuen Entdeckungen,Erlebnissen und Einkäufen.

Wir haben das Glück,in Herrn L.Neufeld,von den I.G.Farben,resp. der Allianca Commercial de Anilinas,Rio einen guten Kenner des Landes und der Eingeborenen zu finden und freuen uns,durch ihn hier ausser der gewohnten Auffüllung unserer Bordapotheke mit Aspirin und anderen nützlichen Bayer-Sachen unsere Kenntnisse über Brasilien erweitern zu können.

Unser "Grande-Hotel" steht in diesen Tagen ganz im Zeichen der Fliegerei und in dem grossen Speisesaal beherrschen Do.X-Passagiere und Besatzung mit den Pan-Air-Leuten das Feld.Wohl zum ersten Male wurden in Para Luftverkehrsinteressen und Flugwesen von Nichtfachleuten so eingehend besprochen,denn Alles interessiert sich brennend für Do.X. Damit wird der ganzen Idee des Flugwesens hier im äussersten Winkel Brasiliens eine Propaganda gemacht,für die uns die Pan-Air dankbar sein muss.

Im deutschen Club hält uns Herr Berringer,der Chef des bekannten deutschen Exporthauses eine herzliche Ansprache,die wiederum zum Ausdruck bringt,wie stolz die Auslandsdeutschen auf unseren Do.X sind und wie günstig sich der Besuch für dieselben auswirkt.Ein gemütlicher,echt deutscher Kegelabend lässt uns hier für einige Stunden unser Missgeschick und unseren ungetreuen Motor vergessen und versetzt uns zurück in die Heimat.

Unser Ersatzmotor trifft Freitag mittag mit Pilot Erler des Syndicato Condor mit Junkers W 34 aus Natal ein.Sofort wird der Einbau vorgenommen,doch verlieren wir noch viel Zeit,da der Motor zuerst den Öldruck nicht hält.-Doch auch diese Schwierigkeit wird überwunden und am 17.August wird zum Weiterfluge für den nächsten Morgen klar gemacht.Allerdings müssen wir vor Abflug noch einen kurzen Probeflug machen,da es heute zu spät dafür geworden ist.

Flug: Para-Paramaribo.

18.August 1931.

Morgens 6 Uhr wird zuerst noch ein Probeflug ausgeführt, um zu sehen,ob unser Ersatzmotor nun endgültig zur Mitarbeit entschlossen ist.Nachdem dieser Flug zufriedenstellend erledigt werden konnte,wird der noch fehlende Betriebsstoff aufgetankt,die Passagiere kommen an Bord und um 9.24 Uhr sind wir zum zweiten Male in der Luft. Der Start war trotz des Abfluggewichtes von 48 Tonnen,der schon hohen Aussentemperatur,und des Seitenwindes sehr gut.

Wir nehmen Kurs Paramaribo auf und jeder ist froh,die Wartezeit in Para hinter sich zu haben.

Wir passieren eine grosse Anzahl kleiner Fischerboote, welche Netze ausgelegt haben.Die Bojen daran sind Kautschukballen. Wir fliegen Kurs 341 Grad inklusive Abtrift,um die Mündung des Amazonas zu überqueren,und entfernen uns dadurch etwas von der Küste.

Um 10.36 passiert Do.X zum zweiten Male den Aequator. Wir haben aber lauter weitgereiste Leute an Bord,können also keine Äquatortaufe veranstalten.Von 11.46 Uhr ab,nach Überquerung des Amazonas fliegen wir mit Küstenkursen an der Küste entlang.Die Landschaft ist eintönig,flach,mit dichtem Wald.Ganz vereinzelt steht eine Fischerhütte,liegt ein Kanu,halb im Ufergebüsch versteckt.-Hier muss es schwierig sein Steuern einzutreiben!-Wir fliegen jetzt wieder ganz niedrig über den braunen Wassern und freuen uns über die Fische, die links und rechts vom Do.X in wilder Flucht aus dem Wasser schiessen.Hunderte und Tausende stören wir so aus ihrer Ruhe,manchmal ist auch ein ganz grosser dazwischen,doch man kann nicht erkennen von welcher Art,denn zu schnell sind wir vorüber.-Auch grosse Schwärme roter Papageien stöbern wir auf.Sie sehen wie eine feuerrote Wolke aus.

Bei Cap Orange verlassen wir 13.47 Uhr das gastliche Brasilien an dessen Präsidenten wir einen Abschiedsfunkspruch richten.Ein zweites Radio geht an den Gouverneur von französisch Cayenne um ihm mitzuteilen,dass wir von der freundlichst erteilten Landeerlaubnis keinen Gebrauch machen werden.

Die Landschaft wird hügelig und geht kurz vor der Stadt Cayenne in richtige hohe Berge über.Cayenne,das wir überfliegen, macht trotz seines schlechten Rufes einen freundlichen Eindruck mit seinen sauberen Häusern und dem vielen Grün.Die vielgenannte Teufelsinsel mit ihren Gefängnisbauten sieht so unschuldig aus, als ob es nie Verbannte darauf gegeben hätte.Es heisst,dass die Gewässer hier so viele Menschenhaie bergen,dass eine strenge Bewachung der Sträflinge gar nicht notwendig sei.

Hinter Cayenne flachen die Berge wieder ab und alles ist wieder eintönig flach.Um 15.27 Uhr passieren wir die Grenze Cayenne-Surinam,holländisch Guiana bei Galibi Point und landen 16.20 Uhr im Surinamfluss vor Paramaribo.-Hinter uns kommt eine schwere Regen-und Gewitterwolke hergejagt,die uns die letzten Minuten schon mit ihren Böen verfolgte und uns nun durch einen mächtigen Regenguss unsere Ankunft stören will.Musikkapelle,Würdenträger, Publikum,Alles flüchtet in die nahem Häuser und wir müssen warten, bis der Guss vorüber ist,ehe wir uns ausbooten können.

Trotzdem ist der Empfang ganz besonders eindrucksvoll. Der Gouverneur und sein Stab erwartet uns zusammen mit der ziemlich zahlreichen deutschen Kolonie am Landesteg.Der ganze Strand ist mit Flaggen und Wimpeln geschmückt und die Musikkapelle überrascht uns mit den Klängen des Deutschlandliedes,dem die holländische Nationalhymne folgt.-Bei einem Glase Sekt heisst uns der Gouverneur in herzlichster Form willkommen.

Während das Empfangskommittee nun zu Do.X hinüberfährt, um das Schiff zu besichtigen,wird unsererseits die Brennstoffübernahme geregelt und für Verpflegung,Verproviantierung und Unterkunft gesorgt.

Die Stadt Paramaribo hat durch die vielen verschiedenen Völker,die hier wohnen ein ganz eigenartiges Gepräge.Javanen,Chinesen, Neger,Indianer werden hier als Plantagenarbeiter verwendet und jede

Nation hat ihren heimischen Baustiel beibehalten. Auch die Küchendüfte wechseln je nach dem gelben, schwarzen oder braunen Gesicht, das aus den Häuslein guckt.

Das Regierungsgebäude mit der grossen freien Rasenfläche davor, auf welcher das Denkmal der Königin steht, macht einen imposanten Eindruck. Die Stadt selbst mit den sauberen, gepflegten Strassen, den luftigen Europäerbungalows und dem schönen Hotel gefällt uns ausgezeichnet. Am nettesten finden wir die nach hier verpflanzte holländische Liebhaberei für das Fahrrad, das den Farbigen anscheinend so imponiert, dass Alles radelt.

Herr Professor Stahel, ein Schweizer Gelehrter, der Leiter der Landwirtschaftlichen Versuchsanstalt in Surinam, ist so freundlich, uns trotz der kurzen, zur Verfügung stehenden Zeit seine gross angelegte Station zu zeigen, auf der Versuchspflanzungen mit Nutzpflanzen abwechseln. Alle Arten Pflanzen, Sträucher und Bäume werden hier gezogen und zum Wohle der Kolonie ihre rationelle Kultur, ihre Schädlinge und Krankheiten studiert, damit die Pflanzer sich hier jederzeit Rat und Hilfe holen können.

Abends hat uns der Deutsche Club zu einem Essen eingeladen, dem sich trotz der Hitze ein Tänzchen anschliesst, das bis spät in die Nacht ausgedehnt wird. Später am Abend erscheint noch der Gouverneur mit seiner Gattin und bekundet sein Interesse an unseren Flügen durch eine längere Unterhaltung, die er in fehlerlosem Deutsch führt.

Die Post hat hier eigene Überdrucke für Doxflug auf ihre Briefmarken drucken lassen. Leider erfahren wir erst so spät davon, dass wir selbst keinen Gebrauch mehr davon machen können.

Flug: Paramaribo-Port of Spain.

19. August 1931.

Am 19. August starten wir nach herzlichem Abschied von den Freunden, die uns so herzlich aufgenommen hatten. Von dem gestrigen Abend, der ziemlich lange ausgedehnt wurde und der, trotz der Hitze dem Tanze gewidmet war, zu dem sogar der Gouverneur mit Gattin erschienen war, haben sich noch nicht Alle erholt, welche noch an Bord kommen wollten. Immerhin ist es eine stattliche Anzahl, die zum Flugschiff herüberfahren und uns die besten Wünsche mit auf den Weg geben.

Um 8.30 Uhr starten wir flussaufwärts, folgen der grossen Schleife, die der Surinam oberhalb der Stadt macht, und kehren über die Stadt zurück, um der begeisterten Menge das Schiff noch einmal ganz nahe zu zeigen. Jetzt ist die ganze Bevölkerung auf den Beinen und Kopf an Kopf sehen wir sie am Ufer stehen und winken.-Wir fliegen den Fluss hinunter dem Meere zu und nehmen 8.40 Uhr unseren Kurs auf. Das Gewitter, welches gestern abend mit gewaltigem Regenguss Alles vom Strande verjagte, hat die Luft gereinigt und heute ist es ganz erträglich, sodass die Musikkapelle heute zum Abschiedsmarsch in Paramaribo wahrscheinlich weniger schwitzen musste, wie gestern bei unserer Ankunft.

Das Land ist hier ziemlich dicht bebaut, weite Flächen mit Zuckerplantagen werden passiert und schon um 10.17 Uhr sehen wir die Fabrikschornsteine von New Amsterdam in Britisch Guiana. Es ist eine langgezogene Siedlung mit sauberen Häusern, deren rote Ziegeldächer ganz heimatlich anmuten. Immer der Küste entlang kommt um 10.50 Uhr Georgetown in Sicht. Seine grossen Fabrikschornsteine, die ausgedehnten Lagerschuppen am Ufer, die grosszügige Anlage der Stadt, alles weist auf rege Tätigkeit hin. Heute allerdings liegt auch dieser Hafen ziemlich verlassen und still, und eine den Fluss herabziehende Gewitterböe veranlasst uns, ohne viel Aufenthalt weiterzufliegen. An der Funkstation vorbei geht es wieder in 5 Meter Höhe über die Köpfe der eingeborenen Fischer hinweg,die zum Teil ihre wenigen Kleider vom Leibe reissen um uns damit zu winken.Eine scharfe Kurve macht uns plötzlich um 11.37 Uhr auf etwas Besonderes aufmerksam.Es ist das Flugboot der Pan-American-Airways,das von Trinidad kommend ganz dicht steuerbord an uns vorüberfliegt,allerdings erheblich höher als wir.Nun geht es an der Küste von Venezuela entlang bis die braunen Wasser die nahe Mündung des Orinoco anzeigen.Viele Meilen seewärts wird der Schlamm hinausgespült,und erst als wir,das Land verlassend, direkten Kurs auf Trinidad nehmen,sehen wir wieder das gewohnte blaue Wasser unter uns.

Um 13.00 Uhr passieren wir die Insel Loran grande und um 13.35 Uhr kommt Trinidad mit seinen bewaldeten Bergen in Sicht. Wunderschön ist diese Insel mit ihrer tropischen Vegetation und ihren grossen Pflanzungen von Zucker,Kakao,Kokosnüssen,Bananen,Orangen,usw. An dem Asphaltsee von La Brea und den grossen Ölfabriken vorüber geht es weiter und bald sind wir über der Hauptstadt Port of Spain (ca. 60 000 Einwohner).Wir fliegen im weiten Bogen zurück über die vielen im Hafen liegenden Schiffe und landen 14.37 Uhr bei der für uns ausgelegten Boje bei der Pan-Air-Station.

Unser Tankboot liegt schon bereit und sofort wird alles für morgen fertig gemacht,die Passagiere ausgebootet und wir können die offiziellen Besuche antreten.Der deutsche Konsul fährt uns zum Gouverneurpalast,zeigt uns auf einer Rundfahrt die Stadt und was uns vorerst am meisten interessiert,unsere Bank,welche für uns Geld erhalten haben soll.Leider ist es aber noch nicht eingetroffen und wir lassen es nach Miami weiterleiten.

Im Queen's Park-Hotel haben wir gute Unterkunft gefunden und sind uns darüber einig,hier auf einem der schönsten Plätze unseres ganzen Fluges angelangt zu sein.

Flug: Port of Spain-Porto-Rico.

20.August 1931.

Sehr früh sind wir Alle an Bord gegangen und schon um 6 Uhr starten wir mit der aufgehenden Sonne.Wir fliegen im Karibischen Meere den westindischen Inseln entlang und passieren Grenada, St.Vincent,St.Lucia,wo wir den vor 24 Stunden aus Port of Spain ausgelaufenen Dampfer Dominica überholen. 9.05 Uhr sind wir auf Höhe von Martinique mit dem 4428 Meter hohen Mont Pelée.

An den Inseln Dominica und Guadeloupe vorbei fliegen wir nach Antigua,wo wir 11.04 Uhr in der ruhigen Bucht von St.Johns Anker werfen,um Benzin zu tanken.Das Tankboot steht auch hier schon bereit und während der Betriebsstoff aufgefüllt wird,nimmt uns der zur Begrüssung erschienene Gouverneur Sir Reginald Saint Johnston zu einer Erfrischung in seine Residenz mit.In seiner Gattin lernen wir eine Tante von Lady Drummond Hay kennen.

Wir müssen uns aber beeilen,denn wir hatten Gegenwind und es sind noch 250 sm bis zu unserer heutigen Endetappe,sodass wir rasch wieder an Bord fahren und um 13.39 Uhr wieder starten. Wind bleibt Ost-Südost.Wir passieren Nevis Island,St.Eustatius, Saba Island,Santa Cruz und landen um 16.17 Uhr im Hafen von San Juan.Vor der Landung haben wir zwei Schleifen über die Stadt geflogen.Die erste war als Ehrenrunde gedacht,die zweite zum Dank für die 21 Salutschüsse,welche der Gouverneur zu unserer Begrüssung vom Fort aus abfeuern liess.

Das Festmachen der Maschine bei dem heftigen Winde erforderte einige Zeit,dann erst konnten wir unser Tankboot längsseits nehmen und die üblichen offiziellen Formalitäten erledigen. Der Gouverneur liess uns auf 20 Uhr zum Diner bitten und das 58te Infanterieregiment anschliessend zu einem Offiziersabend,der leider verregnet wurde.

Das Palais des Gouverneurs ist mitten in der alten (etwa

115 000 Einwohner zählenden) Stadt in einem "La Fortaleza" genannten Gebäude, das 1529 erbaut wurde. Ein herrlicher Garten lässt die Vorderfront mit der engen Einfahrt vergessen. Die Räume sind durch wertvolle Bilder und eine Auswahl ausgesucht schöner Gobelins, welche der Gouverneur selbst von seinen Reisen in Tibet, China und Japan mitgebracht hat, eigenartig stimmungsvoll und das erste Abendessen, welches wir ohne Alkohol, nur mit Eiswasser zu uns nehmen, denn die Insel gehört zu U.S.A., wird für uns durch die interessanten Gespräche mit dem weitgereisten Hausherrn zu einem interessanten Erlebnis.

Sonst sehen wir leider nicht viel von der Stadt, da wir nach Tisch zum Kasino des 58ten Infanterieregiments fahren, wo uns das Offizierskorps mit seinen Damen erwartet. Ein Gewitterregen zwingt uns in das Haus, wo bei einer Fruchtbowle ein Tänzchen gemacht wird, nachdem wir, in langer Reihe aufgestellt, alle Damen und Herren, die an uns vorbeidefilierten, vorgestellt bekamen. -So gemütlich es hier auch ist, so sinken wir doch fast um vor Müdigkeit und dürfen denn auch bald in unser Hotel zurück, da wir am nächsten Morgen um 4 Uhr Wecken angesetzt haben.

Flug: Porto Rico, San Juan-Antilla, Cuba.

21. August 1931.

Um 5 Uhr ist Alles an Bord. Wir werfen ab und rollen, um die Motoren anzuwärmen, etwas vor die Bucht hinaus, treffen da aber eine so starke Dünung, dass wir wieder zurück in den Schutz des Forts flüchten.

6.47 Uhr starten wir gegen Land. Wir überfliegen die schmale Landzunge, nehmen etwas Höhe, um in einer Kurve über die Stadt zu gelangen, drehen eine Abschiedsrunde und nehmen unser heutiges Tagewerk auf.

In Cuba ist Revolution, was uns weiter nicht mehr wunder nimmt, denn Do.X hat die Revolution sowohl in Spanien wie auch in portugiesischem Gebiete miterlebt und, da wir ja keine Politik zu machen haben, sind wir ohne Sorge. Die Insel Porto Rico ist etwa 100 Meilen lang, sodass wir fast immer in Sicht der Berge, die zum Teil über 3000 Meter hoch sind, fliegen. Um 8 Uhr kommt St. Domingo in Sicht, wir nähern uns wieder der Küste und stellen das gleiche Landschaftsbild fest wie auf Porto Rico. Auf der Höhe von Porto Plata frischt der Wind aus östlicher Richtung bis auf 10 m/sek. auf. Die Landschaft ist überaus abwechselnd, immer wieder tauchen kleine Siedlungen auf, meist sind es aber Einzelhäuser, versteckt am Uferwald gebaut, doch fliegen wir jetzt zu hoch, um alles genau zu unterscheiden, ausserdem entfernen wir uns etwas von der Küste, um an Haiti vorbei direkten Kurs auf Antilla-Cuba, unserem heutigen Ziele, zu halten. Es ist wieder sehr heiss geworden und Mrs. Adams hat sich ihren Schlafanzug, der durch seine Farbenpracht allgemeine Freude erregt, angezogen.

Die Insel Cuba kommt in Sicht und bald darauf auch ein Begrüssungsflugzeug, das uns ein Stück weit begleitet, um sich dann mit kühner Kurve plötzlich zu verabschieden.

12.57 Uhr landen wir in der grossen Bucht vor dem kleinen Städtchen Antilla und machen an unserer Boje fest. Auch dieser Flug ist ohne jede Störung vor sich gegangen und hier ist einer der besten Häfen für Seeflugzeuge, den wir angetroffen haben. Unser Benzin ist auch zur Stelle, nur müssen wir uns erst ganz energisch gegen die vielen Boote erwehren, die unseren braven Do.X gefährden. Der Bürgermeister erwartet uns zwar mit seiner Musikkapelle an Land, aber bevor nicht alles geregelt ist, können wir nicht von Bord. Wir lassen ihm dies ausrichten und so langsam gelingt es ihm scheinbar, der Begeisterung seiner Bürger Zügel anzulegen. Wir finden ein, für das kleine Städtchen mit seinen 4000 Einwohnern ganz nettes Hotel mit allerdings schon amerikanischen Preisen. Wir werden auf alle möglichen Plantagen eingeladen müssen aber leider alles abschlagen, da wir mit Habana telefonieren und die Ankunft in Miami vorbereiten müssen.

Abends um 20 Uhr erwartet uns der geduldige Bürgermeister mit seinen Stadträten im Rathause und wir werden bei unserem Erscheinen von der Kapelle mit dem Deutschlandliede und dem Marsche "Unter dem Doppeladler" überrascht. Die Leute haben sich aus Habana Noten besorgt und drei Wochen lang geübt und spielen die Stücke wirklich gut. - Dann, bei einer feierlichen Ansprache, wird ein Glas Sekt getrunken. Wir danken mit herzlichen Worten für die so überraschende freundliche Aufnahme (der Bürgermeister hatte den heutigen Tag als Feiertag erklärt) und verabschieden uns, um noch eine halbe Stunde unten das Promenadekonzert mitanzuhören. Abends sendet der Bürgermeister noch ein offizielles Schreiben, in dem er im Namen der Stadt seinen Dank für unser Kommen ausspricht. Der deutsche Konsularagent, namens Bolschwig, ein hier ansässiger Deutscher, ist uns behilflich, unsere verschiedenen Vorbereitungen für morgen zu erledigen und froh legen wir uns schlafen, denn morgen werden wir ja in den Vereinigten Staaten von Nordamerika sein.

Zum Dank für seine Bemühungen hinterlassen wir Herrn Bolschwig die Alkohol-Bestände unserer Bar, denn wir wollen bei den amerikanischen Zollbehörden nicht unnötige Schwierigkeiten haben. Nur zwei Flaschen Cognac bleiben als "Medizin" an Bord.

Flug: Antilla, Cuba-Miami USA, Florida.

22. August 1931.

Programmässig starten wir um 7.05 Uhr. Wir müssen wieder gegen Land zu starten und in weiter Kurve über die grünen Zuckerplantagen und Wälder ausholen, um auf Kurs zu kommen, den wir 7.12 Uhr aufnehmen. 9.30 haben wir das letzte Land überflogen; das Wetter ist gut, erst gegen 10 Uhr passieren wir leichte Regenböen, dann fliegen wir längs und über riesige Bänke, die der Exuma-Insel vorgelagert sind. Das Wasser ist kristallklar und nur wenige Meter tief. Ausser einigen Fischerbooten ist weit und breit kein Lebewesen zu sehen. Um 10.34 Uhr sehen wir Orange Bay quer an Backbord und versuchsweise fliegen wir einige Minuten nur mit den sechs hinteren Motoren. Gegen 11 Uhr sehen wir in der Ferne Land auftauchen und 11.30 Uhr sind wir in Sicht von Miami, dessen Hochbauten das flache Land überragen. Wir haben unsere Landung auf 12 Uhr angesagt und fliegen daher eine halbe Stunde lang über Miami, Palm Beach und die Küste, um punkt 12 Uhr zu landen.

Sofort kommen die Küstenwachboote gegen Alkoholschmuggel und verhindern, dass irgend ein Fahrzeug anlegt, bevor die Zolluntersuchung erledigt ist. Unsere Freunde von der Vacuum kommen mit Polizei, Arzt und Behörden an Bord, sodass wir sofort alles Wichtige besprechen können und beschliessen, 2 Tage in Miami zu bleiben. - Grosse Sorgen macht uns eine grosse Motorjacht, die mit übereifrigen Filmleuten besetzt, dicht hinter uns Anker wirft und beim Schwojen unser Leitwerk derart gefährdet, dass wir eine Wache nach hinten zur Abwehr senden müssen. Endlich ist ihre Neugier befriedigt und sie verschwinden landwärts. - Wir sollen unseren Liegeplatz verändern, um in die Nähe der Pan. Air-Station zu gehen und bekommen einen Lotsen an Bord, um dorthin zu rollen. Leider hatten uns die Leute aber schlecht beraten, denn das Wasser war dort so niedrig, dass wir zweimal auf Grund kamen und endlich weit draussen vor Anker gehen mussten.

Als wir endlich an Land kommen, wird uns ein überaus herzlicher Empfang zuteil, sowohl seitens der Stadt wie auch von den zahlreichen herbeigeeilten Deutschen. Immer wieder werden wir gefilmt und aufgenommen, denn Amerika will Bilder sehen.

Fabelhaft organisiert ist dieser ganze Empfang, man sieht, dass die Stadt Miami über eine ungewöhnlich geschickte, grosszügige Verwaltung verfügt. Wir werden in den guten Hotels der Stadt als Gäste einquartiert und sind am Abend im Alcazar die Gäste der Stadt beim Essen, das in stimmungsvollem Saale stattfindet und bei dem die Tischreden uns erkennen lassen, dass unser Do.X hier längst kein Fremdling mehr ist. Gute, ehrlich gemeinte Worte gedenken des Schöpfers unseres stolzen Schiffes und wieder einmal bedauern wir, Dr. Dornier nicht mit uns zu haben. Die Amerikaner sehen in unserem Fluge und dessen zäher Durchführung den Willen Deutschlands zur friedlichen Mitarbeit an der Wiedergenesung der Welt und empfangen uns als gern gesehene Boten unserer Heimat, deren schweres Ringen man jetzt erst hier zu begreifen beginnt. Der Ausklang ist immer wieder, dass ein Volk, das solche Zeugen seiner Tüchtigkeit in die Welt hinaus senden kann, nicht untergehen darf und kann.

Am nächsten Tage wird Do.X besichtigt, abends erhalten wir eine Einladung des deutschen Clubs, um anschliessend in dem "deutschen Haus" die dort versammelten anderen deutschen Vereine zu begrüssen. Bei froher Geselligkeit wird der Abend beschlossen. Am anderen Tage werden uns die Anlagen der Stadt, das künstliche und kunstvoll gemauerte Freibad, die Flughäfen und die Parkanlagen, nicht zu vergessen die Villa von "Al Capone", dem Schmugglerkönig gezeigt, während ununterbrochen der Besucherschwarm sich in unseren Do.X ergiesst. Als wir abends nachkontrollieren, waren insgesamt etwa 4000 Personen an Bord gewesen.

Es wird uns berichtet, dass die vielen Flugzeuge, die uns beim Empfange begrüsst hatten und zum Teil mit Filmleuten neben uns zu fliegen versucht hatten, nicht schnell genug gewesen seien, um mitzukommen.

Nach herzlichem Abschiede machen wir am 24. August abends alles klar, um am 25. nach Charleston weiterzufliegen, wie es in unserem Programm festgelegt ist.

Do X fliegt über Miami.

Flug: Miami - Charleston.

25.August 1931.

Wir haben verschiedene Fluggäste aus Miami eingeladen mitzufliegen und starten um 7.15 Uhr, fliegen die Küste aufwärts, die keine besonderen Reize hat, überfliegen 10.34 Uhr Jacksonville und um 11.50 Uhr die Stadt Savannah und landen 12.41 Uhr in Charleston. Der Hafen ist gut, wir machen am Floss der Vacuum Oil Co. fest und können sofort mit Tanken beginnen. Mittags sind wir Gäste des Rotary-Clubs und hier, dem Sammelpunkte von Männern aus allen Berufen wird uns wiederum klar, dass man Do.X als Boten der Verständigung und der Verbindung der Völker auffasst und warme Grüsse gehen an unsere Heimat.

Den Abend verbringen wir im deutschen Schützenverein, der auch die grosse Tanzdiele Charlestons in seinen Clubräumen untergebracht hat.

Charleston ist Fabrikstadt, mit dem Haupt-Baumwollanbau im Hinterlande, doch hier, wie überall, klagt alles über die schlechten Zeiten.

Flug: Charleston - Norfolk.

26.August 1931.

Um 7 Uhr sind wir klar zum Starten. Wir haben 20 Passagiere an Bord, lauter Gäste, denen wir Do.X im Fluge zeigen wollen. Marineflieger, Luftverkehrsleute und prominente Männer von Charleston.

Als die Motoren schon angewärmt sind und wir zum Start fertig machen, entdeckt Fischer auf seinem letzten Inspektionsgang ganz hinten im Heck versteckt zwei blinde Passagiere, junge Burschen, die sich gestern abend bei der Besichtigung eingeschlichen haben und mit Proviant und Wasserflaschen versehen ganz gemütlich ein Lager auf den harten Spanten bezogen haben. Sie sind sehr enttäuscht, sich entdeckt zu sehen, werden sofort auf den Stummel hinausgenommen und sehen etwas ängstlich den nun kommenden Ereignissen entgegen. Wahrscheinlich dachten sie, dass wir sie bei Entdeckung ins Wasser werfen würden, denn ihre Mienen hellen sich sichtlich auf, als sie sehen, dass wir wieder auf Land zusteuern und den Schnellbooten Signal geben, nochmals längsseits zu kommen. Sehr geschickt steuert uns ein kleines Schnellboot an, kommt längs des Backbordstummels und ehe die beiden Verbrecher recht wissen, was ihnen geschieht, sind sie schon ausgebootet und wir drehen nach der mächtigen Brücke zu, unter deren Hauptbogen wir durchstarten wollen. Hoffentlich ist dem Schlepper, welcher sich davor gelegt hatte, die Aufnahme gelungen, denn kurz nach Passieren der Brücke sind wir um 7.10 Uhr schon in der Luft, umkreisen die Stadt und gehen auf Kurs. Das Wetter ist gut, die Sicht ebenfalls und unsere Gäste, welche wir, soweit sie vom Fach sind, nach oben nehmen sind begeistert. - Gegen 10 Uhr passieren wir Cap Hatteras, sehen die vielen gestrandeten Schiffe am Strande und freuen uns, ungeschoren um diese Wetterecke zu kommen. Die Gegend wird immer reizvoller und alle Köpfe sind an den Fenstern. Zwischendurch serviert

Steward Krause belegte Brötchen,die mit Tee,Kaffee,Ginger Bier oder Wasser hinuntergespült werden müssen,denn unseren Alkohol-Vorrat haben wir ja in Cuba gelassen.

Um 11.25 Uhr kommt Norfolk in Sicht und wir machen eine weite Runde über die Stadt,den Hafen und das gegenüberliegende Newport News,ehe wir 11.55 Uhr vor der Marineflugstation landen.-Unsere Boje ist ausgelegt,ein Schnellboot kommt sofort längsseits und freudig wird Freund Schildhauer von seinen alten Kameraden begrüsst,denn hier war er mehrere Jahre als Flieger bei der Versuchsabteilung tätig.-Er arrangiert dann auch sofort die Einladungen für den nächsten Tag und nachdem wir unseren Betriebsstoff und die anderen Vorbereitungen für den nächsten Tag geordnet haben,fahren wir an Land zu dem uns bezeichneten Hotel. Wie immer gibt es da eine Menge zu telephonieren und zu telegraphieren,um die Ankunft am nächsten Orte,diesmal ja New-York, unser vorläufigen Ziel, vorzubereiten.Abends gibt uns die Stadt und die Handelskammer ein Essen,dem alle wichtigen Persönlichkeiten beiwohnen und nach dem Essen,bei dem unser Freund Norman,der Publizitätsmanager von Miami,der mit uns gekommen ist,eine Lanze für unser deutschen Flugwesen gebrochen hat,nimmt uns der schwedische Konsul zu einer Fahrt durch den schönen Abend nach seinem Landhaus, wo wir am Wasser,in überaus stimmungsvoller Umgebung,ein paar ruhige Stunden geniessen.

Flug: Norfolk - New York.

27.August 1931.

Zu diesem letzten Fluge unserer Route können wir erst gegen 8 Uhr starten,da wir noch auf zwei wichtige Gäste von auswärts warten müssen,die im letzten Moment noch mit Schnellboot längsseits kommen.Heute haben wir 51 Passagiere,viele Marineflieger, Herren von den Luftverkehrs-Gesellschaften etc.Abwechselnd holen wir sie nach oben,um sie an das Doppelsteuer zu setzen und es macht sichtlich Eindruck,dass man diese grosse Maschine,5 Meter über dem Wasser am Strande entlang fliegend mit dem Trimmausgleich ohne Steuer fliegen kann.Clausbruch nimmt immer wieder Hände und Füsse von der Steuerung und lässt Do.X alleine fliegen.Einige Personalböen,die wir unten konstatieren,kommen von allzukühnen Versuchen unserer Freunde am Doppelsteuer,trotz der niedrigen Höhe die Wendigkeit des Flugschiffes zu erproben.-Es ist wie ein ununterbrochener Triumphzug den Badestrand entlang.Tausende und Tausende von Menschen stehen am Ufer und winken und rufen,lachen und freuen sich.Ein Begleitflugzeug nach dem anderen kommt,fliegt ein Stück mit,verschwindet,um von dem nächsten abgelöst zu werden.10.16 Uhr passieren wir Atlantic City.Die Menschen,die unten im Badeanzug den schönen Tag an der See geniessen schauen voll Neid zu uns herauf,wir möchten jetzt aber mit keinem tauschen,so stolz sind wir alle auf unseren Do.X.

Um 11.10 Uhr sind wir über New-York,umfliegen die Freiheitsstatue,dann geht es den Hudson aufwärts bis zur Hudson-Brücke, im weiten Bogen zurück über die Stadt,vorbei an den Wolkenkratzern. Dächer und Strassen sind schwarz von Menschen,die Sirenen der Dampfer dringen bis zu uns herauf,trotz unserer 12 Motoren.Am Hafen stehen Tausende und winken und warten auf die Landung.

11.30 Uhr landen wir vor der Battery, werfen Anker und booten uns zum Empfang aus, da wir dann sofort wieder nach unserem Liegeplatz, dem Glenn-Curtiss Airfield starten wollen. Der Empfang durch den stellvertretenden zweiten Bürgermeister und die Behörden ist sehr herzlich, der deutsche Konsul Schwarz ist erschienen, zahlreiche Presseleute und der Rundfunk, Film, Photographen, kurz der ganze Apparat. Um 14.34 Uhr starten wir wieder mit 40 Passagieren, durchwegs Pressevertretern, East River aufwärts nach unserem Liegeplatz, den wir nach kurzer Runde über die Stadt um 14.50 Uhr erreichen.

Der Hafen hier ist vorzüglich, ruhiges Wasser, gute Startmöglichkeiten und gute Boje, leider ist der Platz etwas weit abgelegen und die Curtissleute freuen sich sichtlich, durch unseren Do.X endlich einmal ihren Flugplatz und Flughafen so richtig bekannt machen zu können, denn Tausende und Abertausende strömen die nächsten Tage heraus, um Do.X zu sehen und der Flugplatz hat noch niemals ein so gutes Geschäft gemacht, wie jetzt mit all den Eintrittsgeldern.

Wir fahren nach unserem Hotel, dem Sherry Netherland in der 5th Avenue, dessen Leiter uns eingeladen hat, dort zu wohnen. Der Leiter, Herr Voit, ein Badenser aus Durlach ist in jeder Weise besorgt, um unser Wohlergehen und wir sind ihm viel Dank schuldig für alle Mühe, die er sich wegen uns macht.-Unsere Zimmer sind zum Teil im 30. Stock gelegen, wo einem erst so richtig zum Bewusstsein kommt, wie schön diese Wolkenkratzer in Form und Aufbau sind. Dazu haben wir das Glück, ein ganz herrliches Wetter zu bekommen und so setzen wir nach dem offiziellen Empfang Freitag im Rathause für Montag einige Rundflüge mit geladenen Gästen an. Der erste Flug mit 48 Flugsachverständigen wird um 10 Uhr ausgeführt, der zweite mit 73 Passagieren anschliessend um 11 Uhr. Beide Flüge führen in weitem Bogen über New-York City, Hudson, Freiheitsstatue zurück nach North-Beach. Beim zweiten Fluge waren prominente Bankleute, Rechtsanwälte und Geschäftsleute der Stadt an Bord und es wäre interessant, feststellen zu können, wieviel Millionen Dollar wir heute spazieren geflogen haben und wieviele unserer Gäste das erste Mal in eine
Flugzeug sassen.-Wir konnten nämlich immer wieder festst
Menschen, die sonst noch nie den Fuss in ein Luftf
hatten, stets ohne Bedenken mit unserem Do.X ih
machten.

Über der Skyline
von New York.

Do X passiert
die Freiheitsstatue.

Kurz vor der Wasserung im Hafen von New York.

Umringt von Booten, Schiffen und Wasserflugzeugen liegt die Do X vor der Battery im New Yorker Hafen; im Vordergrund Tausende von Schaulustigen.

D-1929
DORNIER

D-1929
DO-X
DORNIER

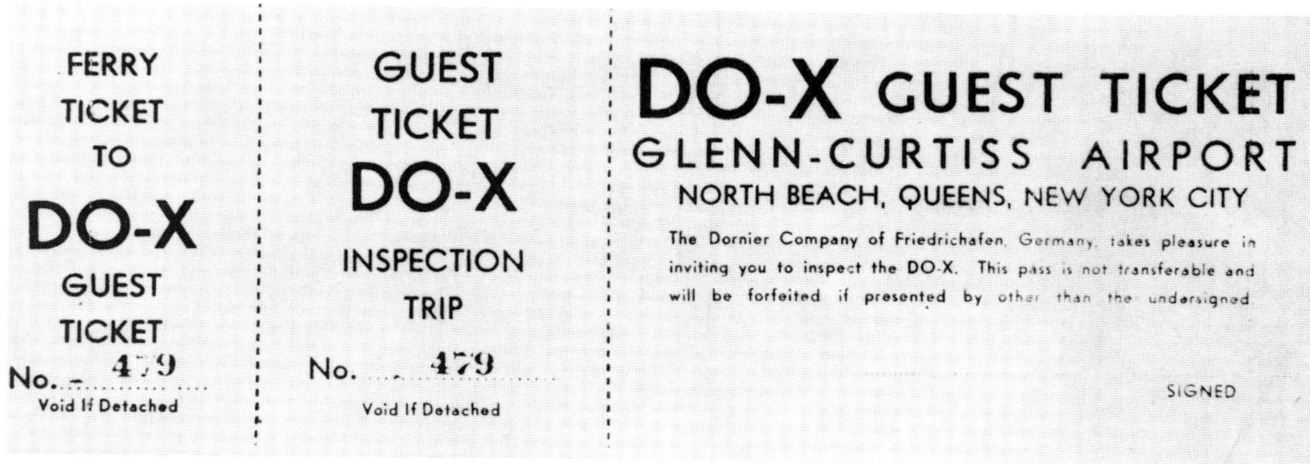

FERRY
TICKET
TO
DO-X
GUEST
TICKET
No. 479
Void If Detached

GUEST
TICKET
DO-X
INSPECTION
TRIP
No. 479
Void If Detached

DO-X GUEST TICKET
GLENN-CURTISS AIRPORT
NORTH BEACH, QUEENS, NEW YORK CITY

The Dornier Company of Friedrichafen, Germany, takes pleasure in inviting you to inspect the DO-X. This pass is not transferable and will be forfeited if presented by other than the undersigned.

SIGNED

Eintrittskarte für die Besichtigung
der Do X in New York.

Links: Vor der imposanten Kulisse
der Wolkenkratzer von New York.

Empfang der Do X-Besatzung an der
Battery.

Vor der City Hall begrüßt der Oberbürgermeister von New York die Besatzung.

Empfang der Do X-Besatzung bei US-Präsident Hoover im Weißen Haus (siehe auch Programm S. 193 unten).

Postkarte mit Sonderstempeln zum Atlantik der Do X.

Zur Besichtigung freigegeben: Do X auf der Werft der Curtiss-Werke bei New York.

P r o g r a m m   fuer die Reise nach Washington D.C.

2. Sept. 1931. Mittwoch.

New York Zeit	8 Uhr vorm.	Abfahrt vom Hotel
	9 Uhr vorm.	Abfahrt von Teterboro Airport
Washington Zeit x	10 Uhr	Ankunft Hoover Field Washington D.C. Empfangnahme durch Herrn Wiener.
	12 Uhr	Empfang bei der Deutschen Botschaft
	12.30 Uhr	Empfang bei Pres. Hoover im Weissen Haus.
	3.30 Uhr	Abfahrt Washingten Hoover Field
New York Zeit	6.30 Uhr	Ankunft Teterboro Airport
	8.00 Uhr	(Nur fuer die Herren Dornier u. Berner) Natl. Broadcasting Studio, 711 Fifth Ave.

NB. Auf der Hinfahrt wird Herr Schi-ldhauer in Camden abgeholt werden.

ZURÜCK NACH EUROPA

Neuyork – Neufundland

Von *Frau A. Strassmann,* dem einzigen Fluggast über den Nordatlantik.

New York, den 14. Mai 1932.

Stapellauf. Alle Mann an Bord. 5.20 Uhr. Wir sind auf der Schräge. Ein leiser Anstoß. Wir gleiten auf dem eingeschmierten Schlitten – ein Zischen: wir sind im Wasser. Motoren werden in Gang gesetzt. Bojenmanöver exerziert. Dann die Stimme des Kapitäns Christiansen: »Klar zum ersten Probeflug!« Alle Motoren brummen. Los von der Boje, wir drehen in Gegenwind. Vollgas. 35 Sekunden Startdauer, wir schweben.

Sonntag, den 15. Mai 1932.

Mittags ein langer Probeflug. Vier Stunden in der Luft. Nichts, aber auch nichts hat sich herausgestellt. Keinerlei Beanspruchung durch das achtmonatige Aufliegen.

Montag, den 16. Mai 1932.

Wir machen zwei eindrucksvolle Passagierflüge. Einen mit 104, den andern mit 88 Gästen über New York, unter der größten Begeisterung der New Yorker.

Dienstag, den 17. Mai 1932.

Technische Vorbereitungen, die Maschine ist klar.

Mittwoch, den 18. Mai 1932.

Der Proviant ist morgens an Bord gekommen. Begeisterte Amerikaner deutscher Abkunft haben alles gestiftet. Die Schlüssel zur Küche sind in meiner Tasche. 5 Thermosflaschen mit heißem Tee und Kaffee, und unser Gepäck, 10 kg pro Mann, waren an Bord gebracht. Ich flitze unbemerkt an Bord. Angstgefühl steigt auf. Wird mich doch nicht etwa im letzten Augenblick irgendwer von Bord holen? Unser aller Vertrauen in Schiff und Besatzung ist restlos. Wir freuen uns und rollen für die Nacht auf unsern Startplatz, 15 Meilen außerhalb New Yorks.

Donnerstag, den 19. Mai 1932.

Wecken 2.15 Uhr. Mondlicht. 3.30 Uhr Anker gelichtet. Ein Motor nach dem andern läuft. Abbremsen, Bullaugen, Türen dicht. 5 Uhr. Vollgas. Auf zur ersten Etappe. Gewicht: 53 Tonnen, Start 58 Sekunden. Unsere Flughöhe 10 m. 5.45 Uhr. Die Außentemperatur fällt beträchtlich. 9.15 Uhr passieren wir einen Schoner. Eine halbe Stunde später taucht Nova-Scotia auf. Menschen winken vom Lande, vom Wasser. Fern der Heimat »Do X D. 1929« ein deutsches Schiff. Ein herrliches Gefühl. Das Schiff liegt ruhig wie ein Brett. Keinerlei Vibration. Außentemperatur 7°. Durchschnittsgeschwindigkeit 160 km. An Bord alles munter und vergnügt. Appetit allerseits erschütternd gut. Es ist kalt, trotz Sonne. 4 Uhr. Neufundland in Sicht. Wir steigen. Kahle Berge ragen kegelförmig auf. Tiefeinschneidende Fjorde. Kleine Ortschaften. Hochgelegene Seen zwischen den Bergen. Es erinnert an Norwegen. 15 km geht es über dieses weltfremde Land. Nach 12½stündigem Fluge landen wir in Dildo in der Trinidad Bay. Wir scheitern an der Schwerfälligkeit der Neufundländer und bekommen keinen Brennstoff vor Dunkelheit. Volle 24 Stunden müssen wir verlieren und warten, weil es Menschen gibt, die den Begriff »Zeit« nicht kennen.

Es ist hundekalt, um 0°. Gott segne den Erfinder des Klepper-Schlafsacks, denn wir schlafen herrlich.

Freitag, den 20. Mai 1932.

4.30 Uhr Wecken. Kaffee holen an Land. Endlich kommt das ersehnte Benzin. Flugklar – starten. Wir fliegen – über Harbour Grace – in einer halben Stunde nach Holyrood, einem kleinen Ort am Ende der Conception Bay, unserem Tankplatze. 27 000 Liter Benzin werden an Bord genommen und Neufundländische Post abgenommen. Ich klebe zur Abwechslung Briefmarken auf. In schwerem Seegang und Wind wird das Boot mit 3 Schiffsankern vertäut. Wir pumpen immer noch Benzin. Die Wetterberichte lauten ganz ordentlich. 4 Stunden Schlaf.

Neufundland – Azoren

Sonnabend, den 21. Mai 1932.

»Rrrrrreise, Rrrrrreise, Rrrrrreise«, das ist »Krischans« – des Kommandanten Christiansens – »Wecken« an Bord: Do X.

3.30 Uhr. Im Schiff halbe Dunkelheit. Ich steige vorsichtig über noch schlafende Kameraden. Mein Ehrgeiz ist, Kaffee und Brote zu servieren, wenn sie aufstehen. Es gibt außerdem kondensierte Milch, Zucker, Butterbrot, Speck und zur Feier des bevorstehenden Fluges pro Mann ein hart gekochtes Ei. Das Frühstück wird in kameradschaftlicher Gemeinsamkeit eingenommen. Der erste Motor läuft. Es ist 5 Uhr, der Himmel ist bedeckt, das Schiff ist schwer wie noch nie, annähernd 56 Tonnen. Es wird heller, Morgenröte steigt über eine ganze Wolkenwand. Es herrscht keinerlei Aufregung oder Nervosität. Wir sind alle ruhig, jeder geht seinem Dienst nach wie bei jedem bisherigen Start. 5.30 Uhr. Wir rollen aus der Bucht. Der Kapitän geht noch einmal mit wachsamem Auge durch das Schiff. Der Navigationsoffizier Niemann steht über seinen Kartentisch gebeugt. Seine Karten sind ein Meisterwerk seemännischer Navigation. Der Kurs ist genau abgesetzt und eingeschrieben. Der Sextant liegt bereit, ebenso Berechnungstabellen, Kurventafeln usw.

Am Steuer sitzt der Chefpilot. Flugkapitän Merz: es ist sein zweiter Atlantikflug auf Do X. Neben ihm der zweite Pilot Diele. Diele gilt als einer der besten von den jüngern Fliegern. Am Instrumentenbrett steht der Bordingenieur Eitel. Er kennt die Do X aus ihren allerersten Anfängen heraus. Über den Motoren wacht außer den 6 altbewährten Monteuren, Brewton, ein Ingenieur, von Curtiss. Auf dem ganzen Fluge hatten wir nicht eine einzige Fehlzündung, nicht eine Störung an 12 Motoren. Hinter dem Maschinenraum krieche ich durch eine kleine Tür zum Funkraum. Kiel, der Bordfunker, hat den Kopfhörer über dem blonden Hamburger Jungenskopf.
Die ihm zur Verfügung stehende Kurz- und Langwellensende- und Empfang-Einrichtung ist mustergültig. Die Verbindung mit Europa und Amerika klappt ausgezeichnet.
Wir sind aus der Conception-Bay herausgerollt. Vollgas. Jeder sieht gespannt auf die Stoppuhr. Das Boot kommt auf Stufe, jagt über das Wasser, springt von Wellenkamm zu Wellenkamm. Letzte Gischt, wir schweben ruhig in der Luft. 1 Min. 50 Sek. Startzeit. Es ist kaum vorstellbar. 6.20 Uhr Neufundlandzeit. Wir gehen sofort auf Kurs. Richtung Südost, Wind Südwest, also leichter Gegenwind.
In der Bucht im Nebel liegt St. Johns. Flughöhe 5 m. Die Sicht ist gut. Es tauchen wohl Regenböen auf, auch vereinzelte Nebelschwaden. Aber das stört uns nicht. Neufundland ist hinter uns im Dunst verschwunden. Unsere Geschwindigkeit nimmt zu. Unter uns herrscht ziemliche Dünung. An Bord ist alles vergnügt.
Ich gebe der Besatzung zwar alle zwei Stunden, aber stets nicht allzuviel zu essen. Nicht als hätten wir nicht genügend Proviant an Bord, aber es ist zweifellos leichter für den Magen, geringe Mengen bei wenig Ruhe zu verarbeiten, als große Mengen quellenden Weißbrotes. Der allgemeine Gesundheitszustand ist ein guter.
Die Tatsache des Fluges über den Atlantik kommt einem durch das dauernde Beschäftigtsein gar nicht zum Bewußtsein. 3660 l Benzin werden aus Kanistern in die Tanks eingefüllt. Wer gerade nichts zu tun hat, faßt zu. Wenn man die Besatzung genauer anguckt, muß man lachen. In Neuyork wurde stillschweigend der Schwur geschworen: Keiner rasiert sich bis Europa. Man sieht einige richtige Stromergesichter. Alles steckt in dicken Wollsweatern, denn es ist immer noch kalt.
Aber – in übertragenem Sinne: Diese Besatzung kann sich sehen lassen. Mit solchem Flugboot, solchem Führer und Besatzung, mit so verantwortungsvollen Fachleuten läßt sich in der Zukunft zweifellos ein regelmäßiger Ozeanflugverkehr bewerkstelligen. Das wird unser Flug beweisen, das ist uns allen klar.
Der Bordbetrieb nimmt seinen regelmäßigen Fortgang. Die gefürchteten Bänke von Neufundland haben wir hinter uns. $5^1/_2$ Stunden herrliches Wetter. Unsere Flughöhe 5 m. Das Meer ist von einer unwirklichen Bläue. Unser Umschauhalten nach Eisbergen ist erfolglos. Dafür steigen jeweils neben uns Fontänen aus dem Wasser auf. Walfische. Krischan sitzt am Fenster und sucht mit altem Seemannsblick den Horizont nach Schiffen ab. Niemann nimmt alle halb Stunden das »Besteck«, unsere Position wird genau festgelegt. Sieben Stunden unterwegs. Wir haben noch nichts getroffen oder gesichtet. Es wird endlich warm. Nach fast 8 Stunden das erste Schiff. Ein großer Schoner. Wir halten darauf hin. Fliegen in niedriger Höhe darüber hinweg. Ein unvergeßliches Bild: Der weiße Schoner mit geblähten weißen Segeln. Die dänische Flagge ist gehißt. Ein roter Farbfleck gegen den türkisblauen Ozean und darüber unsere silberne Fläche.
Wir nähern uns den Azoren. Nach 12 Stunden fliegen wir zwischen den zwei westlichsten Azoreninseln, Corvo und Flores, hindurch. Die Navigation war schnurgerade. Es wird dunkel. Die Sonne ist untergegangen; es wird Nacht. Wir steigen. Nach $1^1/_2$ Stunden vor uns die Felsen der Hauptazoren. Dichte Nebelschwaden. Ab und zu ein schwaches Leuchtfeuer. Es beginnt ein Meisterwerk von Navigation und Vorsicht des Kapitäns. Er tastet sich von Leuchtfeuer zu Leuchtfeuer. Eine undurchdringliche Nebelwand verbaut den Fayal-Kanal. Wir landen bei vollkommener Dunkelheit nach einem Fluge von $14^1/_2$ Stunden auf offenem Atlantik. Die Landung ist wunderbar glatt. Mit zwei Motoren rollen wir in den Fayal-Kanal. Der Mond geht riesengroß über der Insel Pico auf. Das helle Licht ergießt sich in überwältigender nächtlicher Schönheit über den 3000 m steil aus dem Meer aufragenden Vulkan. Die Nebelwand hat sich aufgelöst und der Hafen von Horta blinkt mit seinen Lichtern. Wir machen an der Boje fest. Die schwere Etappe des Ozeanfluges wurde mühelos und ohne jegliche Störung zurückgelegt und bereits 5 Min. später wird mit Bunkern angefangen. Die Thermosflaschen werden mit heißem Kaffee gefüllt. Das Schiff sofort wieder klargemacht.

Azoren – Vigo – Calshot – Berlin

Sonntag, den 22. Mai 1932.

»Rrrrrreise, Rrrrrreise, Rrrrrreise«, die gewohnte Stimme »Krischans« zum Wecken. 4.30 Uhr. Das übliche Manöver. Anker hoch. Von der Boje, Motoren anwerfen. Wir starten 6.25 Uhr Hortaer Zeit direkt aus dem Hafen heraus. Kurs Vigo. Das Wetter ist herrlich. Flughöhe knapp 2 m. 11 Uhr. An Bord tiefer Friede. In den Kabinen werden die Gardinen angemacht, die Sessel festgeschraubt, Teppiche gelegt. Die Do X fliegt, als hätte sie nicht gestern den Nordatlantik überspannt.
6 Stunden. Der erste Frachtdampfer wird passiert. Es ist erstaunlich, wie sich der Mensch an alles gewöhnt, sogar an einen Ozeanflug. Einer nach dem andern von der Besatzung verschwindet vollbärtig im Waschraum, um nach einer halben

Stunde frisch rasiert, mit schneidigem Scheitel, in frischer Wäsche wieder herauszukommen. Wir bereiten uns auf Europa vor. Die Stimmung wird unbewußt von Minute zu Minute freudiger. 3 Uhr. Die Sicht ist wunderbar. Die Zeit verfliegt. Morgen sollte eigentlich Ruhetag sein. Aber wir brauchen ihn gar nicht. Weder am Schiff, noch an den Motoren, noch an der Mannschaft merkt man eine Beanspruchung durch die letzten Tage. 4 Uhr. Land voraus. Europa. Noch ein paar Meilen die Küste nordwärts. Vor uns buchtet sich der schöne Hafen von Vigo. Die Straßen sind schwarz von Menschen. Begeistertes Winken. Unzählige Segelboote, Motorboote, sogar spanische Kriegsschiffe, zu unserer Begrüßung. Eine Ehrenrunde über dem ersten europäischen Hafen. 6.45 Uhr. Wir landen in Europa. Ein Sonnenuntergang läßt alles in schönen Farben erstrahlen. Die Stadt hat beflaggt. Wir sind glücklich und haben nur einen Gedanken: Weiter, weiter nach Deutschland.

Montag, den 23. Mai 1932.

Es hat sich herausgestellt, daß kurz nach dem Start in Horta eine Möve in unsern Propeller Backbord 3 achtern geflogen war. Ein Stück Holz war herausgesprungen, was aber auf den ruhigen Lauf des Propellers keinen Einfluß ausgeübt hatte. Der Gewichtsverlust wurde ersetzt.

Die »Cap Arcona« war morgens 150 m von uns entfernt vor Anker gegangen. Nach altem seemännischen Brauch schickte uns der Kapitän Brot und Wurst. 10.45 Uhr starten wir. Eine Abschiedsrunde über Vigo. An Cap Finisterre vorbei, quer über den Golf von Biscaya auf Englands Südküste zu. Es herrscht Nordsturm, 70 km pro Stunde. Die Biscaya tobt. Wir fliegen ruhig über den schlingernden Schiffen. Die bis zu 22° starke Abdrift des Nordsturmes war in den Kurs einkalkuliert. Steuerbord taucht die Insel d'Ouessant, Frankreichs westlicher Vorposten auf. Wir verlassen den Atlantik, der sich uns in der Biscaya noch einmal so recht in seiner vollen Stärke zum Bewußtsein gebracht hat. Über den Kanal. Vor uns Start Point. Wir haben den Leuchtturm auf den Kopf getroffen. 6.30 Uhr hatten wir unsere Ankunft in Calshot (England), der Seeflugstation der Royal Air-Force, angekündigt. Es ist 6.15 Uhr. Eine Ehrenrunde über Southampton. Wir haben die Nachricht erhalten, daß Dr. Dornier seinem Schiff und seiner Besatzung zur Begrüßung nach England entgegengeeilt ist. Die Parole, daß es morgen früh weitergehen soll, nach Deutschland, nach Berlin, wird freudig begrüßt. Trotz Landurlaubs, verbringe ich die letzte Nacht an Bord des Flugschiffes.

Dienstag, den 24. Mai 1932.

Morgens um 9 Uhr werden Herr und Frau Dr. Dornier mit einem dreifachen von Herzen kommenden »Hipp Hipp Hurra!« auf der Do X von uns empfangen. Trotz schlechter Wetternachrichten wird gestartet. Der Kapitän weiß, was er seinem Schiff zumuten kann. Kurz vor dem Start während des Rollens erscheint längsseit ein Schnellboot der Royal Air-Force. Man hatte aus Versehen eine unserer Thermosflaschen an Land behalten. Als sein Versuch, längsseit zu kommen, nicht gelingt, läßt es sich kurz entschlossen in unser Sogwasser zurückgleiten und schießt mit Volldampf auf den Stummel herauf. Diese Widerstandsfähigkeit unseres Bootes war selbst für uns eine Überraschung. 10.15 Uhr starten wir. Durch Regen und Nebel geht es quer über den Kanal. Mittags tauchen die Molen von Hoek van Holland auf, wir fliegen dicht an der Küste. Langsam klärt es sich auf. Nur die Nordsee rollt noch mit graugrünen Wogen. Wir erreichen das Feuerschiff von Terschelling. Dort liegt Deutschlands Grenze.

Wir sind über Borkum. Die Küstenbatterie schießt Salut. Wasser- und Landflugzeuge kommen uns von Norderney entgegen. Cuxhaven taucht auf und schickt ein Torpedoboot zu unserer Begrüßung. Elbe 1. Blankenese. Über Hamburg. Erst jetzt wird es mir klar, es geht wirklich nach Berlin! Elbe aufwärts. Havelberg und endlich Brandenburg. Jeder Kilometer unter uns bringt für mich neues Wiedersehen. Werder, Potsdam, die Havel. Die Spree geht es entlang, nach Treptow. Vor uns glänzt der Müggelsee. Riesig ist die winkende Menge, die die Ufer schwarz umsäumt. Weit über Erwarten groß die Zahl der Boote aller Art, die sich zu unserer Begrüßung eingefunden hatte. Eine Runde um den Müggelsee, dann die gewohnte glatte Landung. Türen auf, und wir hören den Reichsverkehrsminister uns sagen, wie das Lied von deutschem Fleiß und deutschem Können, das unsere Propeller rund um den Atlantik trugen, nun auch in der Heimat Widerhall gefunden hat, daß die Heimat stolz ist auf Do X, das erste deutsche Flugschiff.

Im Hafen von Horta auf den Azoren.

Begeisterter Empfang der Do X auf dem Müggelsee bei Berlin.

S. 196: Treibstoffübernahme auf Neufundland vor dem Flug über den Nordatlantik.

Faksimile des Briefes von Kapitän Christiansen an die Deutsche Vacuum Oel AG.

DORNIER-FLUGSCHIFF „Do-X"

Berlin, den 26.Mai 1932.

An die

Deutsche Vacuum Oel Aktiengesellschaft,

H a m b u r g .

-.-.-.-.-.-.-.-.-.-.-

Nach glücklicher Durchführung der gesamten Erprobungsflüge des "Do X" Nr.1, der anschließenden Reise nach Südamerika und den Vereinigten Staaten und nach Durchführung des Rückfluges New-York / Berlin in 52 1/2 Stunden Flugzeit, möchte ich im Namen der Schiffsleitung Ihnen und der gesamten Vacuum-Organisation meinen besten Dank aussprechen. Die organisatorische Unterstützung, die Sie dem Fluguntenehmen geleistet haben, die auch bei raschen Umdispositionen stets prompt durchgeführte Versorgung des Flugschiffes, waren für uns eine große Entlastung.

Die Qualität Ihrer Lieferungen war überall gleichmäßig und in jeder Weise einwandfrei. Die Leistung von " Gargoyle Mobiloel Aero H " in den 12 Curtiss-Motoren, die rund 350 Flugstunden hinter sich haben, war geradezu glänzend inbezug auf die Leistung der Maschinen, den niedrigen Oelverbrauch und den tadellosen Betriebszustand der Motoren.

Ihre Teilnahme an dem historischen Flug des Dornier "Do X" Nr.1 bedeutet eine in jeder Weise anerkennenswerte Förderung der deutschen Fliegerei.

Ich bin

mit vorzüglicher Hochachtung

Kapt. Fr. Christiansen
Do. X.

Der Deutschlandflug 1932

In Deutschland war die erfolgreiche Rundreise des Flugschiffes Do X über mehrere Kontinente von der Öffentlichkeit natürlich mit größtem Interesse verfolgt worden. So wurde die Maschine überall bejubelt, als sie von Berlin aus auf dem Rückflug zum Bodensee nahezu 30 deutsche Städte besuchte. Die Do X wasserte auf Flüssen, Seen und in Ost- und Nordseehäfen, führte viele Rundflüge durch und wurde an den Liegeplätzen für Hunderttausende zur Besichtigung freigegeben.
1933 sollte dann ein weiterer Fernflug durch den Balkan über Istanbul nach Nahost durchgeführt werden, aber nach den ersten Etappen über den Starnberger See und Chiemsee wurde die Do X bei einer harten Landung auf der Donau bei Passau am Leitwerk beschädigt und kehrte zum Bodensee zurück.
1935 wurde die Do X nach Berlin überführt und im Luftfahrtmuseum am Lehrter Bahnhof aufgestellt, wo sie Ende des 2. Weltkrieges bei einem Bombenangriff zerstört wurde.

Besichtigung am Dampfersteg des Müggelsees in Berlin.

Rechts oben: im Hafen von Königsberg (30. 6.–6. 7. 1932).
Rechts unten: Flug über Danzig (6. 7.–13. 7. 1932).

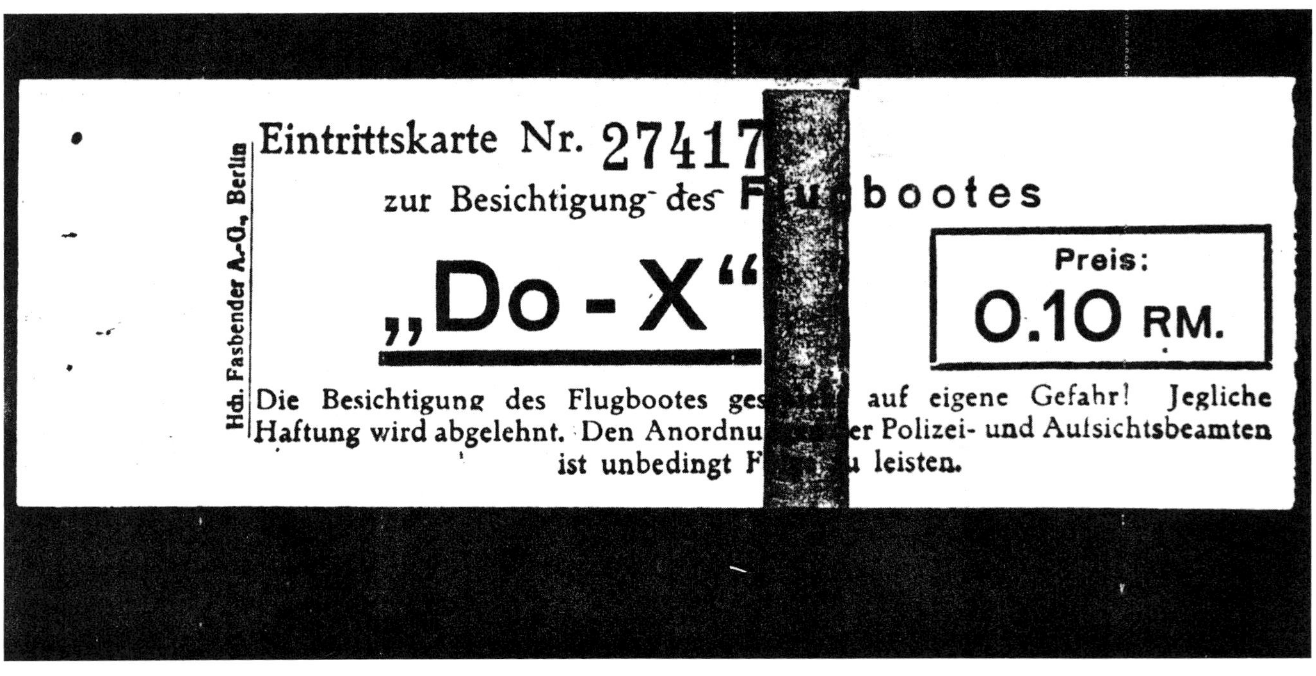

Hch. Fasbender A.-G., Berlin

Eintrittskarte Nr. 27417

zur Besichtigung des F[illegible]bootes

„Do - X“

Preis: 0.10 RM.

Die Besichtigung des Flugbootes ges[illegible] auf eigene Gefahr! Jegliche Haftung wird abgelehnt. Den Anordnu[illegible]er Polizei- und Aufsichtsbeamten ist unbedingt F[illegible]u leisten.

D-1929
DO-X
DORNIER

Do X im Hafen von Stralsund
(18. 7. 1932).

An der inneren Kaianlage im Stralsunder Hafen.

Do X bei Wartungsarbeiten im Trockendock von Travemünde
(22. 7.–26. 7. 1932).

Im Flug von Travemünde, begleitet von vier Heinkel-Wasserflugzeugen.

Luftaufnahme der Do X im Trockendock von Travemünde.

Besichtigung im Hafen von Travemünde.

Do X in Flensburg (30. 7.–1. 8. 1932).

Vor Wyk auf Föhr, dem Heimatort Kapitän Christiansens (1. 8.–5. 8. 1932).

Do X in Hamburg beim Alsterpavillon.

Öffentliche Besichtigung in Hamburg.

Flug der Do X von Hamburg nach Duisburg (6. 9. 1932).

Do X macht in Duisburg fest (6. 9.–13. 9. 1932).

Rechts: Mittelalter und Neuzeit – Do X passiert den Kölner Dom.

Zwischen Rheinschiffen im Duisburger Hafen.

Do X wassert an der Hohenzollern-Brücke in Köln (21. 9.–29. 9. 1932).

Wasserung auf dem Rhein in Koblenz (3. 10.–8. 10. 1932).

Do X auf dem Zürichsee (2. 11. – 14. 11. 1932).

Do X-Besatzung in Mannheim (26. 10.– 2. 11. 1932).

Sonderstempel des Südfunks.

Auf dem Starnberger See; zu beachten der für die geplante, aber nach einer Beschädigung in Passau abgebrochene Nahost-Reise vorgesehene Lufthansa-Schriftzug (Frühjahr 1933).

Do X im Hafen von Prien am Chiemsee.

Rechts oben: Demontiert, vom Müggelsee auf dem Wasserweg nach Berlin ins Luftfahrtmuseum.

Rechts unten: Do X-Rumpf beim Straßentransport ins Berliner Luftfahrtmuseum am Lehrter Bahnhof (im Hintergrund Dornier Merkur).

D-1929

DEUTZ - DIESEL

Do X ausgestellt in der großen Halle des Museums am Lehrter Bahnhof.

Nach der Zerstörung in der ehemaligen Luftfahrtsammlung Berlin, aufgenommen im Dezember 1946.

Do X2 und X3 für Italien

Wenig bekannt ist die Tatsache, daß das italienische Luftfahrtministerium im Jahr 1931 zwei Do X in Auftrag gegeben hat. Die beiden mit Do X2 und X3 bezeichneten Maschinen wurden mit Fiat-Motoren ausgerüstet und sollten für Transportzwecke eingesetzt werden.
Nach zwei italienischen Fliegerhelden wurden sie »Umberto Maddalena« (Do X2) und »Alessandro Guidoni« (Do X3) genannt. In aufsehenerregenden Alpenüberquerungen wurden die Do X2 am 28. August 1931 und die Do X3 am 22. April 1932 vom Bodensee nach Genua-Spezia überführt. Die Do X2 »Umberto Maddalena« führte noch 1931 einen Italienrundflug durch, bei dem sie nicht zuletzt ihre Fähigkeit unter Beweis stellte, sowohl in kleinen Häfen, als auch im offenen Meer problemlos starten und landen zu können.
Über die Einsatzjahre und das endgültige Schicksal der beiden italienischen Do X liegen keine konkreten Informationen vor. Sie wurden Mitte der dreißiger Jahre vermutlich verschrottet.

Do X 2 »Umberto Maddalena« (I-REDI), das erste der beiden für Italien bestimmten Flugschiffe bei der Erprobung.

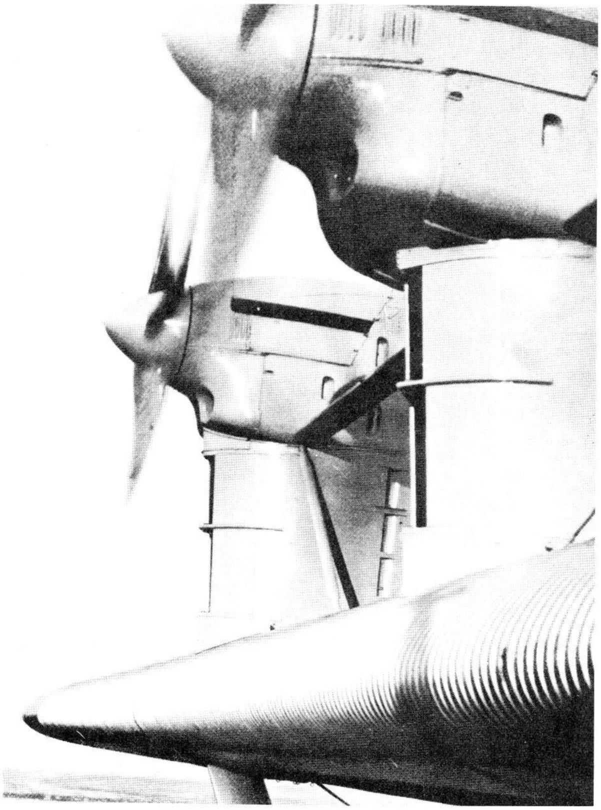

Die »italienischen« Do X wurden mit Fiat-Motoren von je 610 PS ausgerüstet; in den voll verkleideten Triebwerksstützen waren die Kühler mit verstellbaren Kühlluftöffnungen untergebracht.

Do X 3 »Alessandro Guidoni« (I-ABBN).

Oben und unten: Do X 2 beim Überführungsflug über die Alpen nach Genua-Spezia (28. 12. 1931); oben vermutlich Fotomontage.

Do X 2 über Rom (16. 9.–19. 9. 1931).

Vor Anker in Venedig (8. 10.–12. 10. 1931).

Umringt von Booten und Gondeln in Venedig.

Do X 2 auf dem Comer See (12. 10. 1931).

Die beiden Do X für Italien trugen am Bug ein geflügeltes Rutenbündel (Fasces).

Do X 2 in langsamer Fahrt auf dem Wasser.

Einzige Flugaufnahme der beiden für Italien gebauten Do X 2 und X 3.

Vor Anker in Genua-Spezia: Do X 2 (vorne) und X 3.

Do X 2 (im Hintergrund) und X 3 vor Anker; am Bug der Do X 3, »Alessandro Guidoni« ist zwischen den beiden großen Bullaugen das runde Symbol des italienischen Faschismus (Rutenbündel) erkennbar.

Blatt 3 v.M.1001

DoX2 – Überführung über die Alpen nach Spezia.

Die eingeklammerten Werte für reine Flugzeit u. Geschwindigkeit über Grund erscheinen unwahrscheinlich, es wurde daher nur mit 20 min Umweg von Andeer aus gerechnet. Die hohe Geschw.ü.Grund von 181 km/h erklärt sich durch Rückenwind, daher auch der geringe Km-Verbrauch von 6,8 kg/km.– Tatsächlich wurde aber bis Chur eine Geschw.ü.Grund von 192 km/h ermittelt.

Die Navigation machte keine Schwierigkeiten, jedoch zeigte die Erfahrung daß mit der Do X solche Alpenflüge nur bei einwandfreiem Wetter und guter Fernsicht angetreten werden dürfen da das Wenden mit dem, praktisch in Gipfelhöhe fliegenden Flugschiffes zwischen den teil. höheren Berggipfeln kritisch ist.

Die aus dem Barogrammen ersichtlichen Fallböen waren sehr unangenehm, da sie wie bereits angeführt stets starken Höhenverlust mit sich brachten und Wagner am Steuer sehr beanspruchten was vor den ital. Fluggästen nicht zu verbergen war. Darüber wird genannter persönlich berichten. Wagner u.die ganze Besatzung haben ihr Bestes geleistet, insb. Russ u. Stangneth. Die Maschinenanlage u.s.w. waren in bester Ordnung u.konnten von diesen stets klar gemeldet werden was zur ruhig. Stimmung an Bord beitrug. Ab Genova liefen 2 Motoren unruhig und wurden diese daher stark gedrosselt,– es handelte sich aber, wie später festgestellt wurde nur um Kerzenstörungen.

Über Erfahrungen für einen folgenden Alpenflug mit DoX3 soll an anderer Stelle berichtet werden.

Der Ordnung wegen wiederhole ich die an L.Z. und Radio-Genova gegebenen Standortmeldungen, die ich wegen des ital.Funkers lieber in ital.Sprache aufgab, und die Sie den Flug sicherlich gut verfolgen ließen.

1) Aufgegeben: um 9,10
"Decollaggio alle ore 9,03 stop giriamo sul lago per circa un or
stop indicheremo ora in cui lasceremo lago et ci metteremo in
2) 10,12 rotta, Do X 2"
"ore 10,08 lasciamo lago di Costanza quota 2700 m dal punto
"Rheinmündung" in rotta verso Splugen, Do X 2"
3) 10,20
"10,17 Feldkirch" Do X 2"
4) 10,45
"alle ore 10,45 invertiamo rotta sopra Andeer per guadagnare
quota, attuale 3000 m tempo buono aria mossa Do X 2"
5) 11,22 " ore 11,20 Spluga Do X 2"
6) 11,34 " ore 11,30 Lago di Como quota 3200 velocita 180 km Do X 2"
7) 11,40 "(Wetteranfrage die von Genua binnen 10 min beantwortet
wurde u. uns zeigte daß die Verbindung mit Radio in Ordng.
8) 11,55 "ore 11,53 venti km ponente di Milano Do X 2"
9) 12,08 "ore 12,06 in quota 2600 m sul Po Do X 2"
10) 12,32 "ore 12,30 sopra Genova Do X 2"
11) 12,55 "per doktor Dornier Frhfbod: Lago di Costanza a Genova
tempo di volo netto 2 ore 02 min, alle 13 saremo Spezia Do X 2"

Wir empfingen eine weitere Wettermeldung vom L.Z. über Chur u. eine weitere aus Genova,– und sandten an Fiat Turin über der Po-Ebene Glückwünsche für das gute Funktionieren der Motoren bei der Alpenüberquerung.

Verteiler: 1 Mal H.DrDornier
1 " D.M.B. (mit beschrieb.Originalbarogr.zur Auswertung u.bitte
1 " Doflug. (Copie für die anderen Berichte anfertigen
(lassen und beiheften).

Faksimile des Do X 2-Überführungsberichts.

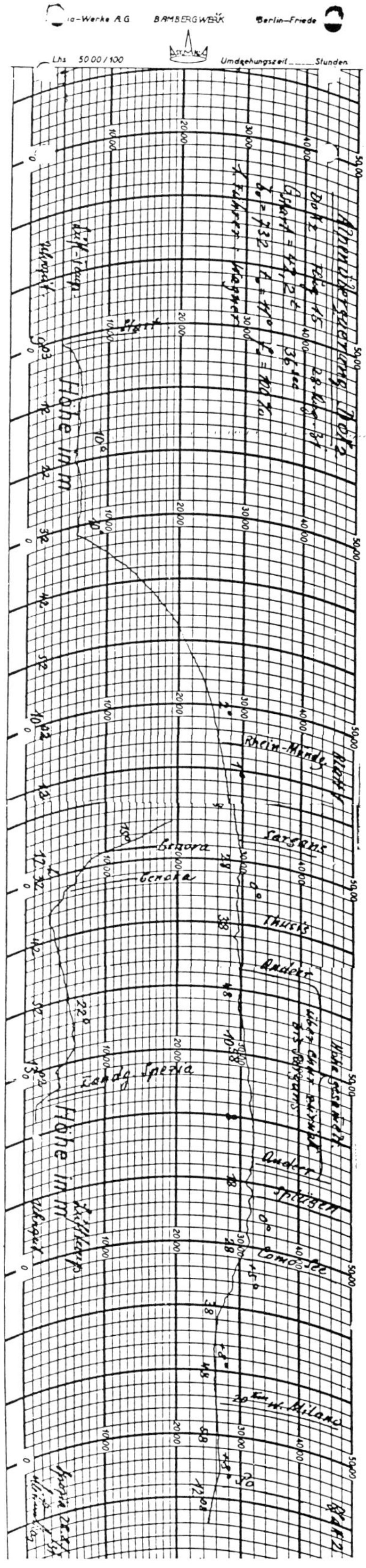

Barogramm der Alpenüberquerung der Do X 2 am 28. 12. 1931.

DAS DORNIER-FLUGSCHIFF DO X 2, »UMBERTO MADDALENA« UND SEIN ITALIEN-RUNDFLUG

Das auf der Dornierwerft in Altenrhein für Italien erbaute Flugschiff Do X 2 machte am 16. V. 1931 seinen Erstlingsflug. Nach insgesamt 14 am Bodensee ausgeführten Flügen wurde am 28. VIII. 1931 die Ablieferung an Italien vollzogen.

Dieser Überführungsflug des ersten Flugschiffes vom Bodensee nach Genua-Spezia hat allgemein Aufsehen erregt, – da die Alpen und der Splügenpaß in 3200 m Höhe überflogen wurden. Die Flugzeit Bodensee – Genua betrug 2 Stunden 30 Minuten. In Spezia wurde Do X 2 offiziell durch Italien übernommen und der neuen Besatzung übergeben.

Letztere nahm schon an den Flügen am Bodensee teil und war daher bald mit dem Flugschiff, das auf den Namen des gefallenen italienischen Lufthelden »Umberto Maddalena« getauft wurde, vertraut, und so innig damit verwachsen, daß die Mannschaft ihr ständiges Quartier an Bord aufschlug. Der Kommandant, der Atlantikflieger Major Agnesi, ein energischer Sizilianer, übernahm zusammen mit dem ersten Piloten Kapitän Ravazzoni und dem dritten Offizier, Kapitän Altomare, die Leitung des Flugschiffes.

Zwei Tage nach der Ankunft in Spezia nahm der »Umberto Maddalena« an der großen Luftparade vor dem König teil, wobei die Do X 2 die Glanznummer darstellte und Gelegenheit hatte, den italienischen Luftminister Italo Balbo und 24 hohe italienische Persönlichkeiten auf dem Luftwege an den Ort der Feierlichkeit zu bringen. Die Schauflüge der Do X 2 über dem Kratersee »di Bracciano« und über Rom begeisterten die Bevölkerung der italienischen Hauptstadt.

Der Italienrundflug hatte den Zweck, die Vorführung der Do X 2 vor dem italienischen Volk mit der Erprobung, wie sich das Flugschiff in den Häfen des Königreiches bewegt und bewährt, zu verbinden. Der Flugweg führte von Spezia über Rom nach Neapel, Tarent, Ancona, Zara, Fiume, Pola und Triest, Venedig, über Land nach dem Comersee (um auch der Mailänder Bevölkerung Gelegenheit zu bieten, ihren »Umberto Maddalena« besichtigen zu können) – und über Genua zurück nach dem Heimathafen Spezia.

Der Rundflug glich einem Triumphzug und bedeutete in jedem Hafen eine nationale Feier. Die Italiener feierten ihren Umberto Maddalena als Nationalhelden, sie feierten ihren »Umberto Maddalena« als technisches Meisterwerk und als Einheit ihrer faszistischen Luftflotte.

Großes Aufsehen erregte in italienischen Fachkreisen, daß die Do X 2 *in* den relativ kleinen Häfen von Neapel, Tarent, Fiume, Pola, Venedig und Genua, teilweise mit erheblichem Seitenwind, ebensogut starten und landen konnte, wie im offenen Meer bei Seegang und Dünung *vor* den Häfen von Ancona und Triest.

Sehr angenehm fiel es den Fachleuten an Bord und an Land auf, daß das Flugschiff, dank seiner ausgezeichneten Wendigkeit auf dem Wasser, überall – selbst in den Miniaturhäfen, wie Ancona und Zara – mit eigener Kraft das Ein- und Auslaufen und das Bojen- und Ankermanöver immer »auf Anhieb« ausführte.

Die einwandfreie Durchführung der oft schwierigen Starts und Landungen, das gute Manövrieren in schmalen Gewässern und die ruhige, erfahrene Führung des Flugschiffes auf allen Flugetappen ist den Qualitäten der Besatzung zugutezuschreiben. Dieses Lob spricht aber auch für das Flugschiff, das sich mit wenig Übung gut und leicht führen läßt.

Die an Bord mitgenommenen Fiat-Motoren-Ersatzteile brauchten nicht angetastet zu werden. Es waren keinerlei Ersatz- oder Reparaturteile für das Flugschiff und dessen umfangreiche Anlagen an Bord vorhanden. Fremde Hilfe wurde nie in Anspruch genommen. Ohne Schutzvorrichtungen haben viele tausendmal Motorboote und Ruderboote an den Stummeln an- und abgelegt, unzählige Male die Stiele und den Schiffskörper wenig »sanft« behandelt; über 100000 Personen wurden im Verlauf des Italien-Rundfluges zur Besichtigung des Flugschiffes von oben bis unten und von vorn nach hinten – an Bord gebracht.

B e r i c h t.

Überführung Do X 3 über die Alpen nach S p e z i a.

1) Vorbereitungen:

Das Flugschiff Do X 3 hat bekanntlich Ende März 1932 die Abnahmeflüge mit Erfolg beendet und führte am 14.4.1932 den letzten Flug (Flug 10) am Bodensee aus, um die FT-Station und die gesamte Motorenanlage usw. im Fluge nochmals zu erproben.

Am 22.4.1932 lauteten die Wettermeldungen im allgemeinen günstig und die Überführung der Do X 3 wurde sofort angesetzt. Wie bekannt musste dieser Flug wegen Lecken eines Vergaserschwimmers aufgegeben werden, da diese Störung schon beim Rollen bemerkt wurde. Ausserdem trat so schnell schlechtes Wetter ein, dass der Splügen 1/2 Stunde später dichtes Schneegestöber meldete.

2) Überführung:

Do X 3 , Flug 11, am 13.5.1932.

Gewicht am Wagen 41013 kg mit
5000 kg gewogenem Brennstoff.

Besatzung: 11 Mann, die gleiche wie bei Do X 2,

Fluggäste: 6 Personen und zwar: Direktor KEPPELER, Kommandant DONATELLI, Kapitän RAVAZZONI, Generalkonsul FERRATA, Fiatmechaniker MACCAGNIO und ein Radiotelegrafist von Marconi.

Die Wettermeldungen wurden gar nicht abgewartet, da schon um 4 Uhr früh bestes Wetter festgestellt wurde, obgleich am Vorabend die Stationen München und Zürich angaben, dass für den heutigen Morgen durchaus keine Gelegenheit wäre, die Do X über die Alpen zu bringen.

7 Uhr	Barometerstand	728
	Temperatur	+8°
	Wind	0
	See	0
	Nebel	
8^{20}	ab Wagen	
8^{30}	Beginn des Anlassens	
8^{35}	laufen alle Motoren	
8^{52}	Start bei Windstille, diesig, Fluggewicht ca. 40,8 t, in 32 sec.	

- 2 -

- 2 -

eit	Instrumente Höhe	Luft	Vkm/h	n/min	G ca.t	Brennstoff ca.t	Strecke km	Position	PT
8^{52}	400	+ 8°	140	1850	40,8	4,8	–	(Start) Altenrhein	(1)
9^{00}	1400	+12°	155	2000			–	Friedrichshafen	–
9^{08}	2000	+ 9°	150	2000			0	Bodensee verlassen	(2)
9^{30}	3000	+ 1°	150	2000		(9^{20}) 4,1	–	Chur	(3)
9^{45}	3200	+ 3°	160	2000	39,4	(9^{50}) 3,4	120	Splügen	(4)
0^{00}	3000	+ 4°	160	2000			–	Bellaggio	(5)
0^{15}	1400	+16°	160	1950			–	Milano	(6)
0^{30}	2000	+10°	160	2000		(10^{20}) 2,7	–	Pavia	(7)
0^{57}	2000	+14°	180	1900		(1057) 2,0	370	Genua	(8)
1^{25}	200	+22°	180	1900			460	Spezia	(9)
1^{30}	–	–	–	–	37,6	1,6	–	(Landung) Spezia	(10)

Strecke	Flugzeit	Kilometer	Geschwindigkeit
Bodensee (Südufer) bis Genua	2 h 5'	370	177 km/h
Genua – Spezia	28 min	90	193 km/h
Bodensee (Südufer) bis Spezia	2 h 33'	460	180 km/h.

Betriebsstoffverbrauch:

von 8^{52} – 11^{30} (2 h 38 min) 3,2 t Brennstoff oder 1216 kg/h oder

Brennstoffverbrauch: = 6,76 kg/km

Schmierstoffverbrauch: ca. 24 kg/h , also Brennstoff + Schmierstoffverbrauch:

Betriebsstoffverbrauch: 6,90 kg/km

- 3 -

Faksimile des Do X 3-Überführungsberichts vom 13. 5. 1932.

Flughöhe:

Der Splügen wurde (wie mit Do X 2) in 3200 m Höhe überflogen, je-
doch stellte diese Höhe für die Do X 3 nicht die praktische
Gipfelhöhe dar, was sich beim Fliegen durch die Alpen sehr ange-
nehm bemerkbar machte wegen des zur Verfügung stehenden Leistungs-
überschusses. - (Dieser Leistungsüberschuss fehlte bei Do X 2 im
August 1931, was auch deswegen sehr unangenehm war, da sehr böiges
Wetter am Splügen angetroffen wurde).

Wetterlage:

Die Wetterlage war vom Bodensee bis nach Spezia gut, die Sicht
durchwegs ausreichend, die Luft ausserordentlich ruhig, sodass
wir praktisch keinerlei Böen erhielten.

Temperaturen:

Die Lufttemperatur fiel in Chur auf +1° im Schatten (sie betrug
bei Do X 2 im August vorigen Jahres über dem Splügen 0°). Die

Drehzahlen lagen daroh die etwas fettere und günstigere Einregu-
lierung der Fiatmotoren ein wenig höher als bei Do X 2 im Steigen.
Ab 2400 m wurde die Höhenkorrektur eingeschaltet. Die

Motoren liefen ausgezeichnet, die gesamte Anlage funktionierte
zur vollsten Zufriedenheit. Ab Genua vibrierte der Motor BB III
achtern stark und es wurde dieser daher abgestellt. In Spezia
wurde festgestellt, dass der Vergaserschwimmer defekt war.

Fluggewicht: mit 39,4 t wurde der Splügen überflogen, also prak-
tisch mit dem gleichen Gewicht wie mit Do X 2 im August 1931. Die
Landung in Spezia erfolgte mit einem Fluggewicht von 37,5 t.

Brennstoff: Der Verbrauch ist aus der obigen Aufstellung zu ent-
nehmen, liegt um eine Kleinigkeit höher als bei Do X 2 (6,9 statt
6,8 kg/km)und deckt sich sehr gut mit den bisher angestellten
Messungen.

Flugzeit: diese ist aus der obigen Tabelle zu entnehmen, ebenso die

Fluggeschwindigkeit.

Dieses Mal wurde nach dem Start direkt nach Friedrichshafen ge-
flogen, von dort über das Südufer des Bodensees (zwischen Arbon
und Rorschach) mit direktem Kurs auf Chur und ohne Runden über
den Splügen, Mailand und Genua naheru direkter Kurs nach Spezia
gehalten.

Die Flugzeit vom Südufer des Bodensees bis Spezia betrug 2 h 33' ,
die mittlere Geschwindigkeit 180 km/h. Bei Do X 2 wurden bekannt-
lich verschiedene Runden geflogen, die bei der Ermittlung der Flug-
zeiten und Fluggeschwindigkeiten allerdings in Abzug gebracht wor-
den sind. Die so ermittelte Flugzeit und Fluggeschwindigkeit deckt
sich praktisch genau mit der der Do X 3 (2 h 32' und 181 km/h).
Das Flugschiff wurde am nächsten Tage dem CAI und sofort weiter an das
Italienische Luftministerium übergeben und von diesem übernommen.

Der Ordnung halber werden nachfolgend die während des Fluges
aufgegebenen Funksprüche an D 900 (Luftschiffbau Zeppelin)
in deutscher Sprache und an Radio Genua der gleiche Text in
italienischer Sprache, aufgeführt:

(1) " Start 8 Uhr 52 Do X"
(2) " Verlassen Bodensee um 9^{08} in 2000 m Höhe Do X "
(3) " Über Chur in 3000 m um 9^{30} Do X:
(4) " Um 9^{45} in 3200 m über Splügen passiert Grüsse Do X"
(5) " Um 10 Uhr Bellaggio in 3000 m passiert "
(6) " Um 10^{15} in 1000 m über Milano"
(7) " 10 Uhr 30 über Pavia Do X"
(8) " Per D 900 via Radio Genova o via Zurigo um 10^{57} Uhr Küste erreicht über Genova Do X"
(9) " per D 900 werden um circa 11 Uhr 30 Spezia landen Do X"
(10) " per D 900 per Doktor Dornier Do X 11 Uhr 30 Spezia glatt gelandet Glückwünsche und Grüsse Do X Besatzung Wagner, Keppeler, Mitterwallner "

Manzell, den 25. Mai 1932.
TV.-v.M./Schä.

Bekommt: G: KL: TL: GAw: TY: TF: TP:

H. Wagner(TF) DMB, Bln.: Doflug:

Anhang

Streckenpläne: Europaflug, Atlantikflug, Italienrundflug.

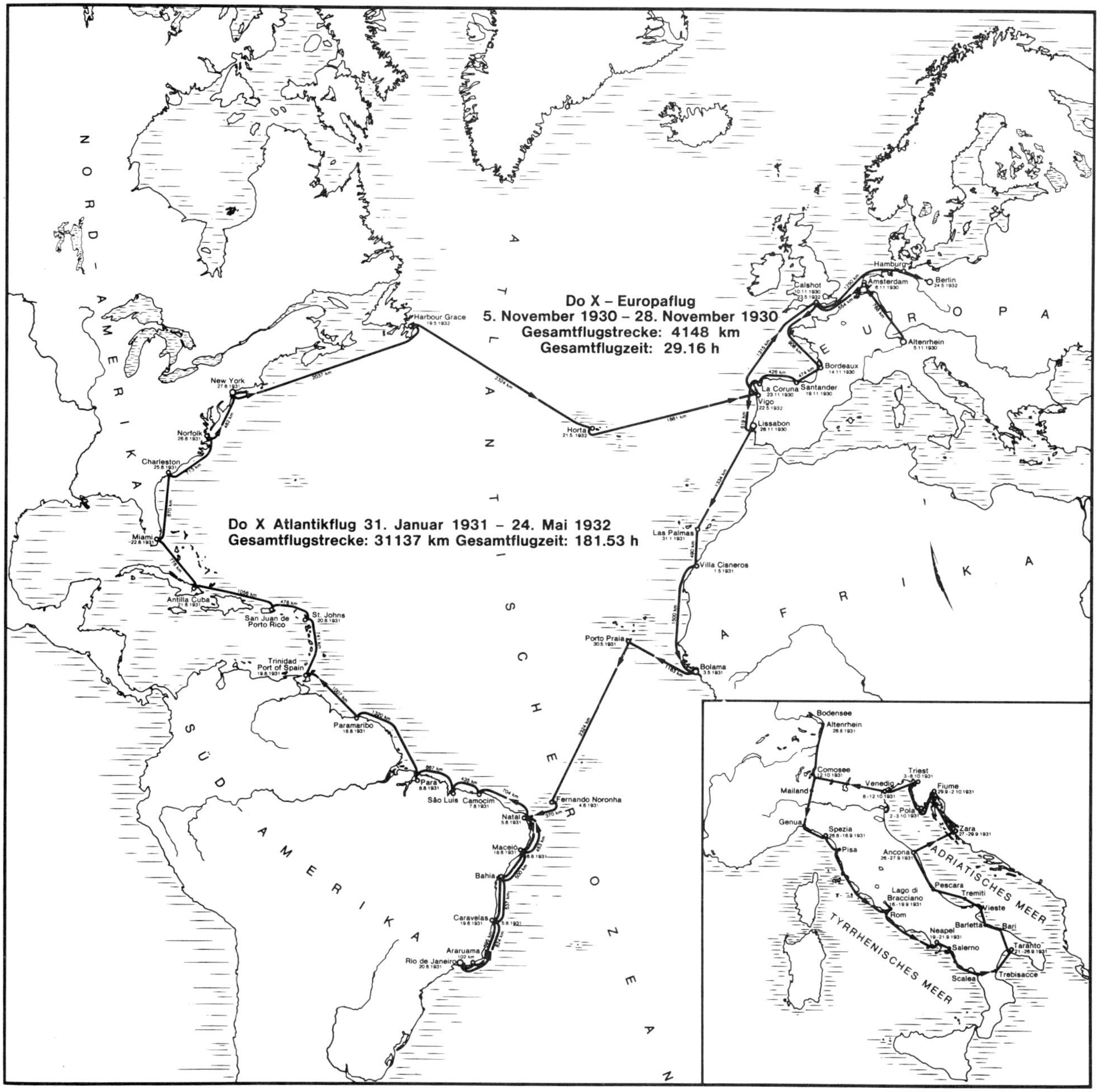

Starts und Flüge des Dornier-Flugschiffes Do.X 1 D 1929.

Tag	Strecke	km	Stdn.	km/Stde.	kg
1. Erprobung am Bodensee.					
a. mit Jupiter-Motoren.					
1. 12.7.1929	Start			150	35360
2.	"				
3.	"				
4. 15.7.	Flug	6	0.02.25		35172
5.	"	8	0.03,12		
6.	"	22.5	0.09		
7. 16.7.	Start				
8. 17.7.	Flug	52.5	0.21		
9.	"	47.5	0.19		34629
10.	"	17.5	0.07		35545
11.	"	30	0.12		
12. 23.7.	"	55	0.22		41049
13.	Start mit				45000
14.	"				
15.	Flug	70	0.28		40435
16. 24.7.	"	12.5	0.05		45103
17.	"	57.5	0.23		
18. 25.7.	"	12.5	0.05		48842
19.	"	22.5	0.09		
20.	"	27.5	0.11		
21. 26.7.	Start mit				48000
22.	Flug	30	0.12		
23.	"	6	0.02.30		
24. 5.8.	"	35	0.14		37800
25. 6.8.	")	270	1.48		40400
26.	")				
27.	")				
28. 7.8.	"	22.5	0.09		37000
		605,0	5.22		

Tag	Strecke	km.	Stdn.	km/Stde.	kg
		805	5.22		
29. 7.8.1929	Flug	15	0.06	150	
30. 8.8.	"	65	0.26		36500
31. 20.8.	"	190	1.16		
32. 21.8.	"	130	0.52		40000
33. 22.8.	"	117.5	0.47		40000
34.	"	132.5	0.53		
35. 23.8.	Start				48700
36.	"				
37.	Flug	35	0.14		
38. 27.8.	"	87.5	0.35		42700
39.	"	67.5	0.27		
40. 28.8.	"	77.5	0.31		40380
41. 29.8.	"	62.5	0.25		40100
42. 30.8.	"	100	0.40		45000
43. 4.9.	"	30	0.12		35586
44.	"	35	0.14		
45.	"	27.5	0.11		
46. 13.9.	"	67.5	0.27		36000
47.	"	75	0.30		38000
48.	"	30	0.12		
49.	"	50	0.20		
50. 19.9.	"	105	0.42		35500
51.	"	45	0.18		
52. 23.9.	"	125	0.50		36675
53. 30.9.	"	90	0.36		36360
54.	Start				
55.	Flug	92.5	0.37		38229
56. 1.10.	"	75	0.30		37154
57.	"	22.5	0.09		
58.	"	30	0.12		
59. 7.10.	"	92.5	0.37		36780
60.	"	80	0.32		34624
61. 14.10.	"	125	0.50		37394
62.	Start				49377
63.	"				
64.	"				
		3082.5	20.33		

Liste der Starts und Flüge der Do X 1 (D-1929) vom 12. 7. 1929– 14. 11. 1932.

	Tag	Strecke	km.	Stdn.	km/Stde.	kg.
			3082.5	20.33		
65.	16.10.1929	Start			150	51227
66.		"				
67.		"				
68.	17.10.	Flug	62.5	0.25		46290
69.		"	60	0.24		40000
70.	21.10.	"	100	0.40		44768
71.	9.11.	"	115	0.46		35621
72.	13.11.	Start				48500
73.		Flug	27.5	0.11		
74.	16.11.	"	45	0.18		48360
75.		"	67.5	0.27		
76.		"	17.5	0.07		
77.	17.11.	"	95	0.38		43150
78.	18.11.	"	95	0.38		48350
79.		"	32.5	0.13		
80.	9.12.	"	52.5	0.21		42300
81.	10.12.	"	70	0.28		40972
82.	11.12.	"	112.5	0.45		39965
83.		"	107.5	0.43		45468
84.	14.12.	"	17.5	0.07		45122
85.		"	212.5	1.25		
86.	17.12.	"	47.5	0,19		40700
87.		"	47.5	0.19		
88.	23.12	"	55	0.22		42028
89.		"	77.5	0.31		44676
90.	14.1.1930	"	75	0.30		38424
91.	15.1.	"	122.5	0.49		45327
92.	17.1.	"	102.5	0.41		45145
93.	27.1.	Start				40258
94.		Flug	37.5	0.15		
95.	1.2.	"	80	0.32		40200
96.		"	20	0.08		39500
97.	10.2.	"	120	0.48		45125
98.	11.2.	"	105	0.42		45210
99.		"	20	0.08		
100.	14.2.	")	37.5	0.15		50198
101.		")				
			5320	35.28		

	Tag	Strecke	km	Stdn.	km/Stde.	kg
			5320	35.28		
102.	14.2.1930	Start				51991
103.		"				
			5320	35.28		

Tag	Strecke	km	Stdn.	km/Stde.	kg
1.b. mit Curtiss-Motoren.					
104. 4.8.1930	Start			170	40000
105.	"				
106. 5.8.	"				39990
107.	Flug	17	0.08		
108.	Start				
109. 6.8.	Flug	25	0.09		40160
110.	"	79	0.28		
111. 7.8.	"	34	0.12		45260
112.	"	110	0.39		45000
113. 9.8.	"	57	0.20		39200
114.	"	201	1.11		38800
115.	"	178	1.03		
116.11.8.	"	150	0.53		40860
117.14.8.	"	59	0.21		39600
118.27.8.	"	74	0.26		40800
119.	"	57	0.20		40300
120.	"	51	0.18		
121. 28.8.	"	79	0.28		
122. 29.8.	"	130	0.46		48000
123. 25.9.	"	17	0.06		
124. 26.9.	"	178	1.03		
125.	"	28	0.10		
126.	"	59	0.21		
127.	"	25	0.09		
128. 27.9.	"	153	0.54		
129. 29.9.	"	51	0.18		47300
130.	"	71	0.25		
131.	"	819	4.49		
132. 13.10.	"	136	0.48		
133.	"	90	0.32		
134. 14.10.	"	360	2.07		
135.	"	232	1.22		
		3520	20.46		

Tag	Strecke	km	Stdn.	km/Stde.	kg
		3520	20.46		
136. 27.10.	Flug	144	0.51	170	40500
137. 27.10.	"	153	0.54		
138. 28.10.	"	79	0.28		46290
139.	"	601	3.32		
140. 31.10.	"	133	0.47		42400
		4630	27.18		

2. Europa-Vorführungsflüge.

Tag	Strecke	km.	Stdn.	km/Stde.	kg
141. 5.11.30	Altenrhein-Amsterdam	768	5.05	154	45300
142. 7.11.	Rundflug	142	50		42500
143. 10.11.	Amsterdam-Calshot	554	3.51	144	46000
144. 12.11.	Rundflug	96	34		44000
145.	"	37	13		43000
146. 14.11.	Calshot-Les Barges	756	5.16	142	47800
147. 15.11.	La Rochelle-Bordeaux	152	1.01	152	39000
148. 17.11.	Blaye - Bordeaux	34	12		45000
149.	Rundflug	54	19		44600
150.	nach Pouillac	133	40		41300
151. 20.11.	Blaye-Santander	474	3.37	132	48600
152. 23.11.	Santander-La Coruna	426	2.41	161	44300
153. 27.11.	La Coruna-Lissabon	619	4.00	154	47400
				Aufenthalt in Lissabon wegen Zerstörung der linken Tragflächenbespannung durch Feuer.	
154.24.1.31	Flug	190	1.07		39000
155.25.1.	"	394	2.19		49600
156.26.1.	"	195	1.10		
157.27.1.	Start				52000
158.28.1.	"				54170
		5024	32.55		

3. Erprobung in West-Afrika.

Tag	Strecke	km.	Stdn.	km/Stde.	kg
159. 31.1.1931	Lissabon-Las Palmas	1334	6.58	191	51250
	Aufenthalt wegen Reparaturarbeiten.				
160. 30.4.	Probeflüge	162	0.50		38500
161. 1.5.	Gandobucht-Villa Cisneros	490	2.40	163	40800
162. 3.5.	Villa Cisneros Bolama	1500	8.18	180	50000
7.-29.5.	21 Starts			Erprobung und Startversuche mit Abfluggewichten von 52-55,5 to. in tropischen Gewässern.	
		3486	18.46		

Tag	Strecke	km	Stdn.	km/Stde	kg

4.Überführungsflug Bolama - Kap Verden - Rio de Janeiro

Tag	Strecke	km	Stdn.	km/Stde	kg
163. 30.5.31	Bolama-Porto Praia	1163	6.57	167.5	45825
164. 4.6.	Porto Praia Fern.Noronha	2324	13.13	176	52375
165. 5.6.	Fern.Noronha-Natal	370	2.20	159	39600
166. 18.6.	Natal-Maceio	453	2.53	159	42800
167.	Maceio-Bahia	500	2.55	172	41900
168. 19.6.	Bahia-Caravellas	537	3.25	157	43700
169.	Caravellas-Araruama	695	3.52	178	44900
170. 20.6.	Araruama (Cabo Faio)-Rio de Janeiro	102	0.47	130	41300
				Zwecks genauer Einhaltung der Ankunftszeit wurde stark gedrosselt geflogen.	
171.21.6.	Rundflug	45	0.16	170	43600
172.	"	77	0.27		
173. 28.7.	Flug	122	0.43		41200
174. 3.8.	Rundflug	74	0.26		42750
175.	"	110	0.39		
		6572	38.53		

5. Flug: Rio de Janeiro - New York.

Tag	Strecke	km	Stdn.	km/Stde.	kg
176. 5.8.1931	Rio-Caravellas	824	4.49	174	46005
177.	Caravellas-Bahia	593	3.01	198	42700
178. 6.8.	Bahia-Maceio	482	2.54	167	
179.	Maceio-Natal	453	2.43	166	42600
180. 7.8.	Natal-Camoncim	704	4.00	176	44000
181.	Camoncim-Sao Luiz	435	2.16	189	42300
182. 8.8.	Sao Luiz-Para	667	3.36	185	45250
183.10.8.	Flug mit 11 Motoren				43400
184.18.8.	Probeflug	28	0.10	170	43200
185.18.8.	Para-Paramaribo	1320	6.50	194	48100
186.19.8.	Paramaribo-P.of Spain	1007	5.50	170	46000
187. 20.8.	P.of Spain-St.Johns	741	5.04	146	44800
188.	St.Johns-San Juan de Porto Rico	478	2.38	183	43100
189. 21.8.	San Juan-Antilla Cuba	1056	5.56	179	46800
190. 22.8.	Antilla-Miami	778	4.21	179	46300
191. 25.8.	Miami-Charleston	870	5.17	165	47900
192. 26.8.	Charleston-Norfolk	713	3.54	180	46500
193. 27.8.	Norfolk-New York	482	3.02	167	48800
194.	Glenn Curtiss Airport (Rundflug)	45	0.16		41500
195. 1.9.	Rundflug	57	0.20		43500
196.	"	71	0.25		44400
		11804	67.22		

Motorenüberholung.

Starts und Flüge des Dornier-Flugschiffes Do.X 1 D 1929.

6. Flug: New York - Berlin.

Tag	Strecke	km	Stdn.	km/Stde.	kg
218. 14. 5.1932	Start			170	40300
219. 15. 5.	Start				47600
220. 16. 5.	Probeflug	150	53		48200
221.	"	255	1.30		44200
222. 19. 5.	New York-Dildo	2037	12.09	167.	52400
223. 20. 5.	Flug		2		
224.	Harbour Grace-Holyrood	83	30	167	39100
225. 21. 5.	Holyrood-Horta	2324	14.36	152	55500
226. 22. 5.	Horta-Vigo	1861	11.21	164	51900
227. 23. 5.	Vigo-Calshot	1315	7.44	170	50300
228. 24. 5.	Calshot-Berlin	1250	8.07	154	50600
		9275	56.52		

Diese Seite stammt aus 'Zusammenstellung der Starts und Flüge Do X für Zeit 12.7.1929 – 14.11.1932" (von Frau Martha Brombeis erhalten)

7. Deutschlandflug.

Tag	Strecke	km	Stdn.	km/Stde.	kg
229. 22. 6.1932	Rundflug	57	20	170	42400
230.	"	43	15		
231.	"	45	16		
232.	"	77	27		
233. 23. 6.	Berlin-Stettin	159	1.02	155	42300
234. 30. 6.	Stettin-Königsberg	494	2.57	167	44500
235. 6. 7.	Königsberg-Danzig	193	1.15	154	48000
236. 12. 7.	Danzig-Zoppot }	74	27		44400
237.	Zoppot-Danzig }				
238. 13. 7.	Danzig-Swinemünde	441	2.35	171	46100
239.	Swinemünde-Stralsund	269	1.38	165	46800
240. 18. 7.	Stralsund-Warnemünde	122	52	141	42200
241. 22. 7.	Warnemünde-Travemünde	232	1.24	167	46100
242. 26. 7.	Travemünde-Holtenau	202	1.16	163	45500
243. 30. 7.	Holtenau-Flensburg	191	1.10	164	44800
244. 1. 8.	Flensburg-Wyk	112	45	150	47500
245. 3. 8.	Wyk-List	120	45	160	46900
246. 4. 8.	List-Wyk	100	35	172	44200
247. 5. 8.	Wyk-Norderney	270	1.42	159	40200
248. 8. 8.	Norderney-Wilhelmshaven	170	1.02	165	45900
		3371	20.43		

7. Deutschlandflug. (Fortsetzung)

Tsg		Strecke	km	Stdn.	km/Stde.	kg	
			3371	20.43			
249.	8. 8.1932	Wilhelmshaven-Blexen	154	54	171	41300	
250.		Blexen-Bremen					
251.	12. 8.	Bremen-Hamburg, Parkhafen	296	1.40	177	45200	
252.	13. 8.	Parkhafen-Alster	45	16		38800	
253.	27. 8.	Alster-Parkhafen	54	19		37900	
254.	27. 8.	Hamburg-Travemünde	389	2.25	160	46800	
255.	5. 9.	Travemünde-Altona	213	1.26	149	46000	
256.	6. 9.	Altona-Duisburg	635	4.26	143	42500	
257.	13. 9.	Duisburg-Düsseldorf	95	34	167	40300	
258.	21. 9.	Düsseldorf-Köln	139	51	170	42000	
259.	29. 9.	Köln-Bonn	139	49	170	41600	
260.	3.10.	Bonn-Koblenz	119	44	163	41000	
261.	8.10.	Koblenz-Frankfurt a.M.	228	1.28	155	42700	
262.	15.10.	Frankfurt-Wiesbaden	100	40	150	38500	
	20.10.	Wiesbaden-Mainz					gerollt
263.	26.10.	Mainz-Mannheim	159	54	177	42100	
264.	2.11.	Mannheim-Zürich	723	4.15	170	43400	
265.	4.11.	Start					Nebel
266.		Rundflug	82	29		45400	
267.		"	85	30			
268.			60	21			
			7086	43.10			

7. Deutschlandflug. (Fortsetzung)

Tag		Strecke	km	Stdn.	km/Stde.	kg
			7086	43.10		
269.	14.11.1932	Rundflug	102	36	170	42200
270.		Zürich-Altenrhein	133	47	170	42200
			7321	44.33		

Von links nach rechts und von oben nach unten:
Kapitän Friedrich Christiansen
Flugkapitän Horst Merz
Leutnant Clarence Schildhauer
Pilot Cramer von Clausbruch
Navigationsoffizier Wilhelm Niemann
Kommandant Fritz Hammer
Funkoffizier Henry Kiel

DIE DO-X-BESATZUNG AUF DEM WELTFLUG

Nachdem das erste Flugschiff auf dem Bodensee durch Chefpilot Wagner der Firma Dornier eingeflogen war, wurde die Besatzung für die Erprobungsflüge und die Vorführungen im Auslande zusammengestellt. Selbstverständlich hat dieselbe im Verlauf der einzelnen Flugperioden verschiedentlich Änderungen erfahren.
Außer der für das Flugschiff erforderlichen Stammbesatzung von 12 Mann, waren den Erfordernissen einer solchen Expedition entsprechend noch weitere Flugteilnehmer mitgegeben worden, denen technische und kaufmännische Expeditionsleitung, Außen- und Pressedienst, sowie besondere technische Aufgaben zugeteilt waren.
Die amerikanische Motorenfirma Curtiss hatte ihren Motorenspezialisten H. Brewton für die ganze Dauer der Flüge zur Verfügung gestellt.
Als Gast und dritter Pilot war der italienische Fliegermajor Brenata von Amsterdam bis Rio de Janeiro an Bord, um die gemachten Erfahrungen später auf den von Italien bestellten Dornier-Flugschiffen verwerten zu können. Ein weiterer Gast war der in Luftfahrtkreisen wohlbekannte portugiesische Admiral Cago Coutinho. Er machte die Flüge von Lissabon bis Rio de Janeiro mit, um seine bewährten Navigationsmethoden auch in dem ersten Flugschiffe der Welt zu erproben.
Herr F. Hammer, Direktor des Condor-Syndikates, Rio de Janeiro, welcher in Lissabon die Expeditionsleitung übernommen hatte, mußte wegen Erkrankung seinen Posten in Las Palmas an Direktor Berner der A. G. für Dornier-Flugzeuge abgeben. – Herr Hammer übernahm später in Rio das Kommando der Do X für den Weiterflug nach Neuyork, als Kapitän Christiansen, der bisherige Kommandant, zur Berichterstattung über die bisherigen Flüge nach Deutschland berufen wurde.
Der amerikanische Pilot Schildhauer, von der Dornier-Company of America, mußte Do X in Las Palmas wegen dringender Geschäfte in USA verlassen und an seine Stelle trat der bekannte deutsche Seeflieger Cramer von Clausbruch, vom Syndicato Condor, Rio de Janeiro, der durch seine Noronha-Flüge und seine Streckenerfahrungen in Brasilien besonders geeignet war.
Herr Schildhauer erwartete Do X wieder in Natal, Brasilien, und nahm an den Flügen bis Neuyork teil.
Für den Nachrichtendienst waren vom Bodensee bis Lissabon Herr Dr. E. Tilgenkamp aus Zürich; von Lissabon bis Neuyork Herr Maurice Dornier an Bord.

Die Besatzung

Fr. Christiansen, Kommandant. Bestand schon 1913 sein Piloten-Examen. War im Krieg einer der bekanntesten deutschen Marineflieger und Kommandant der Seeflugstation Zeebrügge. Bereiste als Kapitän von Fracht- und Passagierdampfern die Meere der ganzen Welt.

Fritz Hammer, Kommandant, Direktor des Syndicato Condor, brasilianische Luftverkehrsgesellschaft. Herr Hammer ist einer der ältesten deutschen Luftfahrtpioniere, früherer Marineflieger und hat nach dem Kriege sowohl in Columbien wie in Brasilien Luftfahrtgesellschaften ins Leben gerufen.

Paul Berner, Expeditionsleiter, Direktor der Bauwerft der Do X in Altenrhein, der älteste technische Mitarbeiter Dr. Dorniers.

† *Maurice Dornier,* Bruder von Dr. Dornier, leitete den Außendienst und die Propaganda der Firma.

**Horst Merz,* Flugkapitän, Verkehrsflieger der deutschen Lufthansa, Pilot auf Do X ab Friedrichshafen über europäischen Etappen, Afrika, bis Südamerika, von da ab als Berichterstatter für die deutsche Luftfahrtbehörde an Bord der Do X; Pilot von Neufundland nach Berlin.

Cramer von Clausbruch, Verkehrsflieger des Syndicato Condor, Rio de Janeiro. Pilot der Do X von den Kanarischen Inseln über Afrika, Atlantischer Ozean, Brasilien bis Neuyork. Clausbruch hat im Luftverkehr über 500000 Meilen mit Dornier-Flugbooten geflogen.

Clarence Schildhauer, Leutnant, von der amerikanischen Dornier-Gruppe und Copilot auf Do X. Herr Schildhauer hat seit eineinhalb Jahren in enger Zusammenarbeit mit dem Werk die Erprobung der Do X und den größten Teil der Flüge mitgemacht.

**Wilhelm Niemann,* Navigationsoffizier der Do X, erster Offizier von der Hamburg-Amerika-Linie. Niemann war zwei Jahre Navigationslehrer bei der deutschen Verkehrsfliegerschule Warnemünde.

**Otto Eitel,* Bordingenieur, hat die Motoren und die Triebwerkanlage an Bord zu überwachen. Er hat den ganzen Bau der Do X in der Werft mitgemacht.

**Henry Kiel,* Funkoffizier. Wurde von uns von der DEBEG, Deutsche Betriebsgesellschaft für drahtlose Telegraphie zur Verfügung gestellt.

**Harvey Brewton,* Ingenieur der Curtiss-Motor-Comp., welcher seit einem Jahr Einbau, Erprobung und Flüge seiner Curtiss-Motoren auf Do X überwacht und sämtliche Flüge mitgemacht hat.

**Emil Fischer,* Bordmonteur. Ist Meister in der Bauwerft von Altenrhein. War fünf Jahre zur Instandhaltung von Dornierflugzeugen in Rußland tätig und hat schon 1914 am ersten Dornier-Flugboot mitgearbeitet.

**Adolf Marquardt,* Bordmonteur. Er ist schon über 10 Jahre bei Dornier tätig und war sechs Jahre zur Instandhaltung von Dornier-Flugbooten in Spanien und Spanisch-Marokko.

**Ernst Brombeis,* Bordmonteur. Ist einer der ältesten Meister bei den Dornier-Werken; war fünf Jahre für Dornier in Japan tätig.

**Heinrich Jäger,* Bordmonteur. Seit sieben Jahren bei Dornier, hat von Anfang am Bau der Do X mitgearbeitet.

Fredy Schmidt, Bordmonteur. Seit 8 Jahren bei Dornier und auf den Bauwerften für Dornier-Flugboote in Italien tätig.

Josef Dabernig, Elektriker.

* Haben den ganzen Weltflug Altenrhein – Berlin mitgemacht.

Die Besatzung der Do X wurde wie auf einem Schiff vom Seemannsamt Hamburg angeheuert; hier das »Seefahrtsbuch« des Bordwarts Ernst Brombeis.

Nr. 7289.

Deutsches Reich

Seefahrtsbuch

für

Brombeis,

Ernst

Ausgefertigt

, den 20 ten 4 19

Das Seemannsamt

Der Preis dieses Buches beträgt 0,60 RM

Unterschrift des Inhabers:

Ernst Brombeis

Es wird bescheinigt, daß der Inhaber die durch das obenstehende Lichtbild dargestellte Person ist und die darunter befindliche Unterschrift eigenhändig vollzogen hat.

, den 20 ten APR. 1932

Das Seemannsamt.

Ernst Valentin

Bezeichnung des Inhabers.

Vor- und Zunamen: Brombeis

Geburtsort: Lindau i. Bayern

Wohnort:

Staatsangehörigkeit:

Jahr und Tag der Geburt: 1894, 20. 4.

Haare:

Augen: braun

Besondere Kennzeichen: keine

Ergebnis der Untersuchung auf

Farbenblindheit:

Sehvermögen:

Familienstand nach dem Steuerbuch:

Unterschrift des Inhabers:

Ernst Brombeis

Inhaber ist angemustert als Bordwart

auf Flug Dornier Do X

Unterscheid.-Signal

geführt von Kapitän F. Christiansen

gegen eine Heuer von monatlich

für die Reise Zeit

Der Dienstantritt erfolgt am 19. 4. 32.

Dem Inhaber sind laut Musterrolle seit der letzten Abmusterung zur Invalidenversicherung anzurechnen (siehe Seite 4):

für bescheinigte Krankheiten Wochen.

Inhaber ist laut Vereinbarung — auf sein Verlangen — in der höheren, seiner Dienststellung nicht entsprechenden Lohnklasse zu versichern.

, den ten APR. 1932

Das Seemannsamt.

Die Anmusterung ist unterblieben, weil

Inhaber hat auf dem Dampf- Segel- der Motor-Leichter, Schiff Lustjacht

Unterscheid.-Signal:

während der Reise Fahrt von Atlantik-

nach u. Rückfahrt an d. Flug

in der Zeit vom 19. 4. 32.

bis zum 14. 11. 32.

[Dienstzeit: 6 Monate 25 Tage]

als Bordwart gedient.

Dem Inhaber sind für die Zeit vom

bis für Beitragswochen Beiträge

für die Invalidenversicherung zur Lohnklasse insgesamt

RM von der Heuer abgezogen.

Hamburg, den 21 ten 11 1932

Unterschrift des Kapitäns:

Die vorstehende Unterschrift wird beglaubigt und die erfolgte Abmusterung hiermit vermerkt.

, den ten 1932

Das Seemannsamt.

Die Abmusterung ist unterblieben, weil

DAS FLIEGEN MIT DO X

Von Flugkapitän Horst Merz

Do X 1 hat nun eine fast zweijährige Erprobungszeit hinter sich. Den Flügen in den letzten zwei Jahren auf dem Bodensee schlossen sich die Etappen bis Lissabon, der Südatlantikflug, der verkehrsmäßig durchgeführte Flug von Rio de Janeiro bis Neuyork und der Rückflug nach Berlin an.
Diese planmäßig durchgeführten Erprobungen, die noch durch die Versuche in Afrika ergänzt wurden, haben zwangsläufig durch die jeweils angetroffenen Wetter- und Seeverhältnisse eine Fülle von Erfahrungen gebracht, die es heute erlauben, über die fliegerischen Eigenschaften der Do X ein einwandfreies Urteil zu fällen. Durch diese Flüge konnte die beabsichtigte Erprobung dieses neuen, hinsichtlich Größe, Tragfähigkeit und Antrieb vollkommen aus dem bisherigen Rahmen herausfallenden Flugschiffes sogar in den Tropen durchgeführt und abgeschlossen werden. Weiter sind neue Welthöchstleistungen erzielt worden: die Beförderung von 170 Personen und das Herausheben von über 55 Tonnen Abfluggewicht, sowie zweimalige Atlantiküberquerung mit Fluggästen und Post.
Immer wieder wird von Laien beim Anblick der beiden Steuerräder die Frage gestellt, ob immer zwei Piloten fliegen müsssen, während viele Fachleute nach den Hilfsmotoren fragen, die die vom Führer gewünschte Bewegung der großen Steuerorgane bewerkstelligen und ermöglichen. Die diesen Fragen zugrundeliegende Annahme ist, daß eine so große und schwere Maschine auch besonders große Steuerkräfte und damit auch besondere Maßnahmen erfordere. Die Steuer sind aber so weitgehend ausgeglichen, daß die zu ihrer unmittelbaren Bewegung erforderlichen Kräfte durchaus normal sind, so daß also immer nur ein Führer fliegt, ohne auch bei längeren Flügen besonders zu ermüden.
Die Flugeigenschaften sind in jeder Beziehung gut. Besonders gut ist die Längsstabilität. Diese tritt am meisten in Erscheinung beim Blindfliegen, d. h. beim Fliegen ohne jeden Anhalt für das Auge, also in Wolken, Nebel und bei Nacht, nur nach Instrumenten, wozu wir mehrfach Gelegenheit hatten. Sie erleichtert aber auch sehr das Tieffliegen, d. h. das Fliegen in 1–3 m Höhe, eben frei von den Wellenköpfen, was eine besondere Aufmerksamkeit des jeweiligen Führers erfordert. Diese Art des Fliegens haben wir stets angewandt bei langen Strecken über Wasser, also auch besonders bei beiden Ozeanflügen, da dann die Geschwindigkeit bei gleichem Brennstoffverbrauch bis etwa 15 km/Stdn. größer ist als beim Höherfliegen. Schon bei einem Zehnstundenfluge können so etwa 150 km gewonnen werden.
Der Ausgleich für das Höhenruder ist leicht zu verstellen und gut wirksam. Die Seitenstabilität ist ebenfalls gut, was das Kurshalten außerordentlich erleichtert. Benutzt man auch beim Fliegen mit Sicht den Wendezeiger, so kann man den Kompaß genau auf dem befohlenen Gradstrich festhalten. Bei Ausfall von 4 äußeren Motoren einer Seite ist es noch möglich, ohne Ausgleichverstellung die Maschine geradeaus zu halten. Das Querruder erfordert von den drei Steuerorganen bei böigem Wetter die größten Ausschläge, jedoch war die Querstabilität auch in schwersten Sturmböen vollkommen ausreichend. In der Kurve liegt die Maschine sehr gut, so daß sich auch steilere Kurven gut fliegen lassen. Hierbei beginnt der Eintritt des Steuerwechsels ziemlich früh. Wenn auch grundsätzlich daran festgehalten werden muß und wurde, daß stets nur ein Führer fliegt, wurde doch zweimal, bei Nebel und ganz dickem Regen, versuchsweise mit bestem Erfolge die Tätigkeit am Steuer unterteilt. Und zwar sollte, während ich Seiten- und Querruder hatte, mein Kamerad Diele das Höhenruder bedienen und hierzu, nötigenfalls bei geöffnetem Seitenfenster, die Sicht senkrecht nach unten nehmen. Die Absicht dabei war, auch bei vollkommener Unsichtigkeit dicht über Wasser bleiben und so die Motoren schonen zu können.
Alle Flieger des In- und Auslandes, die am zweiten Steuer mitzufliegen Gelegenheit hatten, unter ihnen der Prinz von Wales, waren ausnahmslos erstaunt und begeistert über die leichte Steuerbarkeit und die guten Eigenschaften der Maschine, die darin zum Ausdruck kommen, daß Do X auch bei nicht ganz ruhigem Wetter mit losgelassenen Steuern fliegt und Kurs hält.

Beim Starten ist von größtem Vorteil, daß die Maschine auch mit schwerstem Gewicht leicht auf Stufe kommt und dann mit ziemlich stetiger Beschleunigung auf die zum Abheben nötige Geschwindigkeit gebracht werden kann. In schmalen Startgewässern bei Seitenwind, wie es auf dem Müggelsee mehrfach der Fall war, und bei Dünung wurde mit Rücken- oder Seitenwind angelaufen und erst im letzten Augenblick zum Abheben mehr in den Wind gedreht. Über Erwarten gering war das bei der 4wöchigen Erprobung in Westafrika (Bissagos-Inseln) ermittelte größtmögliche Startgewicht, das dort infolge der hohen Luftwärme und Feuchtigkeit und dem damit verbundenen Abfall der Motorenleistung und der Tragfähigkeit der Luft bis zu 15% niedriger lag als vorher. Seit der bei der Überholung der Motoren in Nordamerika erzielten Leistungssteigerung derselben konnten alle für die einzelnen Abfluggewichte früher ermittelten Startzeiten beträchtlich unterboten werden. So wurde der Start in Neufundland mit über 55 Tonnen Abfluggewicht in 1 Min. 50 Sek. durchgeführt.

Beim Landen, das trotz der großen Augeshöhe beim Abfangen bald keine Schwierigkeit mehr machte, fällt der kurze Auslauf besonders auf. Bei Windstärken bis etwa 4 kann zur Schonung der Maschine quer zum Winde und längs der Dünung gelandet werden, wie wir das bei der Nachtlandung vor Horta mit bestem Erfolge gemacht haben.

Die See- und Manövriereigenschaften auf dem Wasser sind sehr gut, wie wir beim mehrstündigen Rollen auf Las Palmas von La Luz nach der Gandobucht bei Windstärke 5 mit entsprechender Dünung und Seegang 4 Strich von Backbord achtern und beim Einlaufen mit eigener Kraft durch die schmale Einfahrt in Königsberg zeigen konnten.

Wenn so den gesamten Luft- und Seeigenschaften der Do X ein fast uneingeschränktes Lob gezollt werden konnte, so ist das um so erstaunlicher, als es sich hier um den Erstlingsbau handelt und grundsätzlich an der Maschine nichts geändert worden ist.

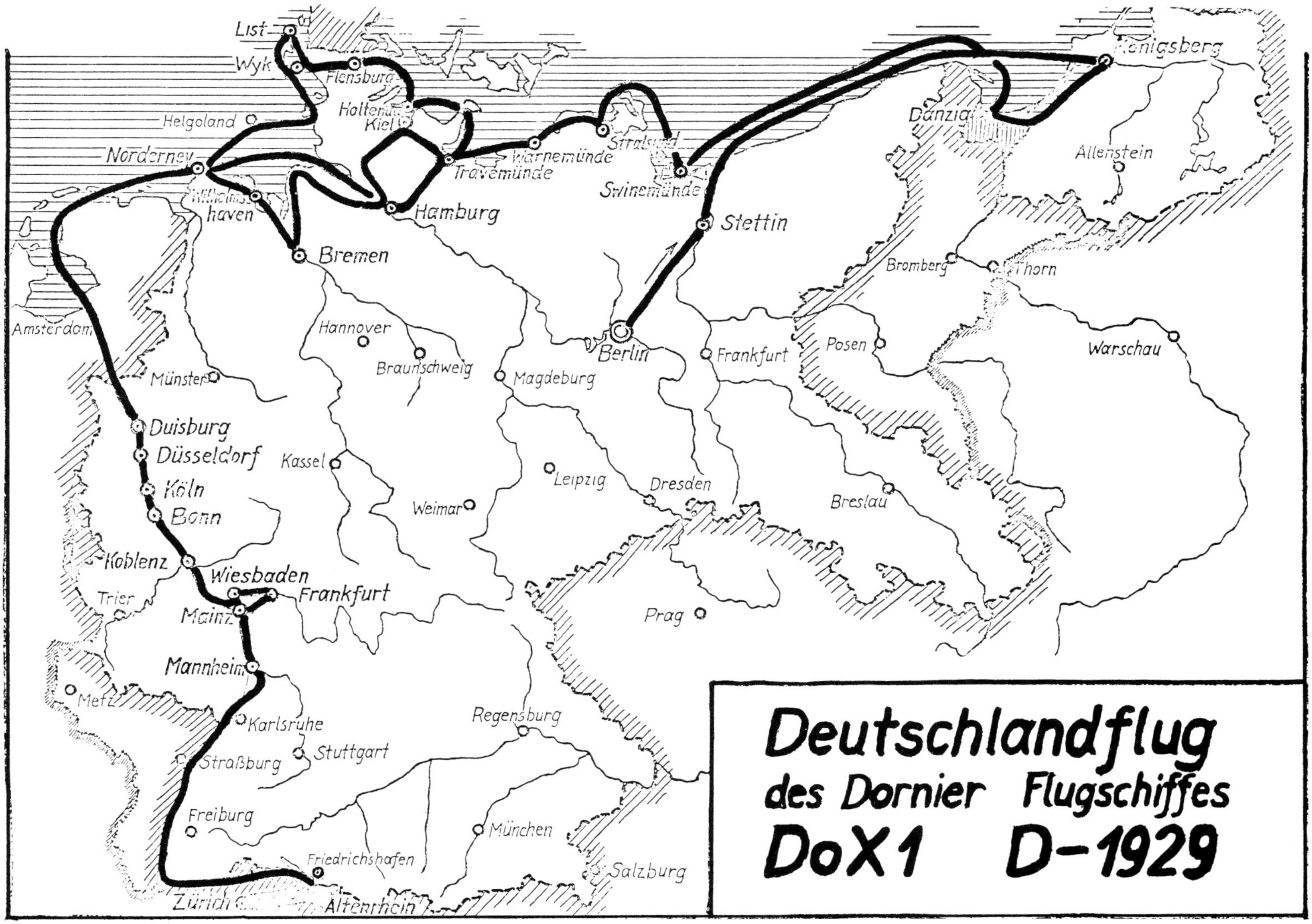

DIE BEDEUTUNG DES FLUGSCHIFFES FÜR DEN ZUKÜNFTIGEN TRANSPORT VON PERSONEN ÜBER SEE

Von Dr. h.c. Claudius Dornier

Vielen wird es klar sein, daß Flugzeuge, welche den Ozean überqueren sollen, »Seeflugzeuge« sein müssen, d.h. Fahrzeuge, die mit einem Boot oder mit Schwimmern versehen sind, damit sie vom Wasser starten und sich wieder auf das Wasser niederlassen können.

Diese Ansicht, die ich selbst unbedingt vertrete, ist jedoch heute noch nicht Gemeingut aller, an der Entwicklung des Überseeluftverkehrs Interessierten. Es gibt immer noch viele Leute, welche glauben, das zukünftige »Ozeanflugzeug« würde ein mit Rädern versehenes Flugzeug, ein sog. Landflugzeug sein. Man läßt sich hierbei von dem Gedanken leiten, daß ein Landflugzeug infolge seines im allgemeinen relativ geringeren Gewichtes immer einen etwas größeren Aktionsradius hat, als das entsprechende Seeflugzeug. Der zu einer Ozeanüberquerung mit genügender Nutzlast und Sicherheit erforderliche Aktionsradius ist aber heute, auch bei Landflugzeugen, noch lange nicht vorhanden.

Der derzeitige Aktionsbereich aller Flugzeuge, auch der Landflugzeuge, ist, wie schon erwähnt, noch zu gering, um Wirtschaftlichkeit auf großen Überseestrecken zu gewährleisten.

Wir fragen uns, welche Möglichkeiten gegeben sind, um den Aktionsradius bzw. die Leistung der großen Flugboote zu steigern. Die hauptsächlichsten Maßnahmen hierfür sind: Verringerung des Baugewichtes, aerodynamische Verfeinerung, Verringerung des spez. Betriebsmittelverbrauches, Erhöhung der Startleistung d.h. des abzuhebenden Gewichtes.

Eine wesentliche Herabsetzung des Rüstgewichtes ohne Verringerung der Bausicherheit erscheint sehr schwierig, solange man mit den derzeitigen Baustoffen arbeiten muß. Durch Verwendung von trapez- oder dreieckförmigen Flügelumrissen, Unterbringung von Lasten im Flügel, sowie weitere Verfeinerung der statischen Ausbildung des Flügels, sind Möglichkeiten vorhanden, bei annähernd gleichen Gewichten das Seitenverhältnis und die tragende Fläche zu erhöhen. Weitere Einsparungen am Gewichte des Flügels und des Leitwerks lassen sich erzielen durch Verwendung von Profilen mit sehr geringer Druckpunktwanderung. Einsparungen am Gewichte der Bootskörper erscheinen möglich, falls es gelingt, die Betriebsmittel in einer Art Doppelboden unterzubringen, da hierdurch eine erhebliche Verringerung der Beanspruchung der Bootsverbände bei Start und Landung erreicht würde, außerdem durch Verringerung der Landegeschwindigkeit durch Klappen, geteilte Flügel und dergleichen.

Der praktisch heute vorhandene spezifische Betriebsmittelverbrauch liegt zwischen 230 und 250 g/PS/h. Mit Dieselmotoren sind in neuester Zeit Verbräuche von 160 bis 180 g/PS/h erzielt worden. Es erscheint möglich, in nicht zu ferner Zeit durch Verwendung von Schwerölmotoren Verbesserungen der Flugleistungen zu erzielen. Man wird aber vorläufig den geringeren Betriebsmittelverbrauch durch ein höheres Triebwerksgewicht erkaufen müssen, so daß ein Gewinn erst auf Strecken, welche mindestens 6 bis 10 Stunden Flugzeit überschreiten, erzielt werden wird.

Aerodynamische Verfeinerung ist möglich durch Wahl noch besserer und möglichst druckpunktfester Profile, Verbesserung des Seitenverhältnisses, Fernantrieb, Abbau der Kühlwiderstände, Verringerung der Schraubenkreisbelastungen, Einbau eines »Freilaufes« zwischen Propeller und Nabe, um bei abnehmendem Fluggewichte Motoren abschalten zu können ohne erhöhten Leistungsverlust durch stillstehende oder den Motor mitdrehende Propeller und Verbesserungen des Bootsbeiwertes.

Nehmen wir an, daß im »Idealfalle« eine Verringerung des Rüstgewichtes um 20% möglich wäre. Gehen wir ferner davon aus, daß der Betriebsmittelverbrauch pro PS/Std., der heute etwa 250 g beträgt, auf 175 g zu senken wäre.

Führen wir in unsere Betrachtungen ferner noch die aerodynamische Verfeinerung in der Weise ein, daß wir eine Steigerung der Geschwindigkeit von 20% annehmen, so kommt man, unter Annahme einer ohne Zwischenlandung durchzufliegenden Strecke von 4000 km zu dem Ergebnis, daß die zahlende Last des Flugbootes Wal 175 kg betragen würde gegenüber 3660 kg beim Flugschiffe. Der Verbrauch an Betriebsmitteln bezogen auf je 100 kg Nutzlast würde beim Wal 1600 kg betragen, beim Flugschiffe nur 490 kg.

Diese Vergleichswerte zeigen besonders anschaulich, daß nur von der Vergrößerung der Abmessungen die Erreichung wirtschaftlicher Bedingungen im Fernverkehr über See erhofft werden kann. Während unter den gemachten Voraussetzungen der Besatzungsanteil an 100 kg Nutzlast beim Wal 230 kg beträgt, ist er beim Flugschiffe auf 33 kg gesunken. Beim Wal wären für die Beförderung von 100 kg Nutzlast 630 PS notwendig, beim Flugschiffe nur 180 PS. Die Anschaffungskosten von Zelle zuzüglich Motoren betragen beim Flugschiffe die Hälfte des für den Wal nötigen Betrages.

Diese Zahlenwerte sind nicht absolute Größen, aber ihr Verhältnis zueinander steht im wesentlichen fest.

Man hat in den letzten Jahren oft in Frage gestellt, ob sich die

Aufwendungen an Geld und Arbeit, welche für die Entwicklung des Flugschiffes gemacht werden, rechtfertigen lassen. Man hat insbesondere immer wieder darauf hingewiesen, daß das Flugschiff der Zeit und den Bedürfnissen vorauseile.
Das *Luftmeer über dem Lande* ist im letzten Jahrzehnt durch das Flugzeug erobert worden. Der viel größere *Luftraum über den Meeren* ist heute noch von Luftfahrzeugen schwerer als Luft, unbesiegt. Er kann, soweit nicht Fahrzeuge leichter als Luft in Frage kommen, wirtschaftlich nur erschlossen werden durch das Flugschiff. In dieser Tatsache liegt auch die Rechtfertigung für bisherige und zukünftige Anstrengungen, Flugschiffe zu gestalten und zu entwickeln.
Verkehrsmäßig haben die mit großer Bravour durchgeführten Überquerungen des Ozeans mit Landflugzeugen nichts zu bedeuten, denn bei allen diesen Versuchen sind die Maschinen stets so überlastet worden, daß sie auch nicht annähernd den Anforderungen an Bau- und Betriebssicherheit entsprechen, welche man im Interesse einer geregelten Durchführung des Verkehrs stellen muß. Eine einseitige, weitere Steigerung des Aktionsradius der Landflugzeuge gegenüber dem Seeflugzeug ist nicht anzunehmen. Die Spitzengeschwindigkeit der Seeflugzeuge liegt sogar heute über derjenigen der Landflugzeuge.
Jede neue aerodynamische oder statische Verbesserung und jeder Fortschritt im Bau der Motoren kommt dem Seeflugzeuge genauso zugute wie dem Landflugzeug.
Die Verfechter des Landflugzeuges als Typus des endgültigen Ozeanflugzeuges führen des weiteren an, daß es hochseefähige Flugzeuge doch nicht gäbe, so daß es besser sei, mit dem Gedanken einer Seelandung sich gar nicht abzugeben. Dem muß man entgegenhalten, daß eine Reihe von Seeflugzeugen bewiesen hat, daß Landung und vieltagelanges Treiben in hoher See möglich sind. Leider ist auch leicht nachzuweisen, daß unvorhergesehene Landungen niemals ganz zu vermeiden sein werden. Was aber dann mit dem Landflugzeuge? Wohl ist es vorgekommen, daß havarierte Landflugzeuge tagelang, getragen von ihren leeren Betriebsmittelbehältern oder Luftsäcken, auf dem Meere herumtrieben und schließlich gerettet wurden; die Lage der Besatzung an Bord eines derartigen Flugzeuges kann aber mit derjenigen der Besatzung eines gut gebauten Seeflugzeuges nicht verglichen werden. Nach meiner Ansicht wird sich auf die Dauer jegliches Bestreben, Ozeane mit Landflugzeugen zu überqueren, als abwegig erweisen.

Die Ozeane gehören dem Seeflugzeuge

Wie wird das Seeflugzeug für große Fahrt aussehen? Auch hier ist immer noch eine große Verschiedenheit der Ansichten festzustellen. Zwar hat der Bootsgedanke, den ich stets vertreten habe, in den letzten Jahren erhebliche Fortschritte gemacht, aber trotzdem gibt es noch eine große Anzahl von Anhängern der Zweischwimmer-Flugzeuge und des sog. Doppelbootes, das letzten Endes auch nichts anderes ist, als ein mit zwei Schwimmern versehenes Flugzeug. Die Verfechter des Zweischwimmer-Systems bzw. des Doppelbootes begründen ihre Vorliebe für diese Anordnung mit der großen Querstabilität, welche hierbei auf dem Wasser erreicht werden kann. Die Erfahrung hat aber gelehrt, daß man Flugboote mit einem zentralen Bootskörper bauen kann, welche in allen, im normalen Betriebe von Seeflugzeugen auftretenden Fällen ausreichende Stabilitätseigenschaften haben. Die Stabilität über einen gewissen Wert hinaus zu steigern, ist aber nicht nötig, sondern im Gegenteil unerwünscht.
Zwei Schwimmer und ein Rumpf, oder zwei Boote, werden immer schwerer als ein Boot und haben stets mehr Widerstand. Außerdem ist ihre Herstellung teurer.
Der statische Vorteil der Lastverteilung auf eine größere Breite der Spannweite, welchen das Doppelboot bei flüchtiger Betrachtung erwarten läßt, tritt in Wirklichkeit nicht ein, weil die im Falle der Landung bzw. des Startes auftretenden erhöhten Beanspruchungen ihn mehr als ausgleichen.
»Das Seeflugzeug für große Fahrt wird ein Flugzeug mit zentralem Boote, ein sogenanntes Flugboot sein.«
Maßgebend für die Wahl der in Frage kommenden Flugzeuge werden die Wirtschaftlichkeit und die Sicherheit sein.

Wirtschaftlichkeit

Die Besatzung eines Fahrzeuges, welches sich Tausende von Kilometern auf See hinauswagen soll und 20 und mehr Stunden in der Luft bleibt, wird sich stets aus mindestens 6 Köpfen zusammensetzen: 2 Führern, 2 Mann für Funkdienst und Navigation und 2 Monteuren. Dies ist das absolute Minimum. Daß dieser Aufwand an Personal nicht gemacht werden kann, um 2 oder 3 Fluggäste zu befördern, liegt klar auf der Hand. Erhöht man die Passagierzahl auf das Zehnfache, so wird sich die Besatzung kaum verdoppeln. Die Kosten der Besatzung pro Passagier werden also etwa $^1/_5$ betragen.
Gleiche Betrachtungen lassen sich anstellen in Bezug auf Betriebsmittelverbrauch und Amortisation des fliegenden Gerätes. Stets ergibt sich, daß Wirtschaftlichkeit nur möglich ist, wenn die Kosten auf eine größere Anzahl von Passagieren umgelegt werden können. Die erforderliche Mindestzahl von Passagieren, nämlich etwa 20–30, ergibt aber, sobald die Flugdauer 10 und mehr Stunden übersteigt, beinahe zwangsläufig die Dimensionen der heutigen Flugschiffe, wenn für die Fluggäste der nötige Komfort und die erforderlichen Sicherheitseinrichtungen vorhanden sein sollen.
Das Vorhandensein dieses Komforts und der nötigen Sicherheitsvorkehrungen ist aber die Vorbedingung für die Erzielung einer vernünftigen Frequenz.
Eine gute Frequenz ist aber wiederum die Voraussetzung jeglichen wirtschaftlichen Verkehrs, woraus wir folgern, daß Luft-

transporte von Personen über weite Seestrecken nur durch Verwendung von Flugschiffen erreichbar sein werden.

SICHERHEIT

Die Sicherheit auf See erfordert Reservedeplacement, Freibord, Schutz für die Propeller, Schutz des Leitwerks, einwandfreien Nachrichtendienst, Platz für bequeme Durchführung der Navigation, genügende Unterkunftsräume für den nicht Wache habenden Teil der Besatzung, Möglichkeit der Mitnahme und des bequemen Aussetzens von Rettungsbooten. Die Sicherheit in der Luft erfordert weitestgehende Wartbarkeit aller Teile, d. h. unter anderem Begehbarkeit von Flügel und Boot an allen wichtigen Stellen, Lagerung der Betriebsmittel in großem Abstand von den Motoren. Aus diesen Forderungen ergeben sich wiederum zwangsläufig Abmessungen, wie sie heute in der Do X verkörpert sind. Man kann sich eben nicht mit einer Nußschale auf den Ozean hinauswagen.

Die beiden Bilder, Abb. 1 und 2 zeigen das Flugschiff »Umberto Maddalena« sowie das Flugboot Wal D 2069 in gleichem Seegange langsam rollend.

Versetzen wir uns im Geiste gleicherweise an Bord der beiden Fahrzeuge. Beim Wal hören wir als Passagiere die Wellen gegen die Bordwände donnern, leichte Brecher kommen dann und wann über Deck und klatschen gegen die Bullaugen. Die Besatzung ist schon nach kurzer Zeit durchnäßt. Das Schaukeln des Bootes hat schon einige der Fluggäste erbleichen lassen.

Auf dem Flugschiffe ist man sozusagen »distanziert« vom Seegange. Man erblickt wohl niedliche kleine Wellen, die manchmal an den Stummeln lecken, das ist alles. Ich übertreibe nicht, wenn ich sage, daß psychologisch der Seegang für die an Bord des Flugschiffes sich Befindlichen auf die Hälfte zusammenschrumpft. So wichtig dieses Gefühl der Sicherheit, das nur die Vergrößerung geben kann, ist, noch viel wichtiger ist natürlich die effektive Erhöhung der Sicherheit, welche im Gefolge der Vergrößerung erreicht wird.

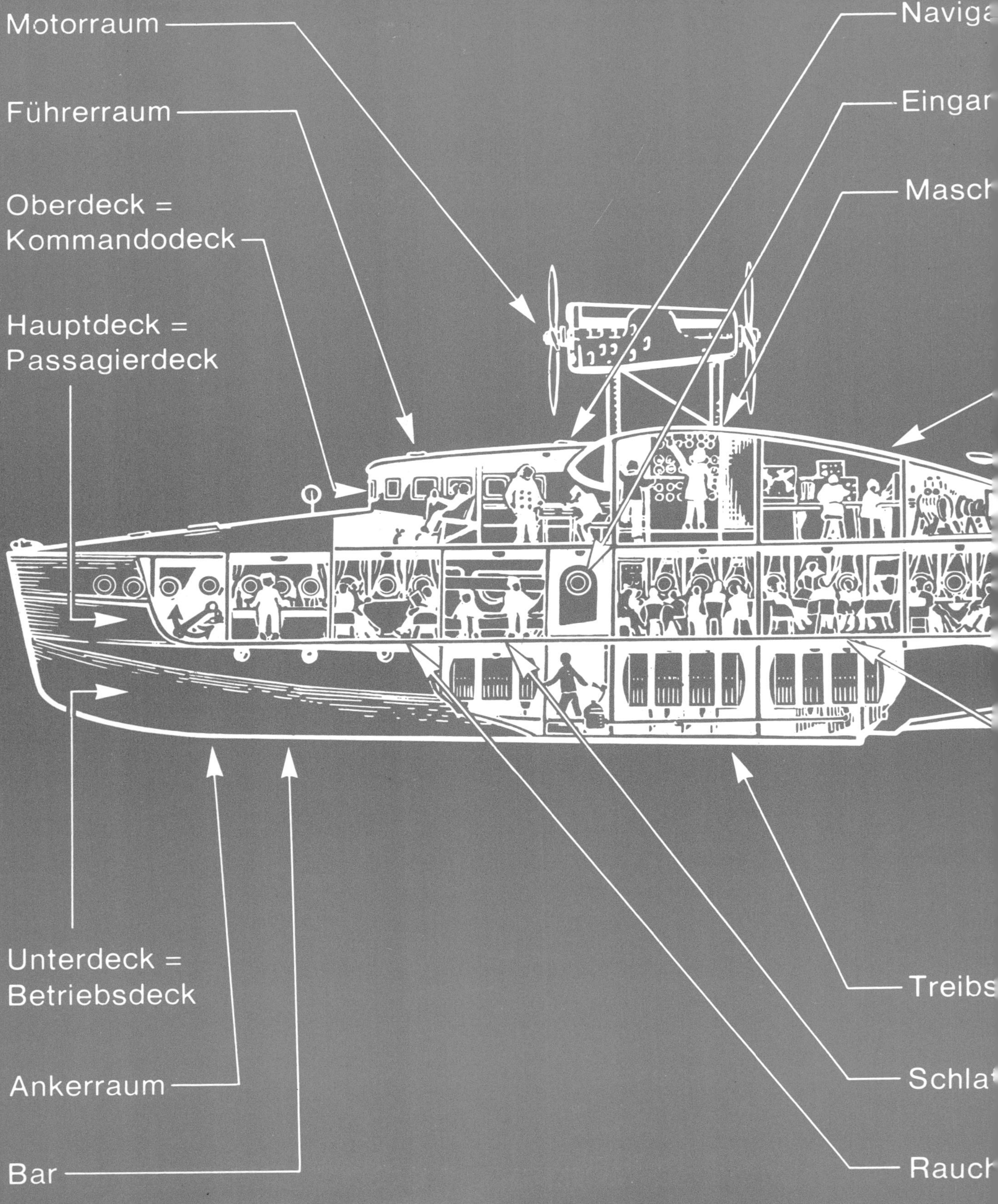
Motorraum
Führerraum
Oberdeck =
Kommandodeck
Hauptdeck =
Passagierdeck
Unterdeck =
Betriebsdeck
Ankerraum
Bar
Naviga
Eingan
Masch
Treibs
Schla
Rauch